BIANDIANZHAN ZONGHE ZIDONGHUA
XITONG SHIYONG JISHU

变电站综合自动化
系统实用技术

福建省电力有限公司　组编

中国电力出版社
CHINA ELECTRIC POWER PRESS

内 容 提 要

本书以现场生产实践为主线，理论联系实际，系统地介绍了变电站综合自动化基础知识、数据通信等，着重阐述了现场调试与维护。全书分 8 章，主要内容包括变电站综合自动化概述、测量与控制、二次回路及相关知识、数据通信、二次系统安全防护及调度数据网、变电站综合自动化相关系统、调试与维护、典型变电站综合自动化系统等。

本书由浅入深、内容精炼、面向生产实际、实用性强，可作为供电企业变电站综合自动化检修专业技术人员的培训教学用书，也可作为电力工程类大专院校师生的参考书。

图书在版编目（CIP）数据

变电站综合自动化系统实用技术/福建省电力有限公司组编. —北京：中国电力出版社，2013.9（2015.5 重印）
ISBN 978 - 7 - 5123 - 4575 - 1

Ⅰ. ①变… Ⅱ. ①福… Ⅲ. ①变电所-自动化系统 Ⅳ. ①TM63

中国版本图书馆 CIP 数据核字（2013）第 125102 号

中国电力出版社出版、发行
（北京市东城区北京站西街 19 号　100005　http：//www.cepp.sgcc.com.cn）
北京博图彩色印刷有限公司印刷
各地新华书店经售

＊

2013 年 9 月第一版　2015 年 5 月北京第二次印刷
787 毫米×1092 毫米　16 开本　18.5 印张　450 千字
印数 3001—5000 册　定价 **45.00** 元

敬 告 读 者

本书封底贴有防伪标签，刮开涂层可查询真伪
本书如有印装质量问题，我社发行部负责退换

编 委 会

主　任　李功新

副主任　黄文英　郑宗安

委　员　任晓辉　郑志煜　黄　巍　吴善班

　　　　陆　榛　宋福海　许澄生　林静怀

编 写 组

主　编　吴善班

副主编　王云茂　陈建洪

参　编　（按姓氏拼音排序）

　　　　陈月卿　高可辉　龚　磊　韩　林

　　　　黄若霖　李泽科　林温南　刘云峰

　　　　邱建斌　张春欣　张龙文

前　言

为了更好地服务"三集五大"体系建设，进一步提升"专业化检修"生产人员技能水平，本着"精简理论知识、突出现场实践"的原则，集聚了多位变电站综合自动化专家和现场技术人员的智慧，编写了《变电站综合自动化系统实用技术》一书。

变电站综合自动化系统是利用先进的计算机技术、现代电子技术、通信技术和信息处理等技术，对变电站二次设备（包括继电保护、控制、测量、信号、故障录波、自动装置及远动装置等）的功能进行重新组合、优化设计，实现对变电站全部设备运行情况的监视、测量、控制和协调的一种综合性自动化系统。其知识体系覆盖了电气主接线、二次回路、继电保护和自动装置、同期装置、防误闭锁、电压无功自动控制、同步相量测量、电能计量、数据通信、二次系统安全防护、电网调度自动化及计算机软件等。对于从事变电站自动化系统专业的技术管理、安装施工、维护检修和运行人员来讲，需要掌握的知识面广而杂，难以高效地做到理论联系实际、有的放矢。为了全面满足变电站自动化系统专业人员的需求，本书以现场生产实践为主线，坚持实用原则，理论联系实际，深入浅出地介绍变电站综合自动化系统知识内容，重点介绍现场调试与维护。同时，本书也把福建省电力有限公司近年来的自动化专业科技成果融入书中，为提升专业应用提供借鉴。

本书由福建省电力有限公司组织编写，吴善班任主编，王云茂、陈建洪任副主编，由省内具有丰富现场经验的专家和技术人员参与编写。其中，第1章由张龙文编写，第2章由张春欣、林温南编写，第3章由陈月卿编写，第4章由黄若霖编写，第5章由陈建洪、邱建斌编写，第6章由陈建洪、张春欣、邱建斌编写，第7章由陈建洪、张春欣、黄若霖、张龙文、刘云峰编写，第8章由陈建洪、高可辉、张龙文编写。王云茂、龚磊、韩林、李泽科、林温南对有关章节进行审核。全书由王云茂、陈建洪统稿。

本书在编写过程中得到了福建省电力有限公司领导和专家的大力支持与帮助，中国电力出版社也对本书的出版给予了大力支持，在此编者谨致以诚挚的感谢。

由于编者水平有限，加之成书时间仓促，难免存在疏漏之处，恳请各位专家和广大读者批评指正。

编　者

2013 年 6 月

目　录

变电站综合自动化概述

本章主要介绍变电站综合自动化的基本概念、基本特征，重点讲述了变电站综合自动化的结构形式，并指出了变电站综合自动化的发展方向。

1.1 变电站综合自动化的基本概念

1.1.1 电力系统自动化

电力系统是一个连续运行的系统，电能的生产、传输、分配和消耗都是同时完成的，因此，变电站的运行也是连续的。为了掌握变电运行状态，需要对有关电气量进行连续测量，供运行监视、记录；为了保障变压器、输电线路的安全运行，需要实现过电流、过电压等故障的安全保护；为了向电网调度提供系统运行状态，需要将表征电网运行的有关信息向上级调度传送；为了向用户提供合格的电能，需要进行有关的控制调节。所有这些，绝大部分不可能由人工来完成，都需要采用自动化技术。

电力系统自动化是指应用各种具有自动检测、决策和控制功能的装置系统，通过信号系统和数据传输系统对系统各元件、局部系统或全系统的运行工况进行就地或远方的自动监视、调节和控制，保证电力系统安全、可靠、经济运行和向电力用户提供合格的电能。

电力系统自动化是二次系统的一个组成部分。通常是指对电气设备及系统的自动监视、控制和调度。电力系统自动化是一个总称，它由多个子系统组成，每个子系统完成一项或几项功能。从电力系统运行管理区分，可以将电力系统自动化内容划分为几个部分：电力调度自动化系统、发电厂综合自动化系统、变电站综合自动化系统和配电网综合自动化系统，而发电厂综合自动化系统又可分为火电厂综合自动化系统和水电厂综合自动化系统，如图 1-1 所示。

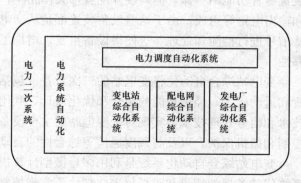

图 1-1 电力系统自动化划分示意图

1.1.2 变电站综合自动化及其系统

变电站是介于发电厂和电力用户之间的中间环节，由主变压器、母线、断路器、隔离开关、避雷器、并联电容器、互感器等设备或元件集合而成，具有汇集电源、变换电压等级、分配电能等功能。电力系统内的继电保护、自动装置和远动机等二次设备也安装在变电站内。因此，变电站是电力系统的重要组成部分。

在电力系统的正常运行中，变电站是一个重要环节，它完成电能的传输、电压的变换和电能分配等多方面的功能，在电力系统中起着十分重要的作用，其运行具有电力系统中电能快速变化和电气过程快速传播的特点。因此，当系统运行中出现异常情况时，变电站必须做出快速的反应，及时处理，这是人工手动操作做不到的，同样也必须采用自动化技术。

众所周知，一个变电站主要包括一次系统和二次系统两大部分。一次系统完成电能的传输、分配和电压变换工作，二次系统完成对一次设备及其流经电能的测量、监视和故障告警、控制、保护以及断路器闭锁等工作。此外，实现对变电站运行工况的测量、监视、控制、信息显示、信息远传的变电站（发电厂）远动系统已显示出越来越重要的作用。通常，也将厂站远动系统纳入二次系统的范畴。

常规变电站的二次系统主要包括四个部分，即继电保护、故障录波、监控后台以及远动机部分。这四个部分不仅完成的功能各不相同，其设备（装置）所采用的硬件和技术也完全不同。长期以来，围绕着变电站二次系统，存在着不同的专业和相应的技术管理部门。本质上是同一个系统但在技术和管理上却条块分割，已越来越不适应变电技术发展的要求。其主要缺点是：第一，继电保护、故障录波、监控后台和远动机的硬件设备，基本上按各自的功能配置，彼此之间相关性小，设备之间互不兼容。第二，二次系统的硬件设备型号多、类别杂，很难达到标准化。第三，大量电缆及端子排的使用，既增加了投资，又得花费大量人力从事众多装置间联系的设计、配线、安装、调试、修改或扩充。第四，常规二次系统是一个被动的系统，不能正常地指示其自身内部故障，因而必须定期对设备功能加以测试和校验。这不仅能加重维护工作量，更重要的是不能及时了解系统的工作状态，有时甚至会影响对一次系统的监视和控制。

随着电子技术、计算机技术的迅猛发展，微机在电力系统自动化中得到了广泛的应用，先后出现了微机型继电保护装置、微机型故障录波器、微机监控和微机远动装置。这些微机装置尽管功能不一样，但其硬件配置却大体相同，主要由微机系统、模拟量、状态量的输入和输出电路等组成。由于这些设备装置都是从变电站主设备和二次回路中采集信号，并对这些信号进行检测和处理，这使得设备重复，增加了投资，并使接线复杂化，影响了系统的可靠性。

变电站综合自动化将变电站的二次设备（包括测量仪表、信号系统、继电保护、自动装置和远动机等）经过功能的组合和优化设计，利用先进的计算机技术、现代电子技术、通信技术和信号处理技术，实现对全变电站的主要设备和输、配电线路的自动监视、测量、自动控制和微机保护，以及与调度通信等综合性的自动化功能。

变电站综合自动化系统是利用多台微型计算机和大规模集成电路组成的自动化系统，该系统代替常规的测量和监视仪表，替代了常规控制屏、中央信号系统和远动屏。用微机保护代替常规的继电保护屏，还克服了常规的继电保护不能与外界通信的缺点。变电站综合自动化是自动化技术、计算机技术和通信技术等高科技技术在变电站领域的综合应用。变电站综合自动化系统可以采集到比较齐全的数据和信息，利用计算机的高速计算能力和逻辑判断功能，可方便地监视和控制变电站内各种设备的运行和操作。从当前实现的功能和技术水平上衡量，变电站综合自动化系统具有功能综合化、结构微机化、操作监视屏幕化、运行管理智能化等特点。

变电站综合自动化系统在二次系统具体装置和功能实现上，用计算机化的二次设备代替和简化了非计算机设备；数字化的处理和逻辑运算代替了模拟运算和继电器逻辑。相对于常规变电站二次系统，变电站综合自动化系统增添了"变电站主计算机系统"和"通信控制管理"两部分。"通信控制管理"作为桥梁联系变电站内部各部分之间、变电站与调度控制中心之间，使其相互交换数据，并对这一过程进行协调、管理和控制。"变电站主计算机系统"对整个综合自动化系统进行协调、管理和控制，并向运行人员提供变电站运行的各种数据、接线图、表格等画面，使运行人员可远方控制断路器分、合操作，还提供运行和维护人员对自动化系统进行监控和干预的手段。"变电站主计算机系统"代替了很多过去由运行人员完成的简单、重复和繁琐的工作，如收集、处理、记录、统计变电站运行数据和变电站运行过程中所发生的保护动作，断路器分、合闸等重要事件，同时，还可按运行人员的操作命令或预先设定执行各种复杂的工作。

国际电工委员会（IEC）根据国际上变电站自动化系统发展的情况，于1997年国际大电网会议（CIGRE）WG 34.03工作组在"变电站内数据流的通信要求"报告中，提出了"变电站自动化"（SA，Substation Automation）和"变电站自动化系统"（SAS，Substation Automation System）两个名词。此名词被国际电工委员会的TC 57技术委员会（即电力系统通信和控制技术委员会）在制定的IEC 61850（即变电站通信网络和系统）标准中采纳。我国习惯称之为"变电站综合自动化"和"变电站综合自动化系统"。

在IEC 61850变电站通信网络标准中，对变电站自动化系统（SAS）的定义为：变电站自动化系统就是在变电站内提供包括通信基础设施在内的自动化。

1.1.3　变电站综合自动化系统基本特征

变电站综合自动化系统就是通过监控系统的局域网通信，将微机保护、微机自动装置、微机远动装置采集的模拟量、开关量、状态量、脉冲量以及一些非电量信号，经过数据处理及功能的重新组合，按照预定的程序和要求，对变电站实现综合性的监视和调度。因此，综合自动化的核心是监控系统，而综合自动化的纽带是监控系统的局域通信网络，它把微机保护、微机自动装置、微机远动功能综合在一起形成一个具有远方数据功能的监控系统。变电站综合自动化系统最明显的特征表现在以下几个方面：

（1）功能实现综合化。变电站综合自动化技术是在微机技术、数据通信技术、自动化技术基础上发展起来的。它综合了变电站内除一次设备和交、直流电源以外的全部二次设备。微机监控系统综合了变电站的仪表屏、操作屏、模拟屏、变送器屏、中央信号系统等功能，远动的RTU功能及电压和无功补偿自动调节功能。图1-2所示为一套在线运行的变电站综合自动化系统。

微机保护（和监控系统一起）综合了事件记录、故障录波、故障测距、小电流接地选线、自动按频率减负荷、自动重合闸等自动装置功能，并有较完善的自诊断功能。

图 1-2 一套在线运行的变电站综合自动化系统

图 1-3 所示是某型号的数字式线路保护测控装置，适用于 110kV 及以下电压等级，是线路单元的间隔层设备，是按间隔设计的保护、测量、控制等一体化装置。其主要具有的保护功能是：三段式三时限低压闭锁方向过电流保护；三相一次重合闸功能；两时限零序过电流保护；低电压保护；过负荷保护；小电流接地选线；断路器控制功能；故障录波功能；TV 断线监视，同时具有监控功能（遥测、遥信、遥控及脉冲电能量采集功能等）。面板上具有汉字液晶显示功能，采用触摸屏操作，可方便地实现测量及状态跟踪、在线修改定值或投退某些保护功能，还具有运行、告警、跳位、合位、保护跳闸和保护重合闸指示灯；装置通过以太网接入变电站综合自动化系统，可完成远方监视、控制和操作功能。

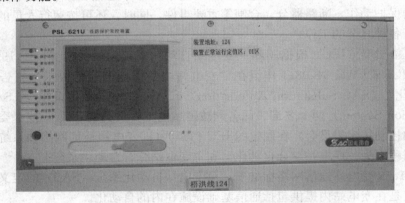

图 1-3 PSL 621U 型数字式线路保护测控装置示意图

需要指出的是，综合自动化的综合功能，"综合"并非指将变电站所要求的功能以"拼凑"的方式组合，而是指在满足基本要求的基础上，达到整个系统性能指标的最优化。对于中央信号系统及仪表和对设备控制操作的功能综合是通过监控系统的全面综合，而对于微机保护及一些重要的自动装置（如备用电源自动投入）是接口功能综合，是在保证其独立的基础上，通过远方自动监视与控制而实现的，例如对微机保护装置仍然要求保证其功能的独立性，但通过对保护状态及动作信息的监视及对保护整定值查询修改，保护的投退、录波远传、信号复归等远方控制来实现其对外接口功能的综合。这种综合的监控方式，既保证了保护和一些重要自动装置的独立性和可靠性，又把保护和自动装置的自动化性能提高到一个更高的水平。

（2）系统构成模块化。保护、控制、测量装置的数字化采用微机实现，并具有数字化通信能力，利于把各功能模块通过通信网络连接起来，便于接口功能模块的扩充及信息的共享。另外，模块化的构成，方便变电站实现综合自动化系统模块的组态，以适应工程的集中式、分布分散式和分布式结构集中式组屏等方式。

（3）结构分布、分层、分散化。变电站综合自动化系统是一个分布式系统，其中微机保护、数据采集和控制以及其他智能设备等子系统都是按分布式结构设计的，每个子系统可能有多个CPU分别完成不同功能，这样一个由庞大的CPU群构成了一个完整的、高度协调的有机综合（集成）系统。这样的综合系统往往有几十个甚至更多的CPU同时并列运行，以实现变电站自动化的所有功能。

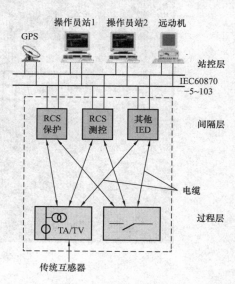

图1-4　变电站综合自动化
结构分层示意图

　　另外，按照变电站物理位置和各子系统功能分工的不同，综合自动化系统的总体结构又按分层原则来组成。按IEC（国际电工委员会）标准，典型的分层原则是将变电站综合自动化系统分为两层，即站控层和间隔层。另外，过程层主要包含一次设备，如图1-4所示。

　　随着技术的发展，自动化装置逐步按照一次设备的位置实行就地分散安装，由此可构成分散（层）分布式综合自动化系统。

　　（4）操作监视屏幕化。变电站实现综合自动化后，不论是有人值班还是无人值班，操作人员不是在变电站内，就是在主控室或调度室内，面对彩色屏幕显示器，对变电站的设备和输电线路进行全方位的监视与操作。常规庞大的模拟屏被液晶显示器上的实时主接线画面取代（如图1-5所示）；常规在断路器安装处或控制屏进行的跳、合闸操作，被液晶显示器上的鼠标操作或键盘操作所取代；常规的光字牌报警信号，被液晶显示器画面闪烁和文字提示或语言报警所取代，即通过计算机上的CRT显示器，可以监视全变电站的实时运行情况和对各断路器设备进行操作控制。

　　（5）通信局域网络化、光缆化。计算机局域网络技术和光纤通信技术在综合自动化系统中得到普遍应用。因此，系统具有较高的抗电磁干扰的能力，能够实现高速数据传送，满足实时性要求，组态更灵活，易于扩展，可靠性大大提高，而且大大简化了常规变电站繁杂量大的各种电缆，方便施工。

　　（6）运行管理智能化。变电站综合自动化另一特征是运行管理智能化。智能化不仅表现在常规的自动化功能上，如自动报警、自动报表、电压无功自动调节、小电流接地选线、事故判别与处理等方面，还表现在能够在线自诊断，并不断将诊断的结果送往远方的主控端。这是区别常规二次系统的重要特征。简而言之，常规二次系统只能监测一次设备，而本身的故障必须靠维护人员去检查、去发现。综合自动化系统不仅监测一次设备，还每时每刻检测自己是否有故障，这就充分体现了其智能性。

　　运行管理智能化极大地简化了变电站二次系统，取消了常规二次设备，功能强大，信息齐全，可以灵活地按功能或间隔形成集中组屏或分散（层）安装的不同的系统组态。进一步说，综合自动化系统打破了传统二次系统各专业界限和设备划分原则，改变了常规保护装置不能与调度（控制）中心通信的缺陷。

　　（7）测量显示数字化。长期以来，变电站采用指针式仪表作为测量仪器，其准确度低、读数不方便。采用微机监控系统后，彻底改变了原来的测量手段，常规指针式仪表全被计算

(a)

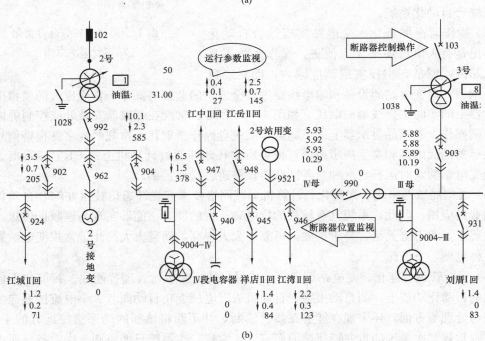

(b)

图 1-5 常规变电站和综合自动化变电站监视与操作对比图

（a）常规变电站的监视、操作、光字牌报警信号屏；（b）综合自动化变电站实时监视与操作主界面

机显示器上的数字显示所代替，直观、明了。而原来的人工抄表记录则完全由打印机打印、报表所代替。这不仅减轻了值班员的劳动，而且提高了测量精度和管理的科学性。

正是由于变电站综合自动化系统具有的上述明显特征，使其发展具有强劲的生命力。因此，近几年来，研究和应用变电站综合自动化进入了高潮，其功能和性能也不断完善。

1.2 变电站综合自动化系统的结构形式

自 1987 年我国自行设计、制造的第一个变电站综合自动化系统投运以来，变电站综合自动化技术已得到了突飞猛进的发展，其结构体系也在不断完善。由早期的集中式发展为目前的分层分布式。在分层分布式结构中，按照继电保护与测量、控制装置安装位置的不同，可分为集中组屏、分散安装、分散安装与集中组屏相结合等几种类型。同时，结构形式正向完全分散式发展。

1.2.1 集中式的结构形式

集中式结构的综合自动化系统，集中采集变电站的模拟量、开关量和数字量等信息，集中进行计算与处理，分别完成微机监控、微机保护和一些自动控制等功能。这种结构形式主要出现在变电站综合自动化系统问世的初期，如图 1-6 所示。集中式是传统结构形式，所有二次设备按遥测、遥信、电能计量、遥控、保护功能划分成不同的子系统。

集中结构也并非指由一台计算机完成保护、监控等全部功能。多数集中式结构的微机保护、微机监控和与调度等通信的功能也是由不同的微型计算机完成的，只是每台微机承担的任务多一些。例如监控机要负担数据采集、数据处理、断路器操作、人机联系等多项任务；担任微机保护的计算机，可能一台微机要负责几回低压线路的保护等。这种结构形式的综合自动化系统国内早期的产品较多。如南京自动化研究院系统研究所的 BJ-2 型、南京自动化设备厂的 WBX-261

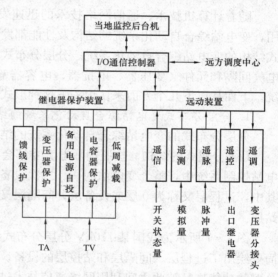

图 1-6 集中式变电站综合自动化系统结构框图

型、烟台东方电子信息产业集团的基于 WDF-10 型的综合自动化系统、许昌继电器厂的 XWJK-1000 型的变电站综合自动化系统、上海惠安系统控制有限公司的 powerware-WIN 型的综合自动化系统等。

这种结构形式是按变电站的规模配置相应容量、功能的微机保护装置和监控主机及数据采集系统，它们安装在变电站主控室内。主变压器、各种进出线路及站内所有电气设备的运行状态通过电流互感器、电压互感器经电缆传送到主控制室的保护装置或监控计算机上，并与调度控制端的主计算机进行数据通信。当地监控后台完成当地显示、控制和报表打印等功能。

集中式综合自动化系统的特点是：①能实时采集变电站中各种电气设备的模拟量、脉冲量、断路器状态量，完成对变电站的数据采集、实时监控、制表、打印、事件追忆及显示负荷曲线、变电站主接线图功能。②值班员可通过画面操作变电站内的电气设备，并能检查操作正确与否。③系统具有自诊断和自恢复功能，当设备受到外界瞬间干扰信号而影响正常工作时，系统能发出自恢复命令，使设备重新进入正常工作状态。④造价低，适合小型变电站的新建或改造。

集中式综合自动化系统的缺点有：①每台计算机的功能较集中，如果一台计算机出故障，影响面大，因此必须采用双机并联运行的结构才能提高可靠性。②集中式结构软件复杂，修改工作量大，调试麻烦。③组态不灵活，对不同主接线或规模不同的变电站，软、硬件都必须另行设计，工作量大，因此影响了批量生产，不利于推广。④集中式保护与长期以来采用一对一的常规保护相比，不直观，不符合运行和维护人员的习惯，调试和维护不方便，程序设计麻烦，只适合保护算法比较简单的情况。

变电站综合自动化系统的目标是实现变电站的小型化、无人化和高可靠性，针对集中式系统的诸多不足，分布式综合自动化系统相继出现。

1.2.2 分层分布式的结构形式

随着计算机技术、通信网络技术的迅速发展以及它们在变电站综合自动化系统中的应用，变电站综合自动化系统的结构及性能都发生了很大的改变，出现了目前流行的分层分布式结构的变电站综合自动化系统。分层分布式结构的变电站综合自动化系统是以变电站内的电气间隔和元件（变压器、电抗器、电容器等）为对象开发、生产、应用的计算机监控系统。下面从以下几个方面来认识一下这种形式的变电站综合自动化系统。

1. 分层分布式变电站综合自动化系统的结构

分层分布式的变电站综合自动化系统的结构特点主要表现在以下三个方面。

（1）分层式的结构。按照国际电工委员会（IEC）推荐的标准，在分层分布式结构的变电站控制系统中，整个变电站的一、二次设备被划分为三层，即过程层、间隔层和站控层。其中，过程层又称为 0 层或设备层，间隔层又称为 1 层或单元层，站控层又称为 2 层或变电站层。

图 1-7 所示为我国某 110kV 分层分布式结构的变电站综合自动化系统的结构图，图中简要绘出了过程层、间隔层和站控层的设备。按照该系统的设计思路，图中每一层分别完成分配的功能，且彼此之间利用网络通信技术进行数据信息的交换。

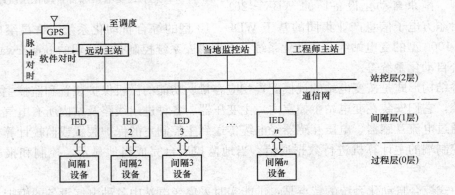

图 1-7　110kV 分层分布式的变电站综合自动化系统结构

过程层主要包含变电站内的一次设备，如母线、线路、变压器、电容器、断路器、隔离开关、电流互感器和电压互感器等，它们是变电站综合自动化系统的监控对象。

过程层是一次设备与二次设备的结合面，或者说过程层是指智能化电气设备（IED）的智能化部分。过程层的主要功能分以下三类。

1）电力运行的实时电气量检测：主要是电流、电压、相位以及谐波分量的检测，其他电气量如有功、无功、电能量可通过间隔层的设备计算得出。

2）运行设备的状态参数在线检测与统计：变电站需要进行状态参数检测的设备主要有变压器、断路器、隔离开关、母线、电容器、电抗器以及直流电源系统。在线检测的内容主要有温度、压力、密度、绝缘、机械特性以及工作状态等数据。

3）操作控制的执行与驱动：包括变压器分接头调节控制，电容、电抗器投切控制，断路器、隔离开关合分控制，直流电源充放电控制等。

过程层的控制执行与驱动大部分是被动的，即按上层控制指令而动作，比如接到间隔层保护装置的跳闸指令、电压无功控制的投切命令、对断路器的遥控分合命令等。在执行控制命令时具有智能性，能判别命令的真伪及其合理性，还能对即将进行的动作精度进行控制，能使断路器定相合闸、选相分闸，在选定的相角下实现断路器的关合和开断，要求操作时间限制在规定的参数内。又例如对真空断路器的同步操作要求能做到断路器触头在零电压时关合，在零电流时分断等。

间隔层各智能电子装置（IED）利用电流互感器、电压互感器、变送器、继电器等设备获取过程层各设备的运行信息，如电流、电压、功率、压力、温度等模拟量信息以及断路器、隔离开关等的位置状态，从而实现对过程层进行监视、控制和保护，并与站控层进行信息的交换，完成对过程层设备的遥测、遥信、遥控、遥调等任务，如图1-8所示。在变电站综合自动化系统中，为了完成对过程层设备进行监控和保护等任务，设置了各种测控装置、保护装置、保护测控装置、电能计量装置以及各种自动装置等，它们都可被看做是IED。

图1-8　间隔层IED装置示意图

间隔层设备的主要功能如下：

1）汇总本间隔过程层实时数据信息。

2）实施对一次设备保护控制功能。

3）实施本间隔操作闭锁功能。

4）实施操作同期及其他控制功能。

5）对数据采集、统计运算及控制命令的发出具有优先级别的控制。

6）承上启下的通信功能，即同时高速完成与过程层及站控层的网络通信功能。必要时，上下网络接口具备双口全双工方式，以提高信息通道的冗余度，保证网络通信的可靠性。

站控层借助通信网络（通信网络是站控层和间隔层之间数据传输的通道）完成与间隔层之间的信息交换，从而实现对全变电站所有一次设备的当地监控功能以及间隔层设备的监控、变电站各种数据的管理及处理功能（如监控后台及工程师工作站）；同时，它还经过通信设备（如远动机），完成与调度中心之间的信息交换，从而实现对变电站的远方监视。

站控层的主要任务可列为：

1）通过两级高速网络汇总全站的实时数据信息，不断刷新实时数据库，按时登录历史数据库。

2）按既定规约将有关数据信息送向调度或控制中心。

3）接收调度或控制中心有关控制命令并转间隔层、过程层执行。

4）具有在线可编程的全站操作闭锁控制功能。

5）具有（或备有）站内监控后台，人机联系功能，如显示、操作、打印、报警，甚至图像、声音等多媒体功能。

6）具有对间隔层、过程层诸设备的在线维护、在线组态、在线修改参数的功能。

7）具有（或备有）变电站故障自动分析和操作培训功能。

需要指出的是，在大型变电站内，站控层的设备要多一些，除了通信网络外，还包括由工业控制计算机构成的1～2台监控后台、1～2台远动机、工程师工作站等，但在中小型的变电站内，站控层的设备要少一些，通常由一台或两台互为备用的计算机完成监控、远动及工程师站的全部功能。

一般变电站监控系统还采用了 GPS（Global Positioning System，全球定位系统）对时，需要在站内安装一套 GPS 时间同步装置。GPS 时间同步装置采用卫星星载原子钟作为时间标准，并将时钟信息通过通信电缆送到变电站综合自动化系统各有关装置，对它们进行时钟校正，从而实现各装置与电力系统统一时钟。

（2）分布式的结构。所谓分布，是指变电站综合自动化系统的构成在资源逻辑或拓扑结构上的分布，主要强调从系统结构的角度来研究和处理功能上的分布问题。由于间隔层的各 IED 是以微处理器为核心的计算机装置，站控层各设备也是由计算机装置组成的，它们之间通过网络相连，因此，从计算机系统结构的角度来说，变电站综合自动化系统的间隔层和站控层构成的是一个计算机系统，而按照"分布式计算机系统"的定义——由多个分散的计算机经互联网络构成的统一的计算机系统，该计算机系统又是一个分布式的计算机系统。在这种结构的计算机系统中，各计算机既可以独立工作，分别完成分配给自己的各种任务，又可以彼此之间相互协调合作，在通信协调的基础上实现系统的全局管理。在分层分布式结构的变电站综合自动化系统中，间隔层和站控层共同构成分布式的计算机系统，间隔层各 IED 与站控层的各计算机分别完成各自的任务，并且共同协调合作，完成对全变电站的监视、控制等任务。

分布式系统结构的最大特点是将变电站综合自动化系统的功能分散给多台计算机来完成。分布式模式一般按功能设计，采用主从 CPU 系统工作方式，多 CPU 系统提高了处理并行多发事件的能力，解决单 CPU 运算处理的瓶颈问题。各功能模块（常是多个 CPU）之间采用网络技术或串行方式实现数据通信，选用具有优先级的网络系统较好地解决了数据传输的瓶颈问题，提高了系统的实时性。分布式结构方便系统扩展和维护，局部故障不影响其他模块正常运行。

如微机型变压器保护，主要包括差动速断保护、比率制动型差动保护、电流电压保护等，主保护的功能由一个 CPU 单独完成；后备保护主要由复合电压电流保护构成，过负荷保护、气体保护触点引入保护装置，经由微机保护出口；轻瓦斯保护动作信号报警；温度信号经温度变送器输入微机保护装置，可发超温信号并据此启动风扇，后备保护功能也由一个 CPU 单独完成，主保护 CPU 和后备保护 CPU 分开，各自完成各自功能，增加了保护的可靠性。

（3）面向间隔的结构。分层分布式结构的变电站综合自动化系统"面向间隔"的结构特点主要表现在间隔层设备的设置是面向电气间隔的，即对应于一次系统的每一个电气间隔，分别布置有一个或多个智能电子装置来实现对该间隔的测量、控制、保护及其他任务。

电气间隔是指发电厂或变电站一次接线中一个完整的电气连接，包括断路器、隔离开关、电流互感器 TA、电压互感器 TV、端子箱等。根据不同设备的连接情况及其功能的不同，间隔有许多种，如母线设备间隔、母联间隔、出线间隔等；对主变压器来说，以变压器本体为一个电气间隔，各侧断路器各为一个电气间隔；开关柜等以柜盘形式存在的，则一般以一个柜盘为电气间隔。图 1-9 所示为某 110kV 变电站部分主接线图，图中标注了一些电气间隔以及对应各间隔保护测控装置的 TA 配置示意图。

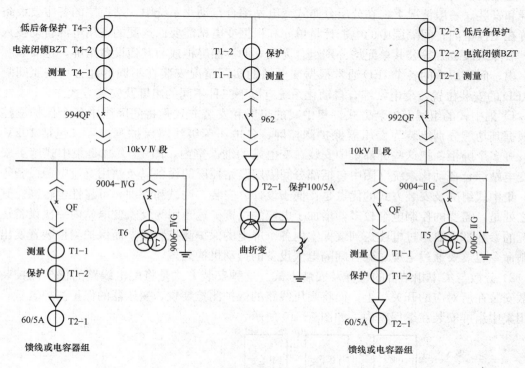

图 1-9 某 110kV 变电站部分主接线图

相对于集中式结构的变电站综合自动化系统而言，采用分层分布式系统的主要优点有：

1）每个计算机只完成分配给它的部分功能，如果一个计算机故障，只影响局部，因而整个系统有更高的可靠性。

2）由于间隔层各 IED 硬件结构和软件都相似，对不同主接线或规模不同的变电站，软、硬件都不需另行设计，便于批量生产和推广，且组态灵活。

3）便于扩展。当变电站规模扩大时，只需增加扩展部分的 IED，修改站控层部分设置即可。

4）便于实现间隔层设备的就地布置，节省大量的二次电缆。

5）调试及维护方便。由于变电站综合自动化系统中的各种复杂功能均是微型计算机利用不同的软件来实现的，一般只要用几个简单的操作就可以检验系统的硬件是否完好。

分层分布式结构的综合自动化系统具有以上明显的优点，因而目前在我国被广泛采用。

需要指出，在分层分布式变电站综合自动化系统发展的过程中，计算机技术及网络通信技术的发展起到了关键作用，在技术发展的不同时期，出现了多种不同结构的变电站综合自动化系统。同时，不同的生产厂家在研制、开发变电站综合自动化系统的过程中，也都逐渐形成了有自己特色的系列产品，它们的设计思路及结构各不相同。此外不同的变电站由于其重要程度、规模大小不同，它们采用的变电站综合自动化系统的结构也都有所不同。由于这些原因，在我国出现了多种多样的变电站综合自动化系统。但总体来说，这些变电站综合自动化系统的基本结构都符合图1-7的形式，只是构成间隔层和站控层的设备以及通信网络的结构与通信方式有所不同。

2. 分层分布式变电站自动化系统的组屏及安装方式

这里所说的组屏及安装方式是指将间隔层各 IED 及站控层各计算机以及通信设备如何组屏和安装。一般情况下，在分层分布式变电站综合自动化系统中，站控层的各主要设备都布置在主控室内；间隔层中的电能计量单元和根据变电站需要而选配的备用电源自动投入装置、故障录波装置等公共单元均分别组合为独立的一面屏柜或与其他设备组屏，也安装在主控室内；间隔层中的各个 IED 通常根据变电站的实际情况安装在不同的地方。按照间隔层中 IED 的安装位置，变电站综合自动化系统有以下三种不同的组屏及安装方式。

1）集中式的组屏及安装方式。集中式的组屏和安装方式是将间隔层中各个保护测控装置根据其功能分别组装为变压器保护测控屏、各电压等级线路保护测控屏（包括 10kV 出线）等多个屏柜，把这些屏都集中安装在变电站的继保室内，图1-2 也是集中式组屏安装的变电站综合自动化系统（图中包括部分间隔层及站控层的设备以及站用直流电源设备等）。

集中式组屏及安装方式的优点是：便于设计、安装、调试和管理，可靠性也较高。其不足之处是：需要的控制电缆较多，增加了电缆的投资。这是因为反映变电站内一次设备运行状况的参数都需要通过电缆送到继保室内各个屏上的保护测控装置，而保护测控装置发出的控制命令也需要通过电缆送到各间隔电气设备的操动机构处。

2）分散与集中相结合的组屏及安装方式。这种安装方式是将配电线路的保护测控装置分散安装在所对应的开关柜上，而将高压线路的保护测控装置、变压器的保护测控装置，均采用集中组屏安装在继保室内，如图1-10 所示。

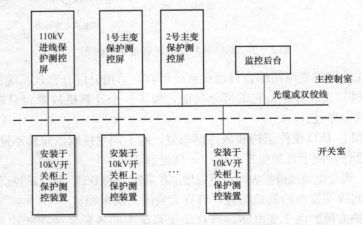

图1-10　分散与集中相结合的组屏及安装方式示意图

这种安装方式在我国比较常用，它有如下特点：

① 10～35kV 馈线保护测控装置采用分散式安装，即就地安装在 10～35kV 配电室内各

对应的开关柜上，而各保护测控装置与主控室内的站控层设备之间通过单条或双条通信电缆（如光缆或双绞线等）交换信息，这样就节约了大量的二次电缆。

② 高压线路保护和变压器保护、测控装置以及其他自动装置，如备用电源自动投入装置和电压、无功综合控制装置等，都采用集中组屏方式，即将各装置分类集中安装在控制室内的线路保护屏（如110kV线路保护屏、220kV线路保护屏等）和变压器保护屏等上面，使这些重要的保护装置处于比较好的工作环境，对可靠性较为有利。

3）全分散式组屏及安装方式。这种安装方式将间隔层中所有间隔的保护测控装置，包括低压配电线路、高压线路和变压器等间隔的保护测控装置均分散安装在开关柜上或距离一次设备较近的保护小间内，各装置只通过通信（如光缆或双绞线等）与主控室内的站控层设备之间交换信息，如图1-11所示。全分散式变电站综合自动化系统结构如图1-12所示。

图1-11 10kV开关柜上保护测控一体装置（右上椭圆圈处）

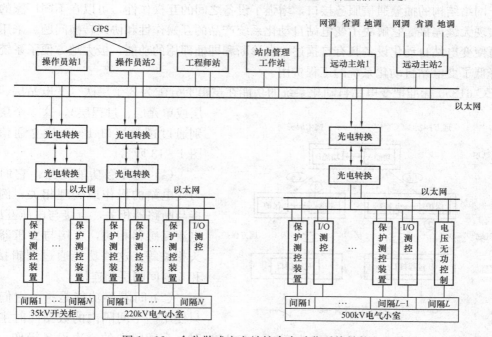

图1-12 全分散式变电站综合自动化系统结构

这种安装方式的优点如下。

① 由于各保护测控装置安装在一次设备附近，不需要将大量的二次电缆引入主控室，所以大大简化了变电站二次设备之间的互连线，同时节省了大量连接电缆。

② 由于主控室内不需要大量的电缆引接，也不需要安装许许多多的保护屏、控制屏等，这就极大地简化了变电站二次部分的配置，大大缩小了控制室的面积。

③ 减少了施工和设备安装工程量。由于安装在开关柜的保护和测控单元等间隔层设备在开关柜出厂前已由厂家安装和调试完毕，再加上铺设电缆的数量大大减少，因此可有效缩短现场施工、安装和调试的工期。

但是使用分散式组屏及安装方式，由于变电站各间隔层保护测控装置及其他自动装置安装在距离一次设备很近的地方，且可能在户外，因此需解决它们在恶劣环境下（如高温或低温、潮湿、强电磁场干扰、有害气体、灰尘、震动等）长期可靠运行问题和常规控制、测量与信号的兼容性问题等，对变电站综合自动化系统的硬件设备、通信技术等要求较高。

1.2.3　IEC 61850 标准三层结构形式

随着计算机技术的发展，各个厂家自己所制定的通信协议已无法满足电力通信的发展。1999 年 10 月在日本京都召开的 IEC 64 届年会 TC57 会议上及 2000 年 6 月 6 日在德国召开的 SPAG（Strategic Policy Advisory Group）会议上提出了无缝远动通信体系结构（Seamless Telecontrol Communication Architecture，SCA）的概念，从变电站的过程层至调度中心之间采用统一的通信协议，克服目前诸多协议之间无法完全兼容，必须经过协议转换才能互相连接起来的弊病，并赞成制定出电力系统的无缝远动通信体系结构的统一传输协议 IEC 61850。

IEC 61850 标准体系通过对变电站自动化系统中的对象统一建模，采用面向对象技术和独立于网络结构的抽象通信服务接口，增强了设备之间的互操作性，可以在不同厂家的设备之间实现无缝连接。它解决了变电站自动化系统产品的互操作性和协议转换问题。采用该标准还可使变电站自动化设备具有自描述、自诊断和即插即用的功能，极大地方便了系统的集成，降低了变电站自动化系统的工程费用。

IEC 61850 标准把变电站自动化系统的功能在逻辑上分配为 3 个层次（变电站层、间隔层或单元层、过程层），这 3 个层次分别通过逻辑接口 1～9 建立通信，如图 1-13 所示。

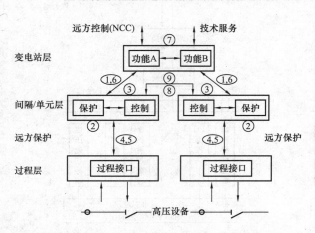

图 1-13　IEC 61850 标准中变电站自动化系统的分层结构

（1）过程层功能是指：它们直接与变电站的操作或处理相关，例如直接与断路器相关，直接与电压互感器、电流互感器相关，直接与变压器分接头相关等。这些功能通过逻辑接口 4 和 5 与间隔层相连接。

（2）间隔层功能是指：它们主要只使用一个间隔内的数据同时主要只对一个间隔内的一次设备操作。这些功能通过逻辑接口 3 与同一间隔内的其他功能通信；通过接口 4 和 5 与过程层相连接，也即与远方的输入/输出相连，或与远方的智能传感器以及智能控制器相连。接口 4 和 5 可以使用硬件连接方式，这种方式是目前国内最常使用的方式。IEC 61850 既支持这种方式的连接，也支持接口 4 和 5 使用通信方式的连接。

（3）站控层功能分为两种不同的类型：与处理有关的站控层功能是指：它们使用多个间隔甚至整个变电站内的数据同时要对多个间隔甚至整个变电站内的一次设备进行操作，例如互锁操作。这些功能相互之间通过逻辑接口 8 通信。

与界面有关的站控层功能是指：它们表示变电站自动化系统（SAS）与当地监控后台之间的接口（HMI），它们也表示 SAS 与远方控制中心之间的接口（TCI），或 SAS 与远方监测和维护工具之间的接口（TMI）。这些功能通过逻辑接口 1 和 6 与间隔层通信，通过逻辑接口 7 与外部的远方控制中心通信。

（4）各逻辑接口之间含义如下：

IF1：间隔层和变电站层之间保护数据交换；

IF2：间隔层与远方保护（不在 IEC 61850 标准范围）之间保护数据交换；

IF3：间隔层内数据交换；

IF4：过程层和间隔层之间电压互感器 TV 和电流互感器 TA 瞬时数据交换（尤其是采样）；

IF5：过程层和间隔层之间控制数据交换；

IF6：间隔和变电站层之间控制数据交换；

IF7：变电站层与远方工程师工作站数据交换；

IF8：间隔之间直接数据交换，尤其是像联锁这样的快速功能；

IF9：变电站层内数据交换。

1.3　变电站综合自动化的发展方向

目前变电站综合自动化系统的功能和结构都在不断地向前发展，全分散式的结构一定是今后发展的方向。追其原因主要是：一方面是分层分散式的自动化系统的突出优点；另一方面是随着新设备、新技术的进展如电—光传感器和光纤通信技术的发展，使得原来只能集中组屏的高压线路保护装置和主变压器保护也可以考虑安装于高压场附近，并利用日益发展的光纤技术和局域网技术，将这些分散在各断路器柜的保护和集成功能模块联系起来，构成一个全分散化的综合自动化系统，为变电站实现高水平、高可靠性和低造价的无人值班创造更有利的技术条件。目前变电站综合自动化技术有以下的发展趋势。

1. 智能电子装置的发展及在变电站自动化领域的应用

所谓智能电子装置（IED），实际上就是一台具有微处理器、输入/输出部件以及通信接口，并能满足各种不同的工业应用环境的装置，它的软件则因应用场合的不同而不同，比较典型的智能电子装置如电子电能表、智能电量传感器、各类可编程逻辑控制器（PLC）。按照这一定义，变电站内的间隔层测控装置、继电保护装置、保护测控装置、RTU 等都可以将其作为 IED 来对待。各种 IED 之间一般采用工业以太网接口，也有采用工业现场总线的，其信息交换的协议则因应用环境的不同而有所区别。

随着计算机技术的发展，智能电子装置或变电站自动化装置的硬件有"趋同"的发展趋势，即某类设备对于采用某一硬件平台设计的厂家来说，其装置的硬件设计有一种似曾相识的感觉，这就是所谓的"趋同"，其主要差别还在于软件设计。

2. 非常规互感器的发展及应用

电力系统高电压、大容量的发展趋势，使电磁式电流互感器越来越难以满足这一发展态势的要求，暴露出许多缺点。例如：绝缘结构复杂、造价高；故障电流下铁芯易饱和；动态范围小；频带窄；易遭受电磁干扰；二次侧开路易产生高电压；易产生铁磁谐振；易燃易爆，占地面积大等。电磁式电流互感器正常输出为 5A 或 1A，故障情况可增大 20 倍，电压互感器输出为 100V，而正在兴起与发展的变电站自动化的主要部件微机保护与监控只要求弱电信号的输入，为此不得不在测控和保护装置中增加电流和电压变换器以对 TA 或 TV 信号进行变换。

非常规互感器的出现为解决此类问题提供了条件，与传统电磁式电流互感器相比，非常规互感器具有如下优点：输出信号电平低，易于与变电站自动化系统接口；不含铁芯，无磁饱和及磁滞现象；测量范围大，可准确测量从几十安到几千安的电流，故障条件下可反映几万基至几十万安的电流；频率响应范围宽，可从直流至几万赫兹；抗电磁干扰能力强；信号在光纤中传输，无二次侧开路产生高压的危险；结构简单，体积小，质量轻，易于安装；不含油，无易爆危险；距离一次侧大电流较近的 OCT 光路部分由绝缘材料组成，绝缘性能良好。

非常规互感器有两种基本类型：一种是电子式互感器；一种是电光效应的互感器。其最大特点就是可以输出低电平模拟量和数字量信号，直接用于微机保护和电子式计量设备，去除了许多中间环节，适应电力系统数字化、智能化和网络化的需要，而且由于动态范围比较大，能同时适用测量和保护两种功能。因此，非常规互感器对于变电站自动化系统的发展将具有革命性意义。

3. IEC 61850 标准的应用

IEC 61850《变电站网络与通信协议》标准是新一代的变电站网络通信体系，适应于分层的 IED 和变电站综合自动化系统。该标准根据电力系统生产过程的特点，制定了满足实时信息传输要求的服务模型；采用抽象通信服务接口、特定通信服务映射，以适应网络发展；采用面向对象建模技术，面向设备建模和自我描述，以适应功能扩展，满足应用开放互操作要求；采用配置语言，配备配置工具，在信息源定义数据和数据属性；定义和传输元数据，扩充数据和设备功能，传输采样测量值等。该标准还包括变电站通信网络和系统总体要求、系统和工程管理、一致性测试等。IEC 61850 标准为电力系统自动化产品的统一标准、统一模型、互联开放的格局奠定了基础，使变电站信息建模标准化成为可能，信息共享具备了可实现的基础前提，也将成为电力系统中从调度中心到变电站、变电站内、配电自动化无缝自动化标准。

4. 广域保护（WAP）的发展与应用

社会的进步和经济的发展对可靠、稳定、高质量的电力供应提出了越来越高的要求，而传统的继电保护主要切除被保护元件内部故障，通过开关动作来实现故障隔离。各电气设备的主保护相互独立，不顾及故障元件被切除后剩余电力系统中的潮流转移引起的后果。为适应电力系统发展的需要，解决现有保护、控制系统存在的问题，一种基于网络通信、多点信息综合比较判断的广域保护（Wide Area Protection，WAP）近年来受到越来越多的关注。

广域保护可定义为：依赖电力系统多点的信息，对故障进行快速、可靠、精确的切除，同时分析故障切除对系统安全稳定运行的影响，并采取相应的控制措施，可提高输电线路可用容量或系统可靠性，同时实现系统的继电保护和自动控制功能。

总体来说，广域保护可以分为两类：第一类是基于广域测量技术的继电保护，它使用电网广域信息来检测、切除常规保护不好解决的复杂故障，这是一种具有适应性和协调性的前沿保护技术；第二类是一种智能紧急控制系统，并不针对特定元件的故障，主要解决电力系统大范围稳定破坏及连锁反应事故。第二类的广域保护根据控制原理主要分为基于电网事件检测的广域保护和基于电网动态响应的广域保护。

广域保护注重保护整个系统的安全稳定运行，可识别系统的各种运行状态（正常状态、警戒状态等），通过调节系统的 P、Q 和各种保护措施，同时实现继电保护和自动控制的功能，其中可能会有本地、远程开关的动作，以避免局部或整个系统大面积停电或崩溃等严重事故的发生，保证电网在故障后仍能保持所需的安全稳定工况。

5. 电气设备状态监测与故障诊断技术的发展与应用

电气设备状态监测与故障诊断技术包括：

（1）电容型设备的监测与诊断。电介质的耐电强度通常随其厚度的增加而下降，因此电力电容器常由一些极间介质厚度较小的电容元件串联组成。电容型套管、电容型电流互感器的绝缘中也设有一些均压电极，将较厚的绝缘分隔为若干份较薄的绝缘，形成了电容串联结构。由于结构上的这一特点，电力电容器、耦合电容器、电容型套管、电容型电流互感器以及电容型电压互感器等统称为电容型电气设备。相对于其他电气设备，电容型设备的工作电场强度较高，长期工作后设备绝缘可能发生局部损坏，即绝缘老化，因此监测电容型设备的泄漏电流值的变化，绝缘的介质损耗因数以及电容量的变化，即可判断电容型设备是否已存在绝缘问题。

（2）变压器的监测与诊断。电力变压器主要采用充油式绝缘，在需要防火、防爆的场合，也采用环氧树脂浇注绝缘（干式变压器）或 SF_6 气体绝缘。对于充油式变压器的绝缘诊断，油中溶解气体的分析得到广泛应用。对于各种类型的变压器绝缘，局部放电测量为其重要监测诊断手段，变压器的高压套管通常采用电容式绝缘，其监测诊断方法与电容型设备相似。

（3）断路器的监测与诊断。断路器结构复杂，现场解体维修不便，不适当的维修反而易造成故障的发生，就更需要状态监测。近年来发展了一种所谓暂时性状态监测技术，即将断路器暂时退出运行，处于离线状态，但不需将其解体，然后运用体外检测技术来诊断其内部故障。

除了上述三种主要设备的状态监测和诊断外，还有诸如交联聚乙烯电缆、金属氧化物避雷器、大型发电机等都属于这一范围。在实际应用中，有故障预报、故障诊断和状态监测等几个在内容上相近但存在差别的概念。一般来说，它们在内容上没有严格的界限，采用的方法也差不多，都要进行在线检测和数据分析，其最终目标也是一致的，即防患于未然。但是，它们的任务不尽相同，这里对其加以区分。

故障预报是根据故障征兆，对可能发生故障的时间、信号和程度进行预测。

故障诊断是根据故障特征，对已发生的故障进行定位及对故障发生程度进行判断。

状态监测是对设备的运行状态进行记录、分类和评估，为设备维护、维修提供决策。

国外发达国家从 20 世纪 80 年代起就在电力系统各领域开展了各种关于设备状态监测的研究与应用，几十年来有了较大发展，表现为如下两个主要特征。

（1）已经能生产多种传感器产品，且质量良好，性能稳定。

（2）状态监测应用比较普遍，有经济效益。在美国，实现了变电站无人值班和设备状态检修管理。国内在这方面还存在一定差距，一方面许多变电站的状态监测还没有开展起来；另一方面，一些状态监测系统已具备规模的发电厂、变电站在软环境和管理体制上还不能适应发展要求，现场技术人员的培训和技术服务也是必须面对的问题。

6. 视频图像监视技术的发展与应用

通常，变电站自动化系统并不包括视频图像监视系统，由于无人值班的要求以及对一些现场情景例如控制机房，重要一次设备现场视觉的需要，导致了视频图像监视技术在变电站自动化中的应用与发展，越来越成为系统的一个重要组成部分。它不仅解决了无人值班站内对于安全保卫，消防等方面出现的问题。更为重要的是它可以使远方运行控制人员能亲眼看到现场的实际情况，包括采用 360°的一体化球机，焦距调节，使视觉范围扩大，视物清晰。数字式视频图像监视技术的主要功能有：

（1）环境及设备监视，即对变电站内的运行设备的状态及其周围的环境进行监视。当预置点发生报警时，画面可自动切换到报警现场，监视报警点所发生的情况。

（2）红外图像测量，利用红外摄像机可以实现黑暗情况下对环境的监视，也可对相关设备的温度状况进行直观监察。这一功能可以同电气设备状态监测与故障诊断相结合。

（3）移动物体监测，除了监视静态图像外，对运动物体也能灵活监视，其监视的灵敏度大范围可调以满足不同场合下的需求，系统在进行移动物体监测时，占用 CPU 时间较少，不影响整个系统的运行速度，在每路监视画面上，可设定防范区域，当该区域有物体移动时，可自动录像，并在屏幕上提示有移动物体侵入。

7. 电能质量在线监测技术的发展与应用

由于电力市场机制的形成与规范，用电方对作为商品的电能质量的要求也在逐步提高。导致了对电网电能质量的监测与评估的重视，为了规范供用电双方对电能质量的共识，国家有关部门对电能质量相继颁布了 5 个相关的国家标准，其中对电网频率允许偏差，供电电压允许偏差以及三相电压不平衡度等的监测实际上在传统的变电站综合自动化系统中已有所涉及，然而对于谐波和电压闪变这两项指标的监测则需配置附加的设备来完成。这也是变电站综合自动化技术发展过程中应当加以考虑的，即如何利用本身的资源，减少实施电能质量监测的成本，把二者有机地结合起来，这不仅解决了长期困扰供用电双方的技术难题，又丰富了变电站综合自动化技术的内涵。

第 2 章

变电站综合自动化的测量与控制

本章主要介绍变电站综合自动化模拟量、开关量和异常告警信息的测量，包括交流采样、变送器测量、状态量采集和时钟同步建立等，并着重介绍了变电站控制技术、同期功能的原理及实现方式。

2.1 变电站综合自动化的信息

根据自动化控制的基本原理，要实现变电站综合自动化，必须掌握变电站的运行状况，即首先要测量出表征变电运行以及设备工作状态的信息。

变电站综合自动化系统要采集的信息类型多、数量大，既有变电运行方面的信息，也有电气设备运行方面的信息，还包括积累量和控制系统本身运行状态信息。这些错综复杂的信息可大致划分为两类：第一类是与电网调度控制有关的信息，它包括常规的远动信息和上级监控或调度中心对变电站实现综合自动化提出的附加监控信息。这些信息在变电站测量采集后，由变电站综合自动化系统向上级监控或调度中心传送。第二类信息是为实现变电站综合自动化站内监控所使用的信息，由测控单元或自动装置测得这些信息，用于变电站当地监视和控制。

继电保护主要包括线路保护、变压器保护、母线保护以及断路器失灵保护和并联电抗器保护等。在变电站综合自动化系统中，不同保护所需信息及测量要求也不尽相同。例如：①断路器、隔离开关的位置；②线路线电压、相电压和母线电压；③三相电流、零序电流等。有关继电保护所需测量的信息在继电保护相关书籍中介绍比较详细，本书不进行相关部分的介绍，本书重点介绍继电保护装置上送到变电站综合自动化系统的软报文信号和硬接点信号。

变电站综合自动化系统需测量的大量信息，用于当地监控、或传送到上级监控、或调度中心。这些信息包括模拟量、开关量、脉冲量以及设备状态等。变电站电压等级不同，其在电网的作用不同，所需采集的信息也不同。变电站按运行管理方式可划分为有人值班方式和无人值班方式两大类，通常无人值班需要向上级监控或调度中心传送更多的变电运行信息和设备状态信息。考虑到变电站综合自动化系统对变电运行管理方式的兼容性，在变电站综合自动化系统中，应测量并采集变电运行设备状态和系统自身运行状态等较完整的信息。

2.1.1 模拟量信息

（1）联络线的有功功率、无功功率和有功电能。

（2）线路及旁路的有功功率、无功功率和电流。

（3）不同电压等级母线各段的线电压及相电压。

（4）三绕组变压器三侧或高压侧、中压侧的有功功率、无功功率及电流；两绕组变压器两侧或高压侧的有功功率、无功功率及电流。

（5）直流母线的电压。

（6）所用变低压侧电压。

（7）母联断路器电流、分段断路器电流、分支断路器电流。

（8）出线的有功功率或电流。

（9）并联补偿装置电流。

（10）变压器上层油温、绕组温度。

2.1.2 开关量信息

（1）变电站事故总信号。

（2）线路、母联、旁路、分段断路器位置信号。

（3）变压器中性点接地开关位置信号。

（4）线路及旁路重合闸动作信号。

（5）变压器的断路器位置信号。

（6）线路及旁路保护动作信号。

（7）母线保护动作信号。

（8）重要隔离开关、接地开关位置信号。

（9）变压器内部故障综合信号。

（10）断路器失灵保护动作信号。

（11）有关过电压、过负荷超限信号。

（12）有载调压变压器分接头位置信号。

（13）变压器保护动作总信号。

（14）断路器事故跳闸总信号。

（15）直流系统接地信号。

（16）控制方式由遥控转为当地控制信号。

（17）断路器闭锁信号等。

2.1.3 设备异常和故障预告信息

（1）有关控制回路断线总信号。

（2）有关操动机构故障信号。

（3）变压器油温过高、绕组温度过高信号。

（4）轻瓦斯保护动作信号。

（5）变压器或变压器调压装置油温过低信号。

（6）继电保护系统故障异常信号。

（7）距离保护闭锁信号。

（8）高频保护闭锁信号。

（9）消防报警信号。

（10）大门打开信号。

（11）站内 UPS 交流电源消失信号。

（12）通信线路故障信号等。

变电站综合自动化系统采集的脉冲量主要是指系统频率和电能脉冲信号，前者主要出现在保护和低周频减负荷装置中，电能脉冲则用于远方对系统电能的计量。

2.2　变送器测量基本原理

2.2.1　概述

由第一节可知，变电站综合自动化系统要测量的模拟量主要是交流电压 U、交流电流 I、有功功率 P、无功功率 Q、变压器油温 T 及主变压器挡位等，其中 U、I、P、Q 可以从变电站二次回路中取得信号，通过对这些信号的测量而获得。而测量方法可以采用变送器的方法，也可以用直接对这些信号采样的方法。本节介绍采用变送器的测量方法，而交流信号直接采样方法在下一节讨论。

所谓变送器，就是将一种信号转换成标准化信号的一种设备。在变电站综合自动化系统中，将主要涉及电流变送器、电压变送器、三相有功功率变送器、三相无功功率变送器、温度变送器及挡位变送器等。

在变电站中，被测的电气量通常具有较高的电压或较大的电流，故这些被测量必须先接入电压互感器（TV）或电流互感器（TA），即变送器只能接入 TV 或 TA 的二次回路中。所以，输入变送器的交流电压为 0～120V（额定值 100V），输入变送器的交流电流为 0～6A（额定值 5A），有些场合允许输入额定值为 1A 的交流电流。

在变电站中，变送器的输出信号通常采用统一的直流信号，以方便后继仪器设备的接口。在变电站综合自动化系统中，通常用变送器的直流电压输出信号与后继设备接口。变送器输入、输出信号的类型和变化范围见表 2-1。

表 2-1　　　　　　　　　　变送器输入、输出信号的类型和变化范围

设备	输入	输出	允许负荷变化范围
电压变送器	电压：0～100V（≤120V）	电压：0～5V 电流：0～1mA 4～20mA	3kΩ～∞ 0～10kΩ 0～750kΩ
电流变送器	电流：0～5A （≤6A）	电压：0～5V 电流：0～1mA 4～20mA	3kΩ～∞ 0～10kΩ 0～750Ω

设备	输入	输出	允许负荷变化范围
功率变送器	电压：0~100V （≤120V） 电流：0~5A （≤6A）	电压：0~5V −5V~0~5V 电流：0~1mA −1mA~0~1mA 4~20mA	3kΩ~∞ 3kΩ~∞ 0~10kΩ 0~10kΩ 0~750Ω
温度变送器	温度：−20~140℃ 或 0~160℃	电压：0~5V 电流：4~20mA	3kΩ~∞ 0~750Ω
挡位变送器	挡位：挡位遥信 或 BCD 码	电压：0~5V 电流：4~20mA	3kΩ~∞ 0~750Ω

为了达到模拟量测量的综合误差指标，变送器的准确度等级应不低于 0.5 级，市场上变送器均能达到这个准确度等级。

2.2.2 交流电流的测量

在变电站中，要测量的电流小则几十安培，大则几千安培，采用变送器来测量这些电流，其接线如图 2-1 所示。被测电流 $i_1(t)$ 经电流互感器转变为 $i_2(t)$，电流变送器将 $i_2(t)$ 转换为直流统一信号输出。

电流互感器是一次系统和二次系统间的联络元件，它由两个相互绝缘的绕组绕于同一铁芯上构成，类似一个变压器，如图 2-2 所示。据分析可得，电流互感器的电流系数

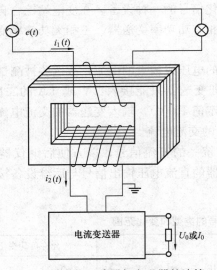

图 2-1 电流互感器与变送器的连接

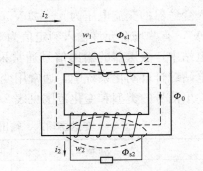

图 2-2 电流互感器的工作原理

$$k_i = \left| \frac{\dot{I}_1}{\dot{I}_2} \right| \approx \frac{w_2}{w_1} \qquad (2-1)$$

式中　$\dot{I}_1$，$\dot{I}_2$——电流互感器输入、输出电流；

　　　w_1，w_2——电流互感器一次、二次绕组匝数，通常 $w_1 \ll w_2$。

故

$$I_2 \approx \frac{I_1}{k_i} = \frac{w_1}{w_2} I_1 \qquad (2-2)$$

即电流互感器二次侧电流与一次侧电流幅值之间是匝数比的关系。

可用多项指标来描述电流互感器的特性,在此只介绍额定电流比 k_{Ni}。所谓额定电流比,是指电流互感器一次额定电流 I_{1N} 与二次额定电流 I_{2N} 之比,即

$$k_{Ni} = \frac{I_{1N}}{I_{2N}} \qquad (2-3)$$

电力系统用电流互感器一次侧额定电流 I_{1N} 可为:5,10,15,20,30,40,50,75,100,150,200,300,400,500,600,800,1000,1200,1500,2000,3000,4000,5000,6000,8000,10000,12000,15000,20000A;电流互感器二次侧额定电流 I_{2N} 为 5A 或 1A。通常 I_{2N} 为 5A,故有

$$k_{Ni} = \frac{I_{1N}}{5}$$

电流变送器将输入的电流 i_2,经中间电流互感器(TAm)、交/直流变换和输出电路,变换成标准的输出信号,如图 2-3 所示。

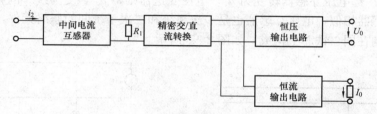

图 2-3 电流变送器原理框图

中间电流互感器将数安培的输入电流按比例变换成为毫安级的交流电流,经电阻 R_1 转换为交流电压。精密交/直流转换电路将输入信号变换为绝对值信号后,经低通滤波成直流电压信号,恒压输出电路实际上是一个电压跟随器,其输出电流电压既符合标准输出范围,又具有良好的电压源特性。电压/电流变换电路将直流电压变换成直流电流,并具有良好的带负荷能力。

由图 2-3 可见,测量交流电流采用的是有效值的平均值测量法,即通过测量交流电流的平均值来间接测量其有效值。

按平均值的数学定义,交流信号 $f(t) = A_m \sin(\omega t + \varphi)$ 的平均值 $\overline{A}$ 可计算为

$$\overline{A} = \frac{1}{T} \int_T f(t) \, \mathrm{d}t \qquad (2-4)$$

对于正弦波周期信号,T 即为周期,可知 $\overline{A} = 0$。故正弦信号的平均值一般是指经全波整流后信号的平均值,即

$$\overline{A} = \frac{1}{T} \int_T |f(t)| \, \mathrm{d}t \qquad (2-5)$$

对于一次侧交流电流 $i(t) = I_m \sin(\omega t + \varphi)$,将其代入式(2-5),得

$$I = \frac{1}{T} \int_T |i(t)| \, \mathrm{d}t = \frac{2I_m}{\pi} \qquad (2-6)$$

从而

$$U_0 = k_0 U_2 = k_0 k_1 U_1 = k_0 k_1 k_2 I_{2m} = k_0 k_1 k_2 k_{Ni} I_{1m} \qquad (2-7)$$

式中　k_0——中间电流互感器电流变换系数；

　　　k_1——低通滤波器系数（绝对值）；

　　　k_2——恒压输出电路变换系数。

由于

$$I_{1m} = \sqrt{2} I_1$$

所以

$$U_0 = k I_1 \qquad (2-8)$$

其中 $k=\sqrt{2} k_0 k_1 k_2 k_{Ni}$，即输出电流电压 U_0 与线路电流有效值 I_1 成正比。这就是采用电流变送器测量电流的基本原理和方法。

2.2.3　交流电压的测量

在变电站综合自动化系统中，要测取的电流电压主要是指母线或线路电压，这些电压达到几十千伏或几百千伏。采用变送器测量交流电压的接线如图 2-4 所示。

被测电压 u_1 经电压互感器转变为 u_2，电压变送器则将 u_2 转变为统一的直流信号输出。

与电流互感器相似，电压互感器也是一次系统和二次系统间的联络元件，它由两个相互绝缘的绕组绕制在同一铁芯上构成，如图 2-5 所示。

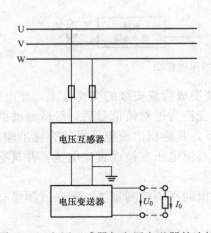

图 2-4　电压互感器与电压变送器的连接

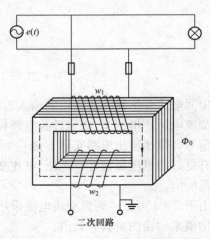

图 2-5　电压互感器的工作原理

电压互感器的工作原理如同一个变压器，据分析可得，电压互感器的电压系数 k_u

$$k_u = \left| \frac{\dot{U}_1}{\dot{U}_2} \right| \approx \frac{w_1}{w_2} \qquad (2-9)$$

式中　$\dot{U}_1$，$\dot{U}_2$——电压互感器输入、输出电压；

　　　w_1，w_2——电压互感器一次、二次绕组匝数，通常 $w_1 \gg w_2$。

故有

$$U_2 = \frac{U_1}{k_u} = \frac{w_2}{w_1} U_1 \qquad (2-10)$$

即电压互感器二次侧电压与一次侧电压幅值之间是匝数比的关系。

有多项指标来描述电压互感器的特性，在此只介绍额定电压比，即

$$k_{Nu} = \frac{U_{N1}}{U_{N2}} \tag{2-11}$$

电力系统用电压互感器一次侧额定电压为：10，35，110，330，500kV；电压互感器二次侧额定电压为 100V。

电压变送器的结构与电流变送器相似，差别在于输入级采用的是中间电压互感器，并省去电流转变为电压的电阻，如图 2-6 所示。其工作原理与电流变送器相同，分析从略。

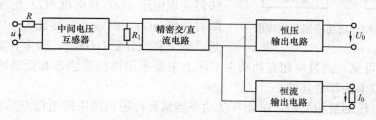

图 2-6 电压变送器原理框图

2.2.4 功率的测量

在变电站监控和调度控制中，需要广泛测量有功功率和无功功率，功率变送器就是用来测量交流电路中有功功率和无功功率的仪器。线路的功率有单相功率和三相功率之分，在变电站综合动化系统中，主要测量三相功率，但三相功率是基于单相功率测量来实现的，因此，先讨论单相功率的功率测量元件。

一、单相有功功率测量元件

在交流电路中，单相有功功率 P 定义为

$$P = \frac{1}{T}\int_{T} p(t)\mathrm{d}t = \frac{1}{T}\int_{T} u(t)i(t)\mathrm{d}t \tag{2-12}$$

式中　$p(t)$——交流电路中 t 时刻的瞬时功率；

　　　　$u(t)$——交流电路中 t 时刻的交流电压；

　　　　$i(t)$——交流电路中 t 时刻的瞬时电流；

　　　　T——交流电路中交流信号的周期。

由式（2-12）可见，有功功率是瞬时功率在一个周期内的平均值，故有功功率也称平均功率，定义式（2-12）对于任何形式的交流电路是普遍适用的。对于正弦交流电路，设

$$u(t) = U_m \sin\omega t = \sqrt{2}U\sin\omega t$$

$$i(t) = I_m \sin\omega t = \sqrt{2}I\sin(\omega t - \varphi)$$

式中　U_m，U——交流电压的最大值和有效值；

　　　　I_m，I——交流电流的最大值和有效值；

　　　　ω——角频率；

　　　　φ——交流电压超前于交流电流的相位差。

从而 $p(t) = u(t)i(t) = 2UI\sin\omega t\sin(\omega t - \varphi) = UI\cos\varphi - UI\cos(2\omega t - \varphi)$

将 $p(t)$ 代入式（2-12）可得

$$P = \frac{1}{T}\int_T p(t)\mathrm{d}t = \frac{1}{T}\int_0^T [UI\cos\varphi - UI(2\omega t - \varphi)]\mathrm{d}t = UI\cos\varphi \qquad (2-13)$$

因此可得 P 和 $p(t)$ 的关系为

$$p(t) = P - UI\cos(2\omega t - \varphi) \qquad (2-14)$$

式（2-14）表达的瞬时功率是有功功率与正弦分量的代数和。若能从瞬时功率中去除其正弦分量，即能得到有功功率。

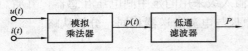

图2-7 单相有功功率测量原理图

图2-7给出了单相有功功率测量的原理图。它由一个模拟乘法器和低通滤波器组成。其中模拟乘法器实现电压 $u(t)$ 和电流 $i(t)$ 的相乘，从而构成瞬时功率 $p(t)$，低通滤波器滤去 $p(t)$ 中的正弦分量，剩下直流分量 $UI\cos\zeta$，即为有功功率 P。

从图2-7可见，测量单相有功功率实际上主要采用模拟乘法器和低通滤波器两个单元电路，其中模拟乘法器是其核心。

与电流和电压测量相类似，单相有功功率测量元件还包括中间电压互感器 TVm 和中间电流互感器 TAm，其原理框图如图2-8所示。输入电流经 TAm 在电阻 R 上形成交流电压 u_x，输入电压经 TVm 变换成交流电压 u_y，设 TVm、TAm 的变换系数分别为 k_{mu}、k_{mi}，乘法器的变换系数为 k_m，则

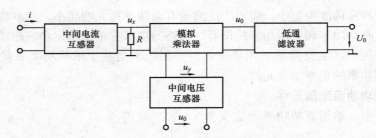

图2-8 单相有功功率测量元件原理框图

$$u_0 = k_{mu}k_{mi}k_m p_2 = k'p_2$$
$$U_0' = k_f\overline{u}_0 = k_f\overline{k'}\cdot P_2 = K'P_2 \qquad (2-15)$$

式中　p_2，P_2——二次侧瞬时功率和平均功率；

　　　　k'——功率测量元件变换系数。

上式说明，功率测量元件的输出电压 U_0' 与二次侧输入功率 P_2 成正比。

二、三相有功功率变送器

1. 三相功率定义

对于有功功率，将式（2-15）改写为

$$U_0 = KP_2 = KU_iI_i\cos\varphi \qquad (2-16)$$

$$\varphi = \varphi_u - \varphi_i \qquad (2-17)$$

同理，对于无功功率

$$U_0 = KQ_2 = KU_iI_i\sin\varphi \qquad (2-18)$$

$$\varphi = \varphi_u - \varphi_i$$

式中 U_i，I_i——输入单相功率测量元件电压和电流的有效值；

   φ——输入电压和输入电流的相位差。

再讨论由输入电压和输入电流构成的复功率 $\widetilde{S}$。$\widetilde{S}$ 定义为

$$\widetilde{S}=\dot{U}_i \overset{*}{I}_i=U_i\mathrm{e}^{\mathrm{j}\varphi_u}\cdot I_i\mathrm{e}^{-\mathrm{j}\varphi_i}=U_iI_i\mathrm{e}^{\mathrm{j}(\varphi_u-\varphi_i)}=U_iI_i\mathrm{e}^{\mathrm{j}\varphi}=U_iI_i\cos\varphi+\mathrm{j}U_iI_i\sin\varphi=P+\mathrm{j}Q \tag{2-19}$$

因此，对于单相功率测量元件，有功功率、无功功率和复功率有下列关系

$$P_2=\mathrm{Re}[\widetilde{S}_2] \tag{2-20}$$

$$Q=\mathrm{Im}[\widetilde{S}_2]$$

对于有功元件

$$U'_0=K'\mathrm{Re}[\widetilde{S}_2] \tag{2-21}$$

对于无功元件

$$U'_0=K'\mathrm{Im}[\widetilde{S}_2] \tag{2-22}$$

同理可定义三相电路的复功率

$$\widetilde{S}=\dot{U}_a\overset{*}{I}_a+\dot{U}_b\overset{*}{I}_b+\dot{U}_c\overset{*}{I}_c=P+\mathrm{j}Q$$

考虑三相电路对称的情况，则有

$$\widetilde{S}=3\dot{U}_p\overset{*}{I}_p=3U_pI_p\cos\varphi+\mathrm{j}3U_pI_p\sin\varphi \tag{2-23}$$

式中 U_p，I_p——三相电路的相电压和相电流有效值；

   φ——三相电路相电压和相电流之间的相位差。

所以

$$P=3U_pI_p\cos\varphi \tag{2-24}$$

$$Q=3U_pI_p\sin\varphi \tag{2-25}$$

2. 三相有功功率变送器

三相有功功率变送器是由单相有功功率元件构成的。根据三相电路的特点、按功率变送器含有有功功率元件的个数不同，三相有功功率变送器由单元件式、两元件式、三元件式等几种。单元件三相有功功率变送器适用于电压对称、负载平衡的对称三相电路功率测量；两元件三相有功功率变送器适用于三相三线制系统中三相功率测量；三元件三相有功功率变送器适用于零序电流不为零的三相四线制电路中三相功率的测量。

电力系统中，广泛采用三相三线制系统，在此只讨论两元件三相有功功率变送器测量原理。图2-9是两元件式三相有功功率变送器原理接线图。两个功率测量元件分别接入 $\dot{U}_{uv}$、$\dot{I}_v$ 和 $\dot{U}_{uv}$、$\dot{I}_c$ 四个电量信号，该变送器获得的功率信息为

$$\widetilde{S}=\dot{U}_{uv}\overset{*}{I}_u+\dot{U}_{uv}\overset{*}{I}_w=\dot{U}_u\overset{*}{I}_u+\dot{U}_w\overset{*}{I}_w-\dot{U}_v(\overset{*}{I}_u+\overset{*}{I}_w)$$

$$=\dot{U}_u\overset{*}{I}_u+\dot{U}_v\overset{*}{I}_v+\dot{U}_w\overset{*}{I}_w=U_uI_u\mathrm{e}^{\mathrm{j}\varphi_u}+U_vI_v\mathrm{e}^{\mathrm{j}\varphi_v}+U_wI_w\mathrm{e}^{\mathrm{j}\varphi_w}$$

故三相有功功率

$$P=\mathrm{Re}[\widetilde{S}_2]=U_uI_u\cos\varphi_u+U_vI_v\cos\varphi_v+U_wI_w\cos\varphi_w=P_u+P_v+P_w=P_2$$

设两个有功功率测量元件具有相同外特性，则

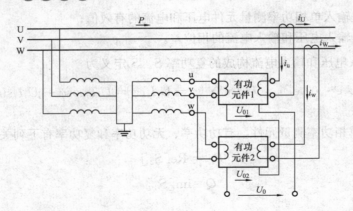

图 2-9 两元件式三相有功功率变送器原理接线

$$U_{01} = k\mathrm{Re}[\dot{U}_{uv} \overset{*}{I}_u], U_{02} = k\mathrm{Re}[\dot{U}_{wv} \overset{*}{I}_w]$$

从而

$$U_0 = U_{01} + U_{02} = k\mathrm{Re}[\dot{U}_{uv} \overset{*}{I}_u + \dot{U}_{wv} \overset{*}{I}_w] = kP_2 = \frac{k}{k_{Nu} k_{Ni}} P_1 \qquad (2-26)$$

即三相功率变送器输出电压 U_0 与被测线路三相功率成正比,据 U_0 值即可得到三相功率值。

2.2.5 温度测量

在变电站综合自动化系统中需要将变压器油温、绕组温度、变电站控制室温度等信号加以监视。因此,必须将这些温度进行测量。在变电站中测量温度均采用热电阻作为一次元件,热敏电阻是利用半导体的电阻值随温度变化而显著变化的原理来测量温度的,它的测温范围在 $-50\sim300$℃之间。目前应用较广的热电阻材料是铂和铜,也有适用于低温测量的铟、锰和碳等作为材料的热电阻。

一、铂电阻测量温度的特性

铂电阻的物理、化学特性比较稳定,在工业生产中常作为测量元件。铂的电阻与温度的关系如下。

在 $0\sim630.74$℃之间为

$$R_t = R_0(1 + At + Bt^2) \qquad (2-27)$$

在 $-190\sim0$℃之间为

$$R_t = R_0[1 + At + Bt^2 + C(t-100)t^3] \qquad (2-28)$$

式中 R_t——温度为 t 时的电阻值;

$\quad\quad R_0$——温度为 0℃时的电阻值;

$\quad\quad t$——任意的温度值;

A、B、C——分度系数, $A=3.940\times10^{-3}$/℃, $B=-5.84\times10^{-7}$/℃^{2}, $C=-5.84\times10^{-7}$/℃^{3}。

由式(2-27)和式(2-28)可知,要确定电阻值 R_t 与温度之间的关系,还必须先确定 R_0 的数值,R_0 不同,R_t 与 t 之间的关系也将变化。在工业上,将对应于 $R_0=50\Omega$ 和 100Ω 的 $R_t\sim t$ 的关系制成表格,称其为热电阻分度表,供使用者查阅。Pt100 的电阻温度对应表见表 2-2。

表2-2   **Pt100 的电阻温度对应表**

电阻（Ω）	100.00	103.90	107.79	111.67	115.54	119.40	123.24	127.08	130.90	134.71	138.51
温度（℃）	0	10	20	30	40	50	60	70	80	90	100

二、铜电阻测量温度的特性

铂电阻虽然性能优良、使用范围又广，但价格昂贵，在测量精度不高且温度较低的场合，铜电阻得到广泛的应用。在−50～150℃的温度范围内，铜电阻的阻值与温度呈线性关系，可计算为

$$R_t = R_0(1+at) \tag{2-29}$$

式中 R_t——温度为 t 时的电阻值；

      R_0——温度为 0℃时的电阻值；

      a——铜电阻温度系数，$a=4.25\times10^{-3}\sim4.28\times10^{-3}/℃$。

铜电阻的主要缺点是电阻率较低、电阻体积较大、热惯性较大。与铂电阻相似，R_t 与 t 的关系依赖于 R_0，R_0 有 50Ω 和 100Ω 两种，也制成相应的分度表供查阅。Cu50 的电阻温度对应表见表2-3。

表2-3   **Cu50 的电阻温度对应表**

电阻（Ω）	50.00	52.14	54.29	56.43	58.57	60.70	62.84	64.98	67.12	69.26	71.40
温度（℃）	0	10	20	30	40	50	60	70	80	90	100

三、用热电阻测量温度

热电阻作为温度测量的一次元件，它仅将温度高低转变为电阻大小，只有测量出电阻值的大小才能推知温度的高低。在实际的温度测量中，常使用电桥作为热电阻的测量电路，用仪表当地指示温度的高低。在变电站综合自动化系统中，用热电阻测量的温度信号要远传到变电站控制室或远方监控中心。所以应采用温度传送器将温度变化引起的电阻值变化变换成适于各级转换的统一电信号。

电桥热电阻测温常用电路如图2-10所示。R_1、R_2、R_3 是固定电阻，R_4 是电位器。r_1、r_2、r_3 是导线电阻。

R_t 通过 r_1、r_2、r_3 与电桥相连接，r_1、r_2 阻值相等，但温度变化时 r_1、r_2 的变化量相同，由于 r_1、r_2 分别接在不同的桥臂上，不会产生测量误差，r_3 在电源回路，对测量的影响很小。当调整 R_a 至 $R_a+R_t=R_4$ 时，电桥平衡，则温度 t 的变化而使 R_t 的变化能直接由电桥检流计测得。

以上所述的测温方法主要适用于就地测量显示。当温度信号要进行远传时，需要采用与温度变送器相配合的测量方式，如图2-11所示。

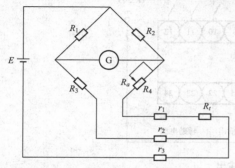

图2-10 电桥热电阻测温常用电路

图2-11 变压器油温的变送原理

温度传送器的恒电流源输出一恒定电流，在热电阻上形成电压信号，该电压信号与热电阻阻值成正比，测得该电压信号即可获得温度值。在温度变送器内，测量这个电压信号并转变为对应的直流电压输出，将温度变送器的输出信号接到系统测控单元部分，实现温度信号的测量远传。

2.2.6 变压器挡位测量

在变电站中对主变器挡位的采集有以下三种方法：①挡位抽头信号直接接入测控的遥信采集回路进行挡位采集；②挡位抽头信号经过 BCD 编码器转换成 BCD 码后接入到测控装置的遥信采集回路进行采集，测控装置将采集到的 BCD 码转换成挡位值在监控后台显示；③挡位抽头信号或单位 BCD 码信号接入到挡位变送器转换成直流模拟量，测控装置采集直流模拟量信号后在后台显示。

挡位变送器基本工作原理如图 2-12 所示。

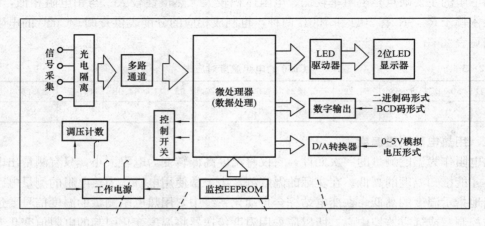

图 2-12 挡位变送器工作原理

挡位变送器实现方法通常有以下 2 种。

方法 1：如图 2-13 所示将变压器挡位位置信号直接接到变送器，由变送器转换成直流信号输出。

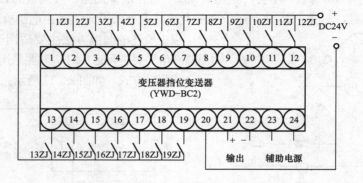

图 2-13 挡位直接输出

方法2：如图2-14所示将变压器挡位位置信号通过BCD码编码器转换成BCD码，再接到变送器，由变送器转换成直流信号输出。

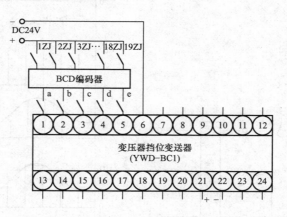

图2-14　挡位通过BCD码输出

2.3　交流采样技术及其应用

2.3.1　概述

2.2节讨论了采用变送器测量交流电气量的原理和方法，简单介绍了电压变送器、电流变送器、三相有功功率变送器和三相无功功率变送器，它们都是从二次回路中获取信号，通过电子变换电路，输出与某电气量成正比的模拟信号，还介绍了非电量的温度和挡位变送器。随着微机技术的广泛应用，与采用微机技术的测量方法相比，这种电气量测量方法暴露出明显的缺点。例如：第一，每个变送器只能测取一个或两个电气量，变电站中必须使用多个变送器，投资大、占用空间大。第二，变送器输出的模拟信号要通过远动系统远传或送到当地计算机监控，尚需对模拟量进行模数变换，以数字量形式传送或显示。第三，这些电量变送器都是电力互感器二次回路的负荷，接入变送器越多，二次回路负荷越重，互感器实际变换误差就越大。

所谓交流采样技术，就是通过对互感器二次回路中的交流电压信号和交流电流信号直接采样。根据一组采样值，通过对其模数变换将其变换为数字量，再对数字量进行计算，从而获得电压、电流、功率、电能等电气量值。在变电站中，使用交流采样技术，可取消变送器这一测量环节，也有利于测量精度的提高，交流采样技术已在变电站综合自动化系统中广泛应用。

2.3.2　采样及采样频率的确定

对一个信号采样就是测取该信号的瞬时值，它可由一个采样器来完成，如图2-15所示。

采样器按定时或不定时的方式将开关瞬时接通，使输入采样器的连续信号 $f(t)$ 转变为离散信号 $f^*(t)$ 输出，设采样开关按周期 T_s 瞬间接通，则采样得到的离散信号为

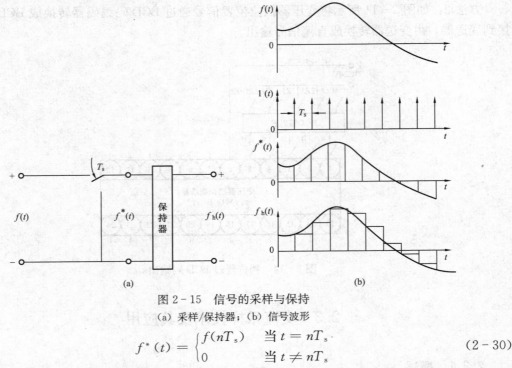

图 2-15 信号的采样与保持

(a) 采样/保持器；(b) 信号波形

$$f^*(t) = \begin{cases} f(nT_s) & \text{当 } t = nT_s \\ 0 & \text{当 } t \neq nT_s \end{cases} \tag{2-30}$$

在交流采样技术中，只用一个单独的采样器是无法工作的，因为采样所得信号要经过 A/D 变换成数字量，而 A/D 变换需要一定的时间才能完成，并要求变换过程中被变换量保持不变。所以采样器必须有一个保持器配合工作，如图 2-15 所示。在两次采样的间隔时间内，保持器输出信号 $f_h(t)$ 保持不变。对于需要同时采样的那些电量，应配备各自的采样/保持器。

采样将一段时间的连续信号变为离散的信号，改变了信号的外在形式，这通常是为了使之易于处理或借助于更好的工具对其进行处理。因此，信号经过采样后不应改变原有的本质特性。或者说，根据采样得到的 $f^*(t)$，可以复现 $f(t)$ 的所有本质信息。从直观上看，采样周期越短，即采样频率越高，$f_h(t)$ 越接近 $f(t)$。香农定理可叙述为：为了对连续信号 $f(t)$ 进行不失真的采样，采样频率 ω_s 应不低于 $f(t)$ 所包含最高频率 ω_{max} 的两倍，即

$$\omega_s \geqslant 2\omega_{max} \tag{2-31}$$

在此省略对这个定理的证明，只简要说明其意义。图 2-16 所示是一个多频函数的频谱。图 2-16 (a) 表明，该多频函数的频谱，其最高频率为 ω_{max}。图 2-16 (b)、(c)、(d) 分别给出了 $\omega_s > 2\omega_{max}$、$\omega_s = 2\omega_{max}$ 和 $\omega_s < 2\omega_{max}$ 时 $f^*(t)$ 的频谱。由图可知，$f^*(\omega)$ 是以 $f(\omega)$ 以 $\pm n\omega_s$ 为中心的无限次重复，其幅值从 $f(0)$ 变为 $f(0)/T$。当 $\omega_s > 2\omega_{max}$ 时，$f^*(\omega)$ 无重叠现象。而 $\omega_s < 2\omega_{max}$ 时，$f^*(\omega)$ 有重叠现象。对于图 2-16 (b) 所示的 $f^*(\omega)$，利用低通滤波器可将采样输出的高频部分全部滤掉，而只剩下与基本频谱相对应的部分，即原输入信号完全可以从采样信号中复现，故这样的采样是不失真的。相反，当 $\omega_s < 2\omega_{max}$ 时，任何低通滤波器不能将信号复原，因而是失真采样。

若被采样信号是频率为 50Hz 的正弦交流信号，则根据采样定理，在该正弦信号的一个

32

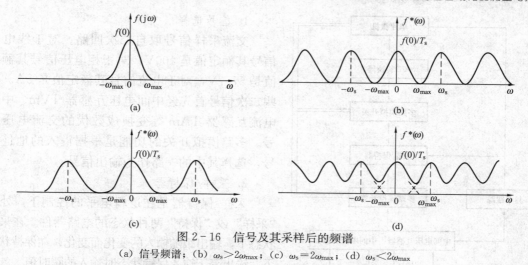

图 2-16 信号及其采样后的频谱
（a）信号频谱；（b）$\omega_s > 2\omega_{max}$；（c）$\omega_s = 2\omega_{max}$；（d）$\omega_s < 2\omega_{max}$

周期内，任意多个两点的采样（$\omega_s > 2\omega_{max}$），就可以由采样所得的两点值确定正弦信号。该正弦信号为

$$f(t) = A_m \sin(\omega t + \varphi) \qquad (2-32)$$

其中，$\omega = 2\pi f = 314 \text{rad/s}$。若在时刻 t_1 和 t_2 分别得到采样值 a_1 和 a_2 则

$$\left.\begin{array}{l} a_1 = A_m \sin(\omega t_1 + \varphi) \\ a_2 = A_m \sin(\omega t_2 + \varphi) \end{array}\right\} \qquad (2-33)$$

由式（2-33）可得

$$A_m = \sqrt{\frac{(a_1^2 + a_2^2) - 2a_1 a_2 \cos(\omega \Delta t)}{\sin^2(\omega \Delta t)}} \qquad (2-34)$$

其中，$\Delta t = t_2 - t_1$。令 $t_1 = 0$，可得

$$\varphi = \arcsin(a_1 / A_m) \qquad (2-35)$$

故由式（2-34）和式（2-35）求得的 A_m 和 φ，可确定式（2-42）所假定的正弦信号。特别是，当 $\omega \Delta t = 90°$ 或 $270°$ 时

$$A_m = \sqrt{a_1^2 + a_2^2}, \quad \varphi = \arcsin(a_1 / \sqrt{a_1^2 + a_2^2})$$

于是式（2-32）成为

$$f(t) = \sqrt{a_1^2 + a_2^2} \sin\left[\omega t + \arcsin(a_1 / \sqrt{a_1^2 + a_2^2})\right] \qquad (2-36)$$

采样定理是选择采样频率的理论依据。实际应用中，采样频率总要选得比已知被采样信号最高频率高两倍以上。例如，采样工频交流信号，采样频率 f_s 一般为工频频率的 8～10 倍，甚至更高，使信号中 3～5 次谐波分量能在采样信号中反映出来。

2.3.3 交流采样的硬件与软件概述

一、交流采样硬件

在变电站综合自动化系统中，交流采样装置由单片微机为核心的硬件构成。它由中间电流互感器、中间电压互感器、多路模拟开关、采样保持器、A/D 转换器、单片微机以及频率跟踪等电路组成，如图 2-17 所示。

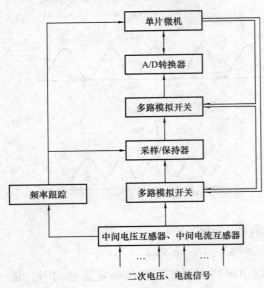

图 2 - 17 交流采样硬件电路构图

1. 信号选择

交流采样信号取自二次回路。对于线电压信号其额定值是 100V，对于相电压信号其额定值是 57.7V，对于电流信号其额定值是 5A。这些二次信号首先经中间电压互感器 TVm、中间电流互感器 TAm 等变换成数伏的交流电压信号。多路模拟开关的功能是根据输入的地址信号，选择其中的一路作为输出信号。

2. 采样/保持器

采样/保持器是在逻辑电平的控制下，处于"采样"或"保持"两种状态的电路器件。在采样状态下，输出跟随输入的变化而变化；在保持状态下，输出等于输入保持状态时输入的瞬时值。

采样/保持器的电路原理如图 2 - 18 (a) 所示，它由一个电子模拟开关 AS 和保持电容 C_h 以及阻抗变换器 I、II 组成。开关 AS 受逻辑电平控制。当逻辑电平为采样电平时，AS 闭合，电路处于"采样"状态，经过很短时间（捕捉时间）C_h 迅速充电或放电到输入电压 U，随后，电容电压跟随 U 变化，故整个采样时间应大于捕捉时间。显然，捕捉时间越短意味着 C_h 容量值越小。当逻辑电平为保持电平时，AS 断开，电路处于"保持"状态，将保持 AS 断开时的电压，从维持电压考虑，C_h 容量越大越好。因此，为使采样保持器采样时间短，保持性能好，C_h 的容量要选择合适，质量要好。当 C_h 选定后，为了缩短捕捉时间，要求采样回路的时间常数小，故采取了阻抗变换器

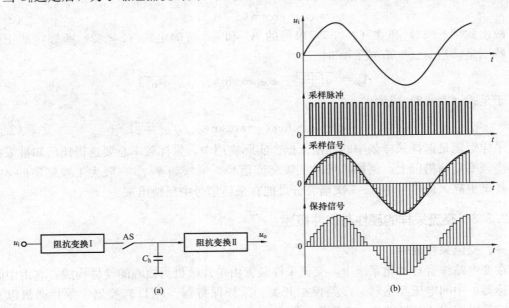

图 2 - 18 交流信号的采样与保持

(a) 电路原理；(b) 工作波形

Ⅰ，其输出阻抗极小；为使保持性能好，保持回路时间常数要大，故采用了阻抗变换器Ⅱ，它有极高的输入阻抗。

从上述分析可知，实际的采样器虽然采样时间做得很小，但不能为零。图 2-18（b）所示给出了实际采样/保持器的工作波形。

3. A/D 转换

A/D 转换器是将输入模拟信号转换为数字量。其主要特性体现在下列几个方面。

（1）量化误差与分辨率。A/D 转换器的分辨率采用两种方式表示，其一是输出数字量二进制的位数，例如 12 位 A/D 转换器的分辨率是 12 位；另一种是百分数表示，例如 10 位 A/D 转换器的分辨率（百分数）为

$$\frac{1}{2^{10}} \times 100\% = 0.1\% \tag{2-37}$$

可见，A/D 转换器的二进制位数越多，其分辨率越高。

量化误差是由于有限数字对模拟量进行离散取值引起的误差。从理论上讲，A/D 转换器的量化误差是一个单位分辨率，即 $\pm 1/2$LSB。分辨率越高，每个单位数字所代表的模拟值越小，量化误差就越小。因此，量化误差与分辨率在本质上是一致的。

（2）转换精度。A/D 转换器的转换精度是描述实际 A/D 转换器与理想 A/D 转换器之间的转换误差的，故转换精度中不包括量化误差。转换精度用最小有效位 LSB 表示，也有用相对误差表示的。若 8 位 A/D 转换器的精度为 ± 1LSB，则其相对误差为：

$$\frac{1}{2^8} \times 100\% = 0.4\% \tag{2-38}$$

当同时考虑了量化误差后，其最大偏差可以从图 2-19 中求得，图中 △ 为数字量 D 的最小有效位当量，对于 8 位 A/D 转换器 $\Delta = 0.0039U_m$。图 2-19 表示，对于精度为 ± 1LSB 的 8 位 A/D 转换器，当输入模拟量在 D 的标称当量值 $\Delta(\pm 0.00586U_m)$ 范围内时，都可能产生相同的数字量输出。

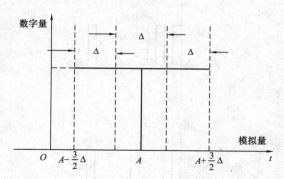

图 2-19 精度为 ± 1LSB 的 A/D 转换动态特性

（3）转换时间。A/D 转换器转换时间是指完成一次 A/D 转换所需时间。转换原理相同，分辨率不同，转换时间也不同。对于常见的逐位比较式 A/D 转换器，转换时间 t_A 一般为几十至上百微秒。例如，对于 ADC0801～0805 和 ADC0808～0809 8 位 A/D 转换器，约为 66～73 个转换时钟周期。转换时钟可以外输入，也可以通过外接 RC 电路产生。当转换时钟取典型频率 $f_{clk} = 640$Hz 的方波信号时，$t_A \approx 100\mu s$。ADC574 是 12 位 A/D 转换器，转换时钟由内部产生，其 $t_A \approx 125\mu s$。高速 12 位 A/D 转换器 AD578J 的转换时间不大于 $6\mu s$。

二、几个需要考虑的问题

（1）多条线路转换采样。一个变电站可能有 2 条以上的输入线路、十几条或几十条输出线路，有一台或数台变压器，要测取如此之多的线路上的电压、电流信号，计算电压、电流、有功功率、无功功率和电能量等，交流采样的任务是十分繁重的。考虑到交流电气操作

量作为一个模拟量不可能发生突变，故可采用轮换的方式对每条线路采样。设需对 N 条线路进行采样，在某一周期内，只对某一线路进行采样，通过 N 个周期实现对 N 条线路各采样一次，用所采样信号计算电压、电流、有功功率、无功功率和电能量，并将其作为 N 个周期的平均值输出或保存。

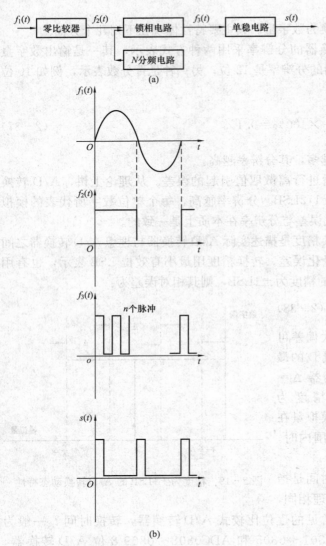

图 2-20　频率跟踪及采样/保持电路原理
（a）电路原理框图；（b）频率跟踪及采样保持信号波形

（2）交流采样的同时性。按照功率的定义，一条线路上交流电压、电流的采样应同时测取，为此，对于按相电压、相电流测取功率的，至少需要 6 个采样/保持器；对于按线电压、线电流测取功率的，则至少需要 4 个采样/保持器，所以在采样/保持器后面应安排一个多路模拟开关，依次选择一路信号输入 A/D 转换器。

（3）交流采样的等间隔性。交流采样的算法是按连续信号几分等间隔离散化而得，因此，交流采样必须在一个周期内等间隔完成。然而，交流信号的频率是随时变化的，不能按照事先固定的频率去采样电压、电流信号，而是应根据当前信号频率确定采样间隔，这就要求实现当前频率的跟踪测量。图 2-20 是频率跟踪和采样信号形成电路及相关波形。

将交流信号输入过零比较器，其输出量是与交流信号同频率的方波信号，将该方波作为锁相电路的一个输入信号，锁相电路输出信号经 N 分频后与输入方波相比较，适当地选择电路元件参数，可将输出信号锁定。即锁相电路输出信号以 N 倍的频率跟踪输入信号的变化，将这个输出信号经单稳态电路变换得到一定占空比的脉冲信号，作为采样/保持器的采样/保持控制信号，可实现一周期内 N 次等间隔采样。

三、交流采样的软件实现

与交流采样软件相关的软件主要包括两个部分：一是交流信号的采样控制软件；二是交流采样数据的处理软件，如图 2-21 所示。

交流信号采样控制是在 A/D 中断服务程序中完成的。每当选定的一路信号经 A/D 转换器转换结束后，CPU 响应中断，读入转换结果，接着将同时采样的同一线路另外一路信号选通，启动 A/D 转换，并恢复现场返回。当一条线路本周期采样全部结束时，就确定下一周期采样的线路，并将其地址送多路开关。如图 2-22 所示。

采样数据处理软件是将采样数据经格式变换、计算等处理转换成适合于远传和当地监控的数据结构。其中包括：①数据的预处理；②将数据按公式进行电气量计算；③标度变换；④将电气量转换为远动规约传送格式；⑤将电气量进行二、十进制转换等。其数据处理流程框图如图 2-23 所示。

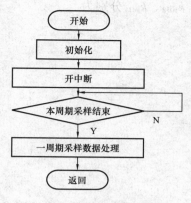

图 2-21　交流采样软件框图

数据预处理主要指数据滤波，用于滤除干扰及高频分量。U、I、P、Q、W 等电气量计算已在前面作过讨论。系数变换涉及的因素较多，主要包括：①TV、TA 变比系数；②A/D 转换器位数；③采样频率等因素。

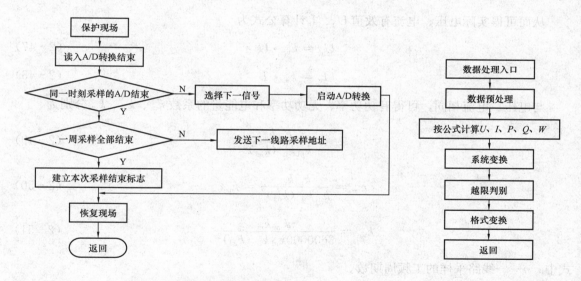

图 2-22　A/D 中断服务程序　　　　图 2-23　交流采样数据
　　　　　　　　　　　　　　　　　　　　　　　处理流程框图

设 TV、TA 的变比分别是 k_{nu} 及 k_{ni}，A/D 转换器输入的峰值为 $\pm 5V$，二次信号至 A/D 转换器的变换系数为 k_{u1} 及 k_{i1}，则

$$k_{u1} = \frac{5}{120\sqrt{2}} \qquad (2-39)$$

$$k_{i1} = \frac{5}{6\sqrt{2}} \qquad (2-40)$$

A/D 转换器的变换系数为 k_{ad}，对于 8 位、10 位、12 位、14 位的 A/D 系数 k_{ad8}、k_{ad10}、

k_{ad12}、k_{ad14}分别为

$$k_{ad8} = \frac{2^{8-1} - 1}{5} = \frac{127}{5} \tag{2-41}$$

$$k_{ad10} = \frac{2^{10-1} - 1}{5} = \frac{511}{5} \tag{2-42}$$

$$k_{ad12} = \frac{2^{12-1} - 1}{5} = \frac{2047}{5} \tag{2-43}$$

$$k_{ad14} = \frac{2^{14-1} - 1}{5} = \frac{8191}{5} \tag{2-44}$$

因此，电压、电流的有效值系数 k_{ue}、k_{ie} 分别为：

$$k_{ue} = \frac{k_{nu}}{k_{u1} k_{ad}} \tag{2-45}$$

$$k_{ie} = \frac{k_{ni}}{k_{i1} k_{ad}} \tag{2-46}$$

从而可得实际电压、电流有效值 U_e、I_e 计算公式为

$$U_e = k_{ue} \cdot U \tag{2-47}$$

$$I_e = k_{ie} \cdot I \tag{2-48}$$

与电压、电流相同，可得有功功率、无功功率和电能量的系数 k_{pe}、k_{qe}、k_{we} 分别为

$$k_{pe} = \frac{k_{nu} k_{ni}}{k_{u1} k_{i1} (k_{ad})^2} \tag{2-49}$$

$$k_{qe} = \frac{k_{nu} k_{ni}}{k_{u1} k_{i1} (k_{ad})^2} = k_{pe} \tag{2-50}$$

$$k_{we} = \frac{n k_{nu} k_{ni}}{3600000 k_{u1} k_{i1} (k_{ad})^2} \tag{2-51}$$

式中　n——线路采样的工频周期数。

对所测取的模拟信号，均存在一个允许的变化范围，在存储器中存放着它们的上限和下限值，每次计算得到的 U、I、P、Q，均需将它们与上限、下限比较，以确定其越限与否，一旦越限，将给出标志，以作进一步处理提示。格式变换有两种基本形式：一是将电气量转换成向上级监控传送的数据格式（一般用二进制代码，随规约的不同而不同）；另一种是将电气量转换成适合当地监视和记录的十进制格式。

2.4　变电站状态量的采集

变电站综合自动化系统中，不仅要采集电网当前拓扑的断路器、隔离开关位置等遥信信息，还要将反映一次设备、保护测控等二次设备状态信息及异常信息进行采集、监视。

2.4.1　遥信信息及其来源

遥信信息用来传送断路器、隔离开关的位置状态，传送继电保护、自动装置的动作状态，以及系统、设备等运行信号，如厂站端事故总信号，发电机组开停状态信号以及远动终端、通道设备的运行和故障等信号。这些位置状态、动作状态都只取两种状态值。如开关位置只取"合"或"分"，设备状态只取"运行"或者"停止"。因此，可用一位二进制数即码字中的一个码元就可以传送一个遥信对象的状态。

一、断路器状态信息的采集

断路器的合闸、位置状态决定着电力线路的接通和断开，断路器状态是电网调度自动化的重要遥信信息。断路器 QF 的位置信号通过其辅助触点引出，QF 触点是在断路器的操动机构中与断路器的传动轴联动的，所以，QF 触点位置与断路器位置一一对应。

二、继电保护动作状态信息的采集

采集继电保护动作的状态信息，就是采集继电器的触点状态信息，并记录动作时间。该信息对调度员处理故障及事后的事故分析有很重要的意义。

三、事故总信号的采集

发电厂或变电站任一断路器发生事故跳闸，就将启动事故总信号。事故总信号用以区别正常操作与事故跳闸，对调度员监视系统十分重要。

四、其他信号的采集

当变电站采用无人值班方式运行后，还要增加包括大门开关状态等多种遥信信息，可参阅本章第一节。

2.4.2　遥信采集电路

由上述分析可见，断路器位置状态、继电保护动作信号以及事故总信号，最终都可以转化为辅助触点或信号继电器触点的位置信号，故只要将触点位置信号采集进来就完成了遥信信息的采集。图 2-24 所示是遥信信息采集的输入电路。

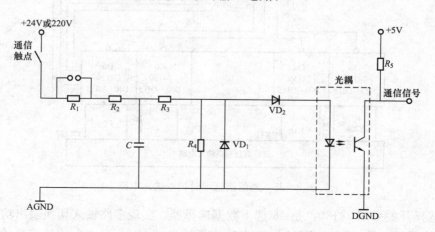

图 2-24　遥信信号输入电路

为了防止干扰，在二次回路的触点信息输入时要采取隔离措施，目前常用光电耦合器实现内外的电气隔离。在图 2-24 中，遥信触点串接在输入电路中，T 型 RC 网络构成低通滤波器，用来滤掉遥信回路的高频干扰。电阻还有限流作用，使进入发光二极管的电流限制在毫安级。两个二极管起保护光耦合的作用。此外，电容 C 的选择要全面考虑。C 的容量太大，则时间常数大，反应遥信变化的速度慢；C 的容量太小，不易滤除干扰信号，从而产生误遥信。

现以采集断路器状态来说明输入电路的工作原理：设断路器处于分闸状态，其辅助触点闭合，+24V 经过 RC 网络后输入到光耦，光耦中发光二极管发光，光敏三极管导通，遥信输出端输出低电平"0"，从而完成了遥信信息的采集。上述关系见表 2-4。

表 2-4   断路器状态与遥信码

断路器状态	辅助触点状态	光耦状态	遥信码
合闸	断开	截止	1
分闸	闭合	导通	0

2.4.3 遥信输入的几种形式

一、采用定时扫查方式的遥信输入

在变电站综合自动化系统中，采用定时扫查的方式读入遥信状态信息，128 个遥信输入电路如图 2-25 所示。这个输入电路由三个部分组成：①遥信信息采集电路；②多路选择开关；③并行接口电路 8255A。其中遥信信息采集电路已作过讨论。

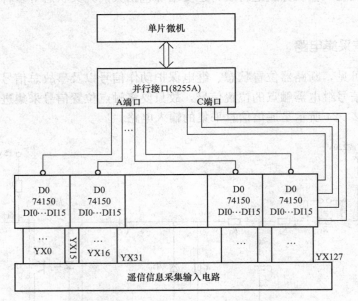

图 2-25 遥信信息定时扫查输入电路

多路选择开关采用 74150，是 16 选 1 数据选择器，实现多路输入切换输出功能，74150 有 16 个数字量输入端（DI0～DI15），1 个数字量输出端 DO，有 4 个地址选择输入端（A、B、C、D）当 4 位地址输入后，与地址相对应的输入数据反相后由输出端 DO 输出。74150 的输入输出关系见表 2-5。图 2-26 显示采集 128 个遥信状态，而每个 74150 只能输入 16

个遥信，所以要共使用 8 个 74150 输入 128 个遥信。

表 2 - 5   **74150 输入/输出关系**

DO=	D0	D1	D2	D3	D4	D5	D6	D7	D8	D9	D10	D11	D12	D13	D14	D15
A	0	0	0	1	0	1	0	1	0	1	0	1	0	1	0	1
B	0	1	1	1	0	0	1	1	0	0	1	1	0	0	1	1
C	0	0	0	0	1	1	1	1	0	0	0	0	1	1	1	1
D	0	0	0	0	0	0	0	0	1	1	1	1	1	1	1	1

8225A 用作遥信输入电路与 CPU 的接口。设置 8225A 工作在方式 0——基本输入输出方式，端口 A 为输入方式，端口 B 和端口 C 均为输出方式。

端口 C 的低 4 位 PC0～PC3 与每个 74150 的地址输入端 A、B、C、D 相连，用 PC0～PC3 向 74150 输出选择地址。端口 A 的 PA0～PA7 分别与 0 号～7 号的 74150 输出端相连，用 PA0～PA7 输入遥信信息，通过数据总线输入 CPU。

在扫查开始时，PC0～PC3 输出 0000B，8 个 74150 分别将各自的 DI 送入 8255A 的 A 口，CPU 可读 8 个遥信信息，选择地址加 1，又可输入 8 个遥信信息。当 PC0～PC3 从 0000B 变化到 1111B 时，128 个遥信全部输入一遍，即实现对遥信码的一次扫查。

遥信定时扫查工作在实时时钟中断服务程序中进行，每 1ms 执行扫描一次。每当发现有遥信变位，就更新遥信数据区，按规定插入传送遥信信息。同时，记录遥信变位时间，以便完成事件顺序记录信息的发送。

二、循环扫描输入遥信

按定时扫描输入遥信，只要定时间隔合适，完全能满足分辨率要求，输入以外的时间，CPU 尚可以完成其他工作。但是，目前投运的变电站综合自动化系统，无论是集中式还是分散式，绝大多数由智能子模块完成遥信状态的采集和处理工作，CPU 有更多时间，以循环的方式对遥信状态进行更短周期的采集，这有利于提高站内遥信变位的分辨率。

循环扫描方式输入遥信的原理仍可用图 2 - 25 说明。当地址选择开关从 0000～1111 变化一周将 128 个遥信扫描一遍后，不再间隔一定的时间，而是立即重复上述对 128 个遥信的输入过程。这样每个遥信的实际扫描周期将小于原定时的时间间隔。

三、遥信变位的鉴别和处理

遥信扫描输入时，CPU 通过 8255A 的 C 口顺序输出多路数字开关地址 0000B～1111B，顺序地将 8 个遥信状态（8 位现状码）读入，并与存放遥信的数据区 YXDATA 内相对应的 8 个遥信状态（8 位原状码）相比较（异或）运行，得到一字节遥信变位信息码。如果现状码与原状码相同，异或得到的变位信息码为零，若变位信息码不为零，说明有遥信变位，例如：

            原状码   10011111

            现状码 $\oplus$10010110

            变位信息码 00001001

            码位序号   76543210

该例说明位 0 和位 3 对应的遥信发生了变位。当确认有遥信变位后，必须进行相关的处理，其中包括：

（1）建立遥信变位标志。这个标志可用来增添：①当地的告警显示；②CDT方式的输入传送；③POLLING方式下激活第一类信息标志；④遥信信息刷新程序。

（2）建立变位遥信字队列。在变电站中，一个遥信变位可能引起几个遥信的变位，这些遥信变位均应按序向上级传送。因此必须建立一个队列先行登记。假设有128个遥信信息，可由四个遥信字传送，其编号为YX（0）、YX（1）、YX（2）和YX（3），子站工作状态在YX（4）中传送，则可登记建立一个6字节的遥信信息插入传送登记队列YXQUE，其首字节存放登记字数量，然后为遥信字变位遥信所在字序号，如图2-26所示。

每当有遥信变位或子站状态变化进入变位队列登记时，首先检查YXQUE单元的内容。当（YXQUE）=0时，则呈未登记状态，将YXQUE单元内容加1单元；当（YXQUE）≠0或5时，则先检查本次变位的遥信所在字或子站工作状态字是否已经登记，若已登记，则不再登记；若未登记，则登记本次遥信字编号或子站工作状态字编号与YXQUE+（YXQUE）+！单元，并将YX-QUE单元内容加1。遥信字编号等于（YXWK2）右移一位，子站工作状态字编号为4。

每当一个遥信字或者子站工作状态字连续插入三遍（CDT方式）结束时，将YXQUE单元内容减1，并删除YXQUE+1单元内容。若（YXQUE）≠0，则将后续编号并行向前移一个单元，并对YXQUE+1单元所指遥信字或者子站工作状态字插入传送。

（3）SOE登记。事件顺序记录SOE是Sequence of Event的缩写，表达变电站发生事件时相关信息。有三个要素，即：①事件性质；②开关序号；③事件发生时间。在变电站综合自动化系统中，应设置记录事件的数据区，命名为EVNDAT。在该数据区中为每个遥信设置8个字节，其中包括变位性质与对象编号2个字节，日、时、分、秒各1字节，毫秒2个字节，如图2-27所示。SOE单元的时标信息，应可通过确认变位后读时钟取得，开关对象号可由数据读入时确定，分/合状态取当前信息。

| 毫秒(低) |
| 毫秒(高) |
| 秒 |
| 分 |
| 时 |
| 日 |
| 对象号(低) |

| 合/分 | × × × | 对象号(高) |

图2-26　遥信变位插入传送字队列　　　　图2-27　遥信变位事件记录

四、遥信信号采集中的误信号及其克服

遥信信号的采集原理很简单，但实际系统在运行中常会产生不真实的遥信变位信号，这将给运行人员的控制决策带来误导。现简述误遥信及其解决办法，以提高对这一问题的认识。

所谓误遥信可以分成两类：第一类是一个真实的遥信变位后紧接着几个假遥信读数，最终遥信稳定到真实变位后的状态；第二类是某些遥信信号不定时地出现抖动。

第一类遥信信号误报的过程如图 2-28 所示。当遥信信号变位时，由于继电器不能一次性闭合，其抖动信号经光耦合变成连续的几个信号。

第二类遥信误进程如图 2-29 所示。每个遥信回路中均存在电磁干扰，其尖峰干扰脉冲可能成为误遥信。

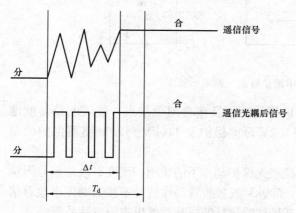

图 2-28　遥信继电器闭合时触点抖动的遥信信号

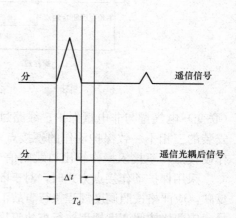

图 2-29　电磁干扰或振动造成的假遥信信号

上述两种误遥信可分别通过软件和硬件相结合的方法进行解决。为克服第二类干扰，可在遥信源输入回路基础上，提高电源电压，例如用变电站操作电源 220V 代替 24V 电源，同时加入适当的电阻限流。采取上述措施，尖脉冲幅值一般达不到 180V，可有效地克服干扰严重的误遥信。

对于第一类误遥信，则可采用"延时重测"的方法加以克服。当发现某遥信变位时，首先将它记录下来，然后找到它的时限并进行计时，经时限到延时，再次判别该遥信位状，如果变位真实，则保留记录，否则忽略记录。这种方法应首先确定每个遥信所对应的时限值，CPU 开销较大，所以尽管第二类误遥信也能通过"延时重测"加以克服，但通常还是现在硬件上采取有效措施，只有很大的尖脉冲才由"延时重测"加以克服。

2.4.4　事故总遥信及实现方式

变电站任一断路器发生事故跳闸，就将启动事故总信号。事故总信号用以区别正常操作与事故跳闸，对调度员监视系统十分重要。为了确保调度管辖设备事故跳闸时产生调度事故总信号，事故总的采集应遵循一些原则和要求。

一、采集原则

（1）优先采用断路器"合后触点"串"三相跳位触点"的方式，反映断路器非正常分闸。

（2）以上断路器合后触点串跳位触点的方式暂无法实施时，可采用保护动作接点合成方式，反映事故后断路器跳闸。

二、采集具体要求

（1）断路器合后触点串跳位触点的方式原则上在操作箱上实现，以硬接点开入测控装置，对应遥信命名为"断路器事故跳闸"，接线见图 2-30。

（2）保护动作接点方式：接入 220kV 及以上保护装置动作的硬接点，至少包括：220kV 及以上线路保护、断路器保护、短引线保护、母差及失灵保护、高抗保护、主变

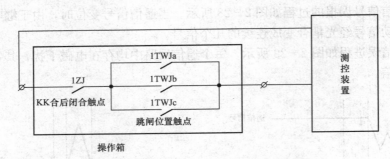

图 2-30 "合后触点串跳位触点"原则示意图

（联变）电气量与非电量保护、线路过电压保护等的动作及重合闸硬接点，接入断路器就地安装的三相不一致保护动作的硬接点；取消110kV母差保护及110kV母联断路器保护的动作硬接点；不接入操作箱出口跳闸信号接点。

采用保护动作接点方式时，对于断路器偷跳或无保护动作下的跳闸，调度事故总信号无法反映，应严格按照调度规程执行事故汇报制度；500kV安控装置动作信号不接入调度事故总信号，应严格按照调度规程执行事故汇报制度。现场试验信号的屏蔽功能由省调主站处理。

三、构成方式

（1）方式一：先构成间隔事故动作信号，再构成厂站端"调度事故总信号"。

间隔事故动作信号：在测控单元内直接采用"断路器事故跳闸"遥信（断路器合后触点串跳位触点方式）；或在测控单元合并（逻辑或）该间隔的有关保护动作信号。在远动装置内将间隔事故总信号合并为厂站端"调度事故总信号"后上送调度主站。

（2）方式二：远动装置内将采集信号合并（逻辑或）为厂站端"调度事故总信号"。

2.5 变电站控制技术及同期功能实现

在电力系统中，所谓遥控就是调度中心发出命令，控制远方发电厂或变电站的断路器等设备的分或合操作。对于变电站而言，倒闸操作、投切电容器等都涉及断路器操作，均可通过遥控来实现。此外有载调压的分接头控制也可由遥控来完成。为了防止合闸时，断路器合闸电流过大，造成断路器损伤或系统的不稳定，需要在断路器合闸时进行同期检查，确保合闸瞬间断路器两侧电压差不超过允许范围。

2.5.1 遥控命令及其传输

一、遥控命令

遥控命令是由变电站综合自动化系统的当地监控主机发送给主控单元，也可由监控中心或调控中心发送给变电站综合自动化系统的测控装置。与遥控相关的命令有3种，说明如下。

（1）遥控选择命令。遥控选择命令用来说明本次遥控所要选择的遥控对象，以及对该对象实施的操作性质。

（2）遥控执行命令。遥控执行命令用来说明前面下达的对遥控对象的指定操作可以立即执行。

（3）遥控撤销命令。遥控撤销命令用来说明对前已下达的遥控选择命令予以撤销。

在遥控命令的传送过程中，还涉及命令接收端对命令发送端的返校信息。遥控返校信息用来向遥控命令发送端说明接收方是否正确接受遥控选择命令，以及选择命令是否可以正确执行。

二、遥控命令信息的传输

遥控是对电网运行的重要控制手段，遥控命令执行的结果将直接改变电网的拓扑结构，改变电源或负荷的连接状态，将对电网的安全运行、电能质量指标以及经济性运行起直接的作用，要求遥控过程万无一失。因此，在遥控过程中，采用信息重复、信息返校等措施保证遥控过程的正确无误。

遥控命令的信息传输过程如图 2-31 所示。在形成返校信息的过程中，不仅要校验接受信息的正确性，还要检查选择对象和遥控性质的正确性和合理性。遥控命令的接收端还要核对对象继电器和执行继电器是否能正确动作。由上述多项检查得出遥控返校信息。

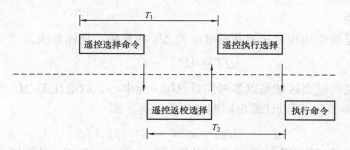

图 2-31 遥控命令的信息传输过程

遥控命令是根据当时电网的运行状态完成的，其时效性很强。在命令发送端和接受端均可设置超时控制，一旦超时未接收到相应的信息，有权取消本次遥控。例如发送端可设置超时时限 T_{1max}，从发出遥控选择命令起，经 T_{1max} 尚未收到返校信息，则取消本次遥控；对接受端来说，可设置超时时限 T_{2max}，从发出返校信息起，经 T_{2max} 尚未收到执行或撤销命令，也可主动撤销本次遥控。

此外，在遥控过程中有遥信发生变位，也应撤销本次遥控。

2.5.2 同期实现

在变电站计算机监控系统中，取消了常规监测系统采用的非同期检查继电器和同期装置，而使用测控单元的同期功能来实现断路器的同期合闸，即同期功能是由间隔层设备（即测控装置）来实现。

测控装置是一种控制终端，主要功能是采集系统信号（遥测、遥信、遥控等），执行控制命令，同期功能仅是其中合闸控制输出操作的一个模块，所以该功能只有在装置接到合闸（远方或就地）命令后，根据需要处于激活状态。并且在合闸命令有效期内，根据装置当时的运行工况（系统运行工况和装置自身的定值设置）选用不同的合闸判据，执行相应的控制。测控单元能自动根据断路器两侧的电压实现捕捉同期合闸、单侧无压合闸和两侧无压合闸，判断是否满足同期合闸条件，才会发出合闸脉冲，完成对断路器的合闸操作。

一、同期算法

测控装置的同期算法，常用的有两类：①采用电压差和相位差分离，分别进行算术相减的算法，即标量差法；②采用电压相量相减的算法，即矢量差法。大多数都采用前者，下面作一简单介绍。

（1）标量差法

标量差法就是讲电压差和相位差分离，即用电压有效值直接进行算术相减，获得电压差 ΔU；用相角直接相减，获得相位差 $\Delta \delta$ 的算法。用算式表示为

$$\Delta U = |\dot{U}_{line}| - |\dot{U}_{bus}| \tag{2-52}$$

$$\Delta \delta = \varphi_{line} - \varphi_{bus} \tag{2-53}$$

式中　$|\dot{U}_{bus}|$、$|\dot{U}_{line}|$——母线及线路电压有效值，并以 $|\dot{U}_{bus}|$ 为基准值 1.0；

　　　　φ_{bus}、φ_{line}——两侧电压相角。

按照此算法，如果取电压差定值 $\Delta U = 20\% |\dot{U}_{bus}|$，相位差定值 $\Delta \delta = 20°$，则准同期区域为一个扇形区。

（2）矢量差法

矢量差法就是将电压相量相减获得电压差 ΔU 的算法，具体算法为

$$\Delta U = |\dot{U}_{line} - \dot{U}_{bus}| \tag{2-54}$$

显然，此算法的同期区域是以参考向量 $|\dot{U}_{bus}|$ 为中心、以电压差 ΔU 为半径的圆。当同期相位差定值 $\Delta \delta = 20°$，可以计算出同期电压差条件，即

$$\Delta U = |\dot{U}_{bus}| \sin 20° = 34.2\% |\dot{U}_{bus}| \tag{2-55}$$

那么，同时满足相位差和电压差条件的区域就在图 2-32 所示的圆圈区内，圆圈为电压差条件的临界点，其中的两个切线点为电压差和相位差条件的临界点。

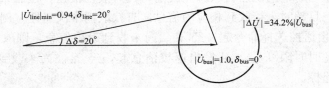

图 2-32　矢量差法（$\Delta \delta = 20°$ 时）的同期区域

当设定同期电压差定值 $\Delta U = 20\% U_N$ 时，可以计算出同期相位差条件为

$$\Delta \delta = \arcsin 0.20 = 11.54° \tag{2-56}$$

那么，同时满足相位差和电压差条件的区域就在图 2-33 所示的圆圈区内，圆圈为电压差条件的临界点，其中的两个切线点为电压差和相位差条件的临界点。

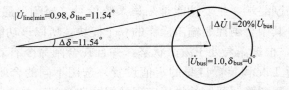

图 2-33　矢量差法（$|\Delta \dot{U}| = 20\% |\dot{U}_{bus}|$ 时）的同期区域

两种算法的参数整定基本一致，只是矢量算法的压差定值与相角差定值有关联，整定一个之后，另一个就随之确定。如果电压差和相角差都整定，则实际的同期圆为两者中半径较小的那一个。可见，两种算法相比，在同样的条件下，矢量算法比标量算法精确，但矢量算法的定值测试远较标量算法困难。

二、同期功能的实现

测控装置需接入并列点两侧的电压进行同期合闸条件判断。

（1）电压接入

在采用 3/2 接线的一次系统中，若间隔配置有出线隔离开关，则并列点最多有 4 组电压，同期电压的取法是以"近区电压优先"为原则，通过外部回路的切换将电压引入测控单元，也可以将完整串的四组电压全部接入测控单元，由测控单元来选择用于同期判断的两组电压。

在采用双母线接线的一次系统中，线路侧电压直接接入测控单元，母线电压的接入有两种方式。

1）两个母线电压通过公用电压小母线均接入测控单元，同时接入母线隔离开关的辅触点，由测控单元根据母线隔离开关的状态自动实现同期电压选择。

2）两个母线电压通过外部回路的切换（如 220kV 保护操作箱等）将电压引入测控单元。

若并列点两侧电压因接线方式不同等原因造成同期电压固有幅值差或相角差，过去通常采用转角变压器或幅值变压器来进行硬件补偿，测控单元则能通过软件进行初始幅值补偿和相角补偿。

（2）并列点选择

变电站同期并列点一般选择在：

1）3/2 接线的断路器；

2）系统联络线断路器；

3）变压器的电源侧断路器；

4）母线的分段、母联及旁路断路器。

三、同期功能的控制

配备计算机监控系统的变电站，断路器合闸控制通过测控装置进行，根据控制指令下达地点的不同，可分为就地间隔层测控单元控制、站级监控系统控制和调度端远方控制（尤其在无人值守的变电站），并且具有同期的投入和解除功能。在同期并列操作方式的选择上，目前存在两种不同的模式：在第一种模式下，合闸命令不区分无压合闸与同期合闸，测控装置接到合闸（远方或就地）命令，进行就地/远方权限判别后，在合闸选择命令有效期内，根据装置当时的运行工况（系统运行工况和装置自身的定值设置）自动根据并列点两侧的电压选用不同的合闸判据，实现捕捉同期合闸、单侧无压合闸和两侧无压合闸；在判断满足同期合闸的条件时，才会发出合闸脉冲，完成对断路器的合闸操作。在第二种模式下，由运行人员根据当时的实际工况人工选择同期并列操作方式，即无压合闸和同期合闸是两个各自独立的控制指令，断路器合闸操作界面上有无压合闸和同期合闸两个合闸按钮。这种模式下无压合闸和同期合闸的开出触点既可以各自独立，也可以是同一个，但测控单元的内部逻辑判断进程是各自独立的。

四、同期并列操作方式

根据合闸点两侧系统的情况可以将合闸操作分为检无压、检同期和捕捉同期三种方式。

（1）检无压方式

检无压方式判据为：

1）待并侧与系统侧两者中至少有一侧无压（电压值＜无压定值），且没有 TV 断线信号；

2）在同期命令有效时间内，装置监测到的两侧电压状态均符合判据，并且保持不变。

在符合上述两条件后装置执行合闸命令向断路器发合闸脉冲，同时通过网络向控制端发同期成功报文，否则发同期操作失败报文。

（2）检同期方式

检同期方式判据为：

1）待并侧与系统侧两侧电压均在有压定值区间范围内，频率在频率有效定制区间范围内；

2）两侧的压差和角度差均小于定值；

3）在同期命令有效时间内，装置监测到的两侧电压状态均符合判据，并且保持前后一致。

在同时符合上述三条件后装置执行合闸命令向断路器发合闸脉冲，同时通过网络向控制端发同期成功报文；如果至少有一条件不满足，则装置不发合闸脉冲，同时向控制端发同期失败报文。此时，根据同频并列的特点，调度部门需要进行潮流调度，减小并列点两侧的功角差，促成合闸成功。

（3）捕捉准同期方式

捕捉准同期方式为：

1）待并侧与系统侧两侧电压均在有压定值区同范围内，频率在频率有效定值区间范围内；

2）两侧的压差和频差均小于定值；

3）滑差小于定值。

在以上条件均满足的情况下，装置将根据当前的角差、频差、滑差及合闸导前时间来估计该时刻发合闸令后断路器合闸时的角差。如果在捕捉同期的时间范围（可通过定值整定）内，捕捉到预期合闸到零角差的时机，装置执行合闸命令向断路器发合闸脉冲，同时通过网络向控制端发同期成功报文。如果在1）、2）、3）三项中至少有一项不合格或在同期捕捉时间范围内未捕捉到零角差合闸点，则装置不发合闸脉冲，同时向控制端发同期失败报文。

交电站的同期并列操作，除少数联络线和发电厂线路断路器的并列，基本上为同频并列。

同期定值包括无压定值、有压定值、频差定值、相角差定值、压差定值、最小允许合闸电压和导前时间等，参考值如表2-6所示。

表 2-6   **同 期 定 值 表**

序号	定值名称	500kV 定值	220kV 定值	简要说明
1	同期控制字			设定同期功能投退、同期类型、同期方式、自动导前时间判别是否启用等
2	固有角差值（电压相别选择）			自动转角
3	同期电压选择			设定哪两个同期电压进行同期
4	合闸选择复归时间	10.00s	10.00s	在此时间内不满足同期条件，判同期超时，并退出此次同期
5	压差定值	$10\%U_n$	$20\%U_n$	两个同期电压幅值差绝对值大于此值时，则检同期或准同期不成功
6	相角差定值	$20°$	$30°$	两个同期电压相角差绝对值大于此值时，则检同期或准同期不成功

序号	定值名称	500kV 定值	220kV 定值	简要说明
7	频率差定值	0.2Hz	0.2Hz	两个同期电压频率差绝对值大于此值时，则准同期不成功
8	无压定值	$30\% U_n$	$30\% U_n$	
9	有压定值	$85\% U_n$	$85\% U_n$	
10	频率上限定值	55Hz	55Hz	
11	频率下限定值	45Hz	45Hz	
12	频差加速度闭锁	1Hz/s	1Hz/s	两个同期电压频率加速度绝对值大于此，则准同期不成功

注 U_n 为二次电压额定值。

2.6 变电站时钟同步的建立与应用

在现代电力系统中，为实现精确的控制，正确地分析事件的前因后果，时间的精确性和统一性十分重要。现代电网继电保护系统、AGC 调频、负荷管理和控制、运行报表统计、事件顺序、继电保护动作顺序，更需要精确统一的时间来辨识，为事故分析提供正确的依据。

2.6.1 实时时钟的建立

在变电站综合自动化系统中，重要的状态量变化均需带上时标信息，因此，必须建立实时时钟，这个时钟的分辨率必须达到毫秒级。

电网内实时时钟的核心问题是要求统一，要求各厂站与调度中心之间的实时时钟相一致。从原理上讲，电网内各节点实时时钟的统一性要求胜过绝对准确性，因为直接使用的是时钟的一致性。

为实现这个时间的一致性，各厂站测控系统若能接收统一授时源的时钟，一致性问题便迎刃而解了。目前的卫星授时同步技术主要有美国的全球卫星导航系统 GPS、俄罗斯的全球导航卫星系统 GLONASS、中国的北斗一号导航定位系统和欧盟的伽利略全球导航定位系统 Galileo，变电站综合自动化系统中常用的有 GPS 和北斗系统。

一、同步时钟的接收

1. GPS 系统时间的接收

GPS 是 Navigation Satellite Timing and Ranging/Global Positioning System 的缩写 NAVSTAR/GPS 的简称。这个系统是美国经过了 20 年研究、实验和实施，1993 年 7 月才完成新一代卫星导航、定位和授时系统。它由空间卫星、地面测控站和用户设备三大部分组成。

49

GPS 系统空间导航卫星部分由 24 颗工作卫星和 3 颗备用卫星组成。工作卫星均匀分布在 6 条近似圆形的轨道上，轨道距离地面平均高约为 20200km，每 12h 绕地球运行 1 周，在全球任何地方、任何时刻都能同时收到 4 个以上的卫星信号，一旦某个导航卫星出故障，备用卫星可立即根据地面测控站的命令飞赴指定轨道进入工作状态。

在地面测控站的监控下，GPS 传递的时间能与国际标准时（Universal Co - coordinated Time - UTC）保持高度同步，误差仅为 1～10ns，可直接用来为电力系统的控制、保护、监控、SOE 等服务。

为了获得这个精确的授时信号，已有民用定时型 GPS 接收器可供选择使用。这种接收器由接收模块和天线构成，其内部硬件电路和处理软件通过对接收到的信号进行解码和处理，从中提取并输出两种时间信号：一是间隔为 1s 的脉冲信号 1PPS，其脉冲前沿与国际标准时间的同步误差不超过 $1\mu s$；二是经过 RS - 232 串行口输出的与 1PPS 脉冲前沿对应的国际标准时间和日期代码（时、分、秒、年、月、日），如图 2 - 34 所示。

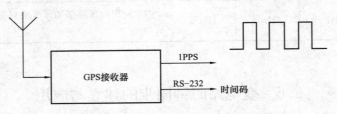

图 2 - 34　GPS 时间信息的接收

由于 GPS 接收器提供的同步脉冲和串行接口标准不一定满足微机装置在对时上的接口需要，串行口输出的国际标准时间也不同于我国的显时习惯，故必须在 GPS 接收器的基础上，配置信号转换处理和显示部分，以适应我国实际应用的需要，如图 2 - 35 所示。

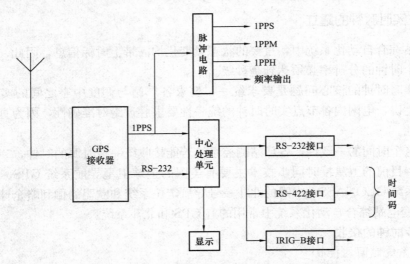

图 2 - 35　接收 GPS 卫星信号的同步时钟原理图

实际上，GPS 接收器提供的 1PPS 信号是以秒为计时单位的，精确度为 $1\mu s$。由于该信号的接收无需专用通道，不受地理、气候的影响，是电网统一时间的时间源。

2. 北斗系统时钟的接收

北斗一号卫星导航系统通常由三部分组成：导航授时卫星、地面检测校正维护系统和用户接收机。对于北斗一号局域卫星系统，地面检测中心要帮助用户一起完成定位授时同步。北斗授时系统示意图见图 2-36。

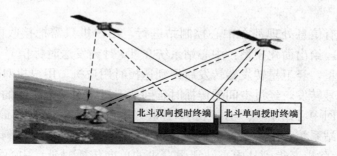

图 2-36 北斗一号授时系统工作示意图

在北斗导航系统中，授时用户根据卫星的广播或定位信息不断的核准其时钟差，可以得到很高的时钟精度；根据通播或导航电文的时序特征，通过计数器，可以得到高精度的同步秒脉冲 1pps 信号，用于同/异地多通道数据采集与控制的同步操作。

"北斗一号"为用户机提供两种授时方式：单向授时和双向授时。单向授时的精度为 100ns，双向授时的精度为 20ns。在单向授时模式下，用户机不需要与地面中心站进行交互信息，只需接收北斗广播电文信号，自主获得本地时间与北斗标准时间的钟差，实现时间同步；双向授时模式下，用户机与中心站进行交互信息，向中心站发射授时申请信号，由中心站来计算用户机的时差，再通过出站信号经卫星转发给用户，用户按此时间调整本地时钟与标准时间信号对齐。

（1）单向授时

北斗时间为中心控制站精确保持的标准北斗时间，用户钟时间为用户钟的钟面时间，若两者不同步存在钟差，则北斗时间和用户钟时间虽然读数相同其出现时刻却是不同的。

北斗一号单向授时机原理图如图 2-37 所示。地面中心站在出站广播信号的每一超帧单向授时就是用户机通过接收北斗通播电文信息，由用户机自主计算出钟差并修正本地时间，使本地时间和北斗时间同步。周期内的第一帧数据段发送标准北斗时间（天、时、分信号与时间修正数据）和卫星的位置信息，同时把时标信息通过一种特殊的方式调制在出站信号中，经过中心站到卫星的传输延迟、卫星到用户机的延迟以及其他各种延迟（如对流层、电离层、sagnac 效应等）之后传送到用户机，也就是说用户机在本地钟面时间为观测到卫星

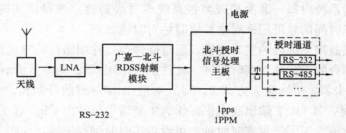

图 2-37 北斗一号单向授时机原理框图

的时间，由用户机测量接收信号和本地信号的时标之间的时延获得，后则根据导航电文中的卫星位置信息、延迟修正信息以及接收机事先获取的自身位置信息计算。

一般来说，对已知精密坐标的固定用户，观测 1 颗卫星，就可以实现精密的时间测量或者同步。若观测 2 颗卫星或者更多卫星，则提供了更多的观测量，提高了定时的稳健性。

（2）双向授时

双向授时的所有信息处理都在中心控制站进行，用户机只需把接收的时标信号返回即可。为了说明方便，给出简化模型：中心站系统在 T0 时刻发送时标信号 ST0，该时标信号经过延迟后到达卫星，经卫星转发器转发后经到达授时用户机，用户机对接收到的信号进行的处理也可看做信号转发，经过空间的传播时延到达卫星，卫星把接收的信号转发，经过空间的传播时延传送回中心站系统。也即表示时间 T0 的时标信号 ST0，最终在 T0＋＋＋＋时刻重新回到中心站系统。中心站系统把接收时标信号的时间与发射时刻相差，得到双向传播时延 T0＋＋＋，除以 2 得到从中心站到用户机的单向传播时延。中心站把这个单向传播时延发送给用户机，定时用户机接收到的时标信号及单向传播时延计算出本地钟与中心控制系统时间的差值修正本地钟，使之与中心控制系统的时间同步。北斗一号双向授时机原理图如图 2 - 38 所示。

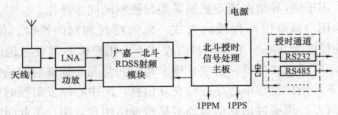

图 2 - 38　北斗一号双向授时机原理框图

（3）北斗授时在电力系统中的应用

在实际应用中，使用卫星授时信号进行精确的异地或同地多通道数据采集与控制的精确同步目的，主要是使用卫星信号接收端得到 PPS 的秒脉冲信号或者使用由此信号得到 PPM、PPH 脉冲信号，同步启动多通道的数据模数转换器 ADC、数字控制模数转换器，同步打开或关闭各个通道开关；还用于测量判断，制作精确时间标签，如电力系统中的各种故障定位等。在授时设备中，接收端每秒钟向外发送 1PPS 秒脉冲和定位、时钟信息。PPS 秒脉冲信号与外传数据信息有严格的时间关系，在使用中还可能实现时间转换。

二、装置内时钟的建立

如上所述，GPS 只提供精确到微秒的秒级时间，与电网内要求的毫秒级时间信号尚有距离。因此，电网系统内每一套测控或监控系统本身尚需建立毫秒级实时时钟，GPS 提供的秒为单位的精确时间信号可用来对毫秒级时钟对时或修正。

微机化测控或监控系统内的实时时钟，通过硬件与软件相结合的方式建立实时时钟，通过硬件与软件相结合的方式建立实时时钟。硬件上可采用 CPU 与一片 Intel8253 接口芯片来实现，例如将 Intel8253 初始化为方式 0，写入对应 1ms 对应的计数值。每当 8253 计数结束，即 1ms 到达时，其 OUT 输出高电平，作为中断请求信号向 CPU 提出中断，CPU 响应中断写入新的计数值。为了记录实时时钟，可设置实时时钟存储区，如图 2 - 39 所示。

每当接收到实时时钟中断后，CPU 就通过软件在时钟存储区内增加 1ms，并适时调整时钟变位。

在具有秒级对时（例如 GPS）的系统中，实时时钟实
际上分成两个部分：一部分是两字节的 ms 级时钟，由
CPU 中断累加计数；另一部分是图 2-39 所示的高 7 字节
组成的时钟，由 GPS 对时钟发进位。ms 级时钟（不允许
其进位）只作为其 ms 级的计数，并由秒级对时脉冲清零。
由这两部分构成的时钟，秒级部分具有极高（1μs）的精
确度，ms 级部分的精确度取决于微机软、硬件的配合，
但在 1s 内积累的误差极其有限。因此，由此构成的实时
时钟，其精确度和统一性能得到保证，满足了电网实时监
控系统、变电站综合自动化系统的要求。

| 毫秒(低位) |
| 毫秒(高位) |
| 秒 |
| 分 |
| 时 |
| 日 |
| 月 |
| 年 |
| 百年 |

图 2-39　实时时钟存储区结构

2.6.2　实时时钟对时的实现

变电站综合自动化系统中常用的对时方式有三种：硬
对时（分对时或秒对时）、软对时（即由通信报文来对时，如 SNTP 对时）和编码对时（应
用广泛的 IRIG-B 对时）。

一、硬对时

硬对时一般用分对时或秒对时，分对时将秒清零、秒对时将毫秒清零。理论上讲，秒对
时精度要高于分对时。分脉冲对时方式是现在国内外微机保护较常采用的对时方式。

硬对时按接线方式又可分成差分对时与空接点方式两种。

差分是类似于 485 的电平信号，以总线方式将所有装置挂在上面，GPS 装置定时（一
般是整秒时）通过两根信号线中 A（＋）与 B（－）的电平变化脉冲向装置发出对时信号。
这种对时方式可以节省 GPS 输出口数、GPS 装置与各保护测控装置之间的对时线，还能保
证对时的总线同步；如 RCS-9000 系列装置就是采用差分方式对时。

空接点方式是类似于继电器的接点信号，GPS 装置对时接点输出与每台保护测控装置
对时输入一一对应连接。注意我们说 GPS 装置以空接点方式输出其内部是一个三极管，有
方向性，而且不能承受高电压，一般要求是 24V 开入，如果有些特殊的保护设备提供的电
源是 220V 的开入要做特殊的处理。

二、软对时

软对时是以通信报文的方式实现的，这个时间是包括年、月、日、时、分、秒、毫秒在
内的完整时间，监控系统中一般是：总控或远动装置与 GPS 装置通信以获得 GPS 的时间，
再以广播报文的方式发送到装置。这种广播的对时一般每隔一段时间广播一次，如南瑞
RCS-9698 是 1min 下发一次。报文对时会受距离限制，如 RS-232 口传输距离为 30m。由
于对时报文存在固有传播延时误差，所以在精度要求高的场合不能满足要求。

三、编码对时

目前常用的 IRIG-B 对时，分调制和非调制两种。IRIG-B 码实际上也可以看作是一
种综合对时方案，因为在其报文中包含了秒、分、小时、日期等时间信息，同时每一帧报文
的第一个跳变又对应于整秒，相当于秒脉冲同步信号。

为提高精度，变电站中一般采用硬对时和软对时相结合的方式，即装置通过通信报文获

取年月日时分秒信息，同时通过脉冲信号精确到 ms、μs，对于有编码对时口（如 IRIG - B）的装置优先用编码对时。

1. IRIG - B 格式码的格式与规范

图 2 - 40 为 B（DC）码示意图。它是每秒一帧的时间串码，每个码元宽度为 10ms，一个时帧周期包括 100 个码元，为脉宽编码。码元的"准时"参考点是其脉冲前沿，时帧的参考标志由一个位置识别标志和相邻的参考码元组成，其宽度为 8ms；每 10 个码元有一个位置识别标志：P1，P2，P3，…，P9，P0，它们均为 8ms 宽度；PR 为帧参考点；二进制"1"和"0"的脉宽为 5ms 和 2ms。

一个时间格式帧从帧参考标志开始。因此连续两个 8ms 宽脉冲表明秒的开始，如果从第二个 8ms 开始对码元进行编码，分别为第 0，1，2，…，99 个码元。在 B 码时间格式中含有天、时、分、秒，时序为秒—分—时—天，所占信息位为秒 7 位、分 7 位、时 6 位、天 10 位，其位置在 P0～P5 之间。P6～P0 包含其他控制信息。其中"秒"信息：第 1，2，3，4，6，7，8 码元；"分"信息：第 10，11，12，13，15，16，17 码元；"时"信息：第 20，21，22，23，25，26，27 码元；第 5，14，24 码元为索引标志，宽度为 2ms。时、分、秒均用 BCD 码表示，低位在前，高位在后；个位在前，十位在后。

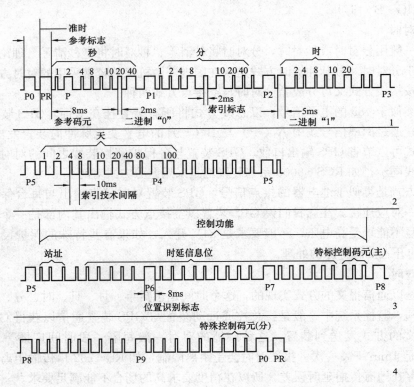

图 2 - 40 B（DC）码示意图

2. 接收设备的解码过程

变电站内所有的接收设备都要具有解码的功能，或者配一个 IRIG - B 码的解码终端，接收设备或终端接收到 IRIG - B 码后把秒脉冲和时间信息解调出来。时间信息可以串行或并行的形式输出。在每一个 IRIG - B 码上升沿到来时开始计数，下降沿到来时停止计数，然后读出计数值，据此计数值判断出是 2ms 或 5ms 或 8ms 据此来判断 IRIG - B 码的值，同时做一个状态机来把不同序列的年和自 1 月 1 日起到现在的天、当前的时分秒写入相应的寄存器，在一帧完成后通知单片机取走数据，转换成串口数据输出。同时在连续两个 8ms 处解出秒脉冲。在 00s 到来时解出分脉冲，在 00min 到来时解出时脉冲。

第3章

二次回路及相关知识

本章主要介绍变电站二次回路及其特点，重点介绍综合自动化变电站涉及的遥测、遥控、遥信等典型二次回路，以及站用电系统与监控系统、直流电源系统与监控系统等二次相关知识。

3.1 概　　述

变电站电气二次设备是指对一次设备的工作状况进行监视、控制、测量、保护和调节所必需的电气设备，包括测量仪表、控制开关、信号器具、继电保护和自动装置、控制电缆，以及电流互感器 TA、电压互感器 TV 的二次绕组引出线等。这些二次设备按一定要求连接在一起构成的电气回路，称为二次接线系统或二次回路。描述二次接线的图纸称为二次接线图或二次回路图。

二次回路是一个具有多种功能的复杂网络，按其功能可分为控制保护回路、测量及调节回路、信号回路、继电保护及自动装置回路、操作电源回路等。二次回路的设计应力求安全可靠、技术先进、经济适用，积极慎重地采用和推广新技术和新产品。控制保护回路是变电站二次回路的重点。

3.1.1 传统变电站的二次系统

传统变电站的二次设备是按照每个电气单元分别配置，数量众多的测量仪表、切换开关、控制开关、位置指示灯、光字牌，以及由各种继电器组成的保护及自动装置等，分散安装在主控室内控制屏、保护屏和中央信号屏上。一次设备场地上的二次设备与主控制室内的二次设备之间、主控制室内的二次设备之间通过控制电缆连接，构成了复杂的二次系统，运行和维护的工作量很大。

3.1.2 计算机监控系统为主体的二次系统

目前，变电站广泛采用以计算机监控系统为主体、将变电站的二次设备（包括测量、信号、控制、保护、自动装置和远动等）经过功能组合而形成标准化、模块化、网络化和功能化的二次系统。二次设备所具有的功能不再单一，如一套测控装置可完成一个电气间隔或电器元件的控制、测量、信号等功能，继电保护也由一套微机保护装置构成，在 220kV 及以下系统已实现测控与保护装置二合一的一体机。测控装置、微机保护装置等二次设备可以分散安装在被监控、保护的一次设备附近，各装置之间通过数字通信方式联系而非硬接线连接，并取消了中央信号屏和控制屏。从变电站整体来看，二次设备和二次电缆的数量大大减少，二次系统的接线更为简单、合理，方便运行和维护工作，提高了变电站整体运行控制的安全性和可靠性。

3.2　二次回路的分类

根据用途和作用，二次回路可分为测量回路、控制回路、信号回路、调节回路、继电保护和自动装置回路以及电源回路。

（1）测量回路。测量回路由各种测量仪表及相关回路组成。其作用是指示或记录一次设备的运行参数，以便运行人员掌握一次设备运行情况。它是分析电能质量、计算经济指标、了解系统潮流和主设备运行工况的主要依据。如电能表测量回路、电流互感器二次线、电压互感器二次线、系统频率、功率因素等测量回路。

（2）控制回路。控制回路是由控制开关和被控制对象（如断路器、隔离开关、电动机等）的传送机构及执行机构组成的。其作用是对一次断路器设备进行"跳"、"合"闸操作。控制回路按自动化程度又可分为手动控制和自动控制两种，是电气工程设计的重点内容。如断路器控制回路、隔离开关控制回路、变压器冷却器控制回路、电气五防回路等。

（3）信号回路。信号回路是由信号发送机构、传送机构和信号器具构成的。其作用是反映一、二次设备的工作状态，当发生事故及不正常运行情况时，应能发出各种灯光及音响信号，以便工作人员正确判断和处理设备运行工况。如事故信号、异常信号、状态信号等。

（4）调节回路。调节回路是指自动调节装置，它是由测量机构、传送机构、调节器和执行机构组成的。其作用是根据一次设备运行参数的变化，实时在线调节，以满足运行要求。如变压器有载调压控制回路、AVQC等。

（5）继电保护和自动装置回路。继电保护和自动装置回路是由测量机构、传送机构及继电保护和自动装置组成。其作用是自动判别一次设备运行状态，在系统发生异常或故障时自动跳开断路器，切除故障或发出异常运行信号，故障或异常运行状态消失后，快速投入断路器，恢复系统正常运行。如线路保护、母差保护、变压器保护、故障录波、备自投等保护自动装置及其二次相关联回路。

（6）电源回路。电源回路是由电源设备和供电网络组成，包括直流电源和交流电源系统。其作用是供给上述各回路及二次设备的工作电源。如直流系统二次线、所（站）用电系统二次线、UPS电源系统二次线等。

3.3　二次回路的接线图

二次接线图是以一定图形符号和文字符号表示二次设备互相连接关系的电气接线图。二次接线图是电气部分设计的重要组成部分。二次接线图纸常见的有三种表现形式：①原理接线图；②展开接线图；③安装接线图。

3.3.1 原理接线图

原理接线图是用于表示继电保护、自动装置、测量仪表、控制和信号回路等的工作原理。通常是将二次接线和一次接线中的有关部分画在一起。在原理接线图上所有仪表、继电器和其他电器都是以整体的形式表示的，其相互联系的电流回路、电压回路和直流回路，都综合在一起。这种接线图的特点是能够给看图者对整个装置的构成有一个明确的整体概念，比较形象直观，便于初学者阅图，也便于分析和研究其工作原理。

原理图存在的不足之处是，对于二次接线的某些细节表示不够全面、不表示元件的内部接线、没有元件的端子号码和回路标号、导线的表示也仅是一部分，并且只表示直流电源的极性等，在设备支路多、二次回路较复杂时，其动作顺序较难看出，对回路中的缺陷和错误也不容易发现和寻找。

下面以图3-1所示35kV输电线路速断和定时限过流保护装置的原理图来说明保护装置原理图的阅读。

由图3-1可见，整个保护装置采用不完全星形接线方式，电流速断保护由电流继电器KA1、KA2，中间继电器KM和信号继电器KS1组成；定时限过流保护由电流继电器KA3、KA4，时间继电器KT和信号继电器KS2组成。两种保护动作均能使断路器跳闸，相应的信号继电器KS1、KS2有掉牌指示，并发出灯光和音响信号。当系统发生相间短路时，短路电流流过1TAa或1TAc，若短路电流大于定时限过流保护的整定值、小于电流速断保护的整定值时，定时限过流保护启动，电流速断保护不启动，定时限过流保护以时间继电器KT的延时使断路器跳闸，若短路电流大于定时限过流保护的整定值和电流速断保护的整定值时，则两套保护均启动，因定时限过流保护有时间延时，电流速断保护无时间延时，抢先动作跳开断路器。

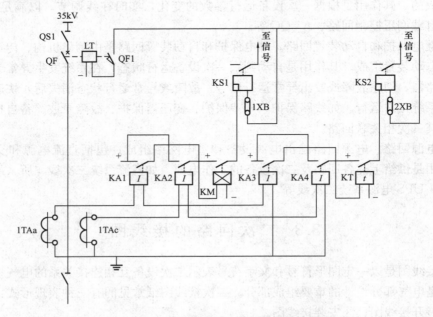

图3-1　35kV输电线路速断和定时限过流保护的原理图

3.3.2 展开接线图

展开接线图的特点是按供电给二次接线的每个独立电源来划分的，即将每套装置的交流电流回路、交流电压回路和直流回路分开来表示。于是，属于同一个仪表或继电器的电流线圈和电压线圈要分开画在不同的回路里，为了避免混淆，属于同一个元件的线圈和触点采用相同的文字标号。展开图中各设备都用国家统一规定的标准图形符号和文字标号表示。

展开图的绘制，一般是分成交流电流回路、交流电压回路、直流操作回路和信号回路等几个主要组成部分。每一部分又分成许多行。交流回路按 U、V、W 的相序，直流回路按继电器的动作顺序各行从上往下地排列。在每一行中各元件的线圈和触点是按实际连接顺序排列的。在每一回路的右侧通常有文字说明，以便于阅读。

在展开图中所有开关电器和继电器的触点都是按照它们的正常状态表示的。所谓正常状态，是指开关电器在断开位置和继电器线圈中没有电流时的状态。因此，通常说的常开触点就是继电器不通电时，该触点是断开的，常闭触点就是继电器线圈不通电时该触点是闭合的。

图 3-2 是根据图 3-1 所示的原理图而绘制的展开接线图。图 3-2（a）为示意图，表示一次主接线情况及保护装置所连接的电流互感器在一次系统中的位置，右侧为保护回路展开图；在图 3-2（b）中各电流互感器二次侧线圈的电流回路中，接入相应的电流继电器 KA1、KA2、KA3 和 KA4 的线圈。图 3-2（c）为直流回路，直流电源由控制电源小母线

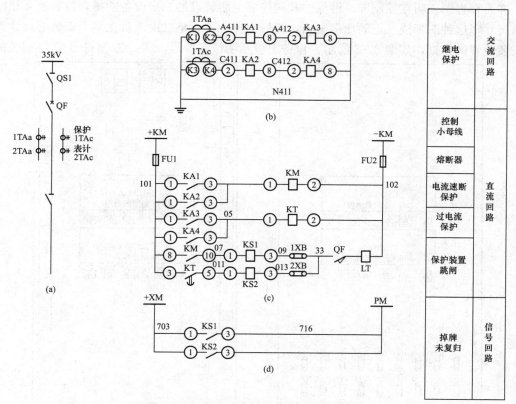

图 3-2 35kV 输电线路保护装置的展开图

（a）一次接线示意图；（b）交流电流回路；（c）直流回路；（d）信号回路

＋KM、－KM，经熔断器 FU1、FU2 引入，所有回路的接线在控制电源的正、负极间分成一系列独立的水平段（称"行"）。

比较图 3-1 与图 3-2 可知，展开接线图接线清晰，易于阅读，便于了解整套装置的动作程序和工作原理，特别是在复杂电路中其优点更为突出。

3.3.3 安装接线图

安装接线图是制造厂加工制造屏和现场施工安装所必不可少的图纸，也是运行试验、检修等的主要参考图纸。在这种图上设备和器具均按实际情况布置。设备、器具的端子和导线、电缆的走向均用符号、标号加以标志。两端连接不同端子的导线，为了便于查找其走向，采用专门的"对面原则"的标号方法，"对面原则"是指每一条连接导线的任一端标以对侧所接设备的标号或代号，故同一导线两端的标号是不同的，并与展开图上的回路标号无关。这种方法很容易查找导线的走向，从已知的一端便可知另一端接至何处。

安装接线图包括：①屏面布置图，它表示设备和器具在屏面的安装位置，屏和屏上的设备、器具及其布置均按比例绘制。②屏后接线图，它表示屏内的设备、器具之间和与屏外设备之间的电气连接。③端子排图，它表示屏内外各设备和器具的各种端子排的布置及电气连接，端子排图通常表示在屏后接线图上。

1. 屏面布置图

屏面布置图表明在控制屏、继保屏和测控屏上所装设的二次设备的排列位置及互相间的距离尺寸，这种图都按一定的比例画出，并标明尺寸。它是二次设备在屏上安装时尺寸大小和安装位置的依据，如图 3-3 所示，设备上应标明设备符号，同一装置符号应与相关的其

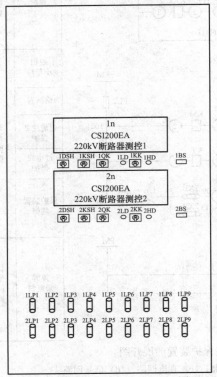
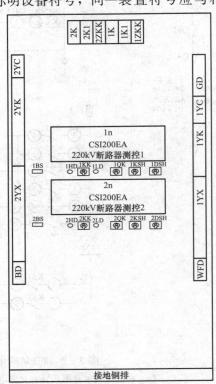

图 3-3　屏面布置图

他安装图纸相同。二次设备在屏上的布置应力求整齐、操作方便、符合接线顺序，以节约导线和避免迂回接线。

2. 屏背面接线图

屏背面接线图主要表明屏内各设备间的连线关系，它是制造厂进行控制屏、保护屏安装接线的主要图纸。背面接线图的表现形式是将屏体向上、左、右三方展开成三个部分。

（1）屏体部分：装设各种控制、监视和保护设备。例如，仪表、控制开关、信号设备和继电器等。

（2）屏侧部分：主要装设端子排。在不影响端子排排列和接线的原则下，有时也可装设部分设备。

（3）屏顶部分：主要装设熔断器、自动开关、附加电阻、警铃和蜂鸣器等设备。

在屏的顶层，需要时可装设各种控制小母线和信号小母线。

具体如图 3-4 所示。

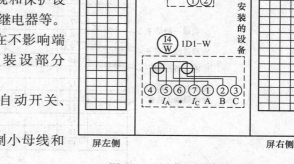

图 3-4 屏背面接线图的布置

3. 端子排图

（1）端子排的表示方法

在端子排图上，为了简化制图，端子排一般采用四格的表示方法，除其中一格写入端子序号及表示型式以外，其余的需要表明设备符号及回路编号。图 3-5 为屏右侧端子排的表示方法（如为左侧的端子排，可将图翻转 180°表示）。

从左至右每格的含义如下：

第一格：表示屏内设备的文字符号及设备的接线螺钉号。

第二格：表示接线端子的序号和型式。

第三格：表示安装单位的回路编号。

第四格：表示屏外或屏顶设备的符号及螺钉号。

为了简化表示方法，也有将第三格和第四格的内容合写在一格中的，即为三格的表示方法。

（2）端子排的装设原则

1）同一块屏有几个安装单位时，各安装单位应有独立的端子，以便于运行、维修及电缆引出。

2）屏内与屏外二次回路的连接，同一屏上各安装单位之间的连接以及过渡、转接回路等，均应经过端子排。

3）交流电流及交流电压二次回路应经试验端子连接，以方便设备调试维护。

4）交流端子与直流端子之间应分开布置，正、负电源之间以及经常带电的正电源与合闸或跳闸回路之间，应至少以一个空端子隔开。

5）一个端子排的每一端，一般只接一根导线，最多不得超过两根导线。不同截面导线不得接入同一压接端子，接于端子的导线截面，一般不超过 $6mm^2$。

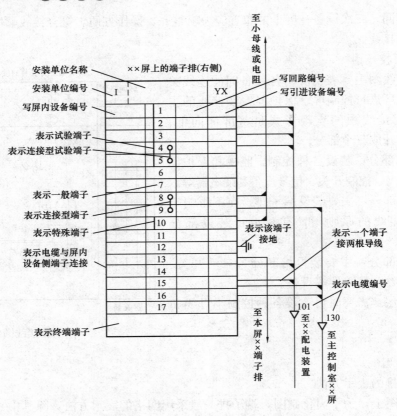

图 3-5　端子排的表示方法图

6）在保证调试、运行、维修方便的条件下，端子越少，导线越省，可靠性越高。端子排安装最低点距离地面应有足够高度，方便电缆安装。

（3）端子排的排列原则

每一个安装单位端子排的端子应按一定次序排列，这样有利于检修、试验，查找端子也方便。其排列原则如下。

按回路性质分段，一般的排列次序从上到下是：

1）交流电流回路，按每组电流互感器分组。

2）交流电压回路，按每组电压互感器分组。

3）直流控制回路。

4）信号回路。

3.4　常见的二次回路

3.4.1　电流互感器二次回路

1.电流互感器的级别及配置

对保护用电流互感器，准确级是以该级的额定准确限额一次电流下的最大允许综合误差的百分数来标称，其后随字母"P"（含义为保护）。所谓额定准确限额一次电流，是指电流互感器能满足综合误差要求的最大一次电流；综合误差是指非线性条件使励磁电流和二次电流中出现了高次谐波，而不能以简单的相量相位差与幅值误差来表示，它代表了实际电流互感器与理想电流互感器之间的差别。

IEC 推荐标准的准确限额值系数值分别有 5、10、15、20 与 30，即额定准确限额一次电流与额定一次电流之比，也常称额定一次电流倍数。

保护用电流互感器的标准准确级分为 5P 与 10P。其额定准确限额一次电流系数（额定一次电流倍数）紧接准确级后标出，如 5P10、10P20 等。

如 10P20 表示该电流互感器在 20 倍额定一次电流下的（额定准确限额一次电流下的）综合误差不大于 10%。

测量用电流互感器的标准准确级有：0.1、0.2、0.5、1 等。在二次负荷欧姆值为额定负荷值的 100% 时，其额定频率下的电流误差分别不超过 0.1%、0.2%、0.5%、1%。

特殊使用要求的电流互感器的准确级有 0.2S 和 0.5S。其最大的区别是在小负荷时，0.2S（0.5S）级比 0.2（0.5）级有更高的测量精度；主要是用于负荷变动范围比较大，而有些时候几乎空载的场合。

另外，D 级电流互感器表示非标准准确等级。

电流互感器二次回路一般配置给继电保护、测量、计量、故障录波等二次回路，以双母线接线的 220kV 出线电流互感器配置为例，典型配置如图 3-6 所示。

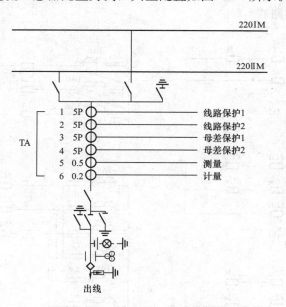

图 3-6　220kV 出线电流互感器配置

2. 电流互感器的极性判别原理

制造厂家在电流互感器一次侧绕组的两端，分别用 L1、L2 标出始端和末端，二次侧绕组两端分别用 K1、K2（或 S1、S2）标出始端和末端，始端 L1 和 K1、末端 L2 和 K2 为同极性端，用"＊"表示。保护及测量用电流互感器习惯规定一次电流 i_1 由"＊"端流入电流互感器为它的假定正方向，二次电流 i_2 则以由"＊"端流出电流互感器为它的假定正方向，即按所谓减极性原则标示。一次和二次电流 i_1 和 i_2 的假定正方向相反，忽略励磁电流后，其合成磁势等于一次和二次线圈安匝之差，且等于零，即 $i_1 W_1 - i_2 W_2 = 0$，$i_2 = \dfrac{1}{nLH} i_1$，可见 i_1 和 i_2 两相量是同相位。

3. 电流互感器二次回路接线

电流互感器二次回路常见的接线方式有如下几种。

（1）单相式接线，如图 3-7（a）所示。这种接线主要用于变压器中性点和 6～10kV 电缆线路的零序电流互感器，只反映单相或零序电流。

（2）两相星形接线，如图 3-7（b）所示。这种接线主要用于 6～10kV 小电流接地系统的测量和保护回路接线，可以测量三相电流、有功功率、无功功率、电能等。反映相间故障电流，不能完全反应接地故障。

（3）三相星形接线，如图 3-7（c）所示。这种接线用于 110～500kV 直接接地系统的测量和保护回路接线。可以测量三相电流、有功功率、无功功率、电能等。反映相间及接地故障电流。

（4）三角形接线，如图 3-7（d）所示。这种接线主要用于 Y，d 接线变压器差动保护回路，测量表计电流回路一般不采用。接入继电器的电流为两相电流互感器电流之差，故继电器回路无零序电流分量，并且流入继电器的电流为相电流的 $\sqrt{3}$ 倍。

（5）和电流接线，如图 3-7（e）所示。这种接线用于 3/2 断路器接线、角形接线、桥形接线的测量和保护回路。

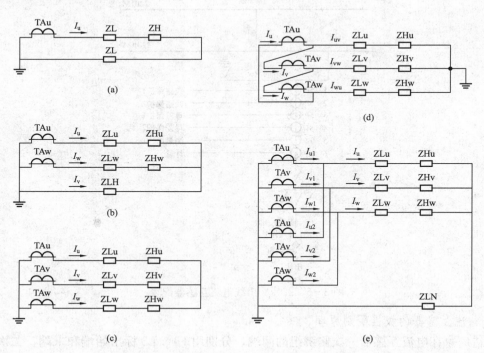

图 3-7　电流互感器二次回路的各种接线方式

(a) 单相式接线；(b) 两相星形接线；(c) 三相星形接线；(d) 三角形接线；(e) 和电流接线

4. 电流互感器二次回路使用要求

电流互感器二次额定电流有 1A 和 5A 两种，使用中应注意检查 TA 二次侧额定电流与保护、测控装置的工作额定电流相匹配。保护设备必须使用 P 级二次绕组准确等级、测量及计量设备应使用 0.2 或 0.5 级二次绕组准确等级。保护设备二次绕组配置上不应存在保护死区。保护用电流互感器二次绕组使用中应测量二次绕组负载并根据最大短路电流计算满足额定负载要求。保护设备要求由单独的电流互感器二次绕组供电，尽可能不与其他保护共用电流互感器的二次绕组，不同电流互感器二次绕组不得有电气上的连接。存在和电流接线的保护设备退出运行时应先短接后再打开运行中的电流互感器二次绕组与保护设备的连接，对被试电流互感器进行试验前应打开试验电流互感器的二次回路（特别是内桥接线下的主变压器差动保护）。不存在电气连接的电流互感器二次绕组应在端子箱处直接接地，运行中电流互感器二次接地点不得解开，电流互感器二次绕组除了要求可靠接地外还要求中性线不能多点接地，这是为了防止单相接地故障时中性点多点接地可能导致零序电流分流造成零序保护拒动。电流互感器二次回路开路时会造成互感器励磁电流剧增导致电流互感器损毁，所以电流互感器二次回路严禁使用导线缠绕的方式连接，运行中电流互感器其二次回路严禁开路。

3.4.2 电压互感器二次回路

1. 电压互感器二次回路接线方式

在三相电力系统中，需要测量的电压通常有线电压、相对地电压和发生接地故障时的零序电压，因此，电压互感器的一、二次侧有不同的接线方式，如图 3-8 所示。

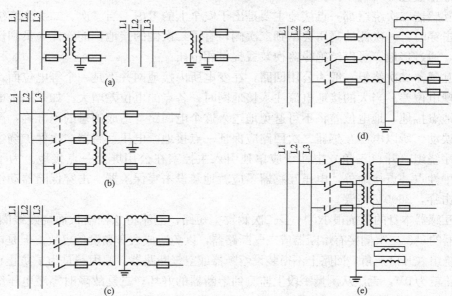

图 3-8 电压互感器的接线方式

（a）一台单相电压互感器接线；（b）Vv 接线；（c）Y0y0 接线；

（d）三相五柱式电压互感器接线 Y0y0d 接线；（e）三台单相三绕组电压互感器 Y0y0d 接线

（1）单相电压互感器接线，如图 3-8（a）所示。这种接线可测量某一相间电压（35kV 及以下中性点非直接接地系统）或相对地电压（110kV 及以上中性点直接接地系统）。

（2）两台单相电压互感器接成 Vv 形接线，如图 3 - 8（b）所示。这种接线可用于测量三个线电压（220kV 中性点不接地或经消弧线圈接地系统），不能测量相电压。

（3）一台三相三柱式电压互感器接成 Yy0 形接线，如图 3 - 8（c）所示。这种接线也只能用来测量线电压，不允许用来测量相对地电压。原因是它的一侧绕组中性点不能引出，否则会在电网发生单相接地、产生零序电压时，因零序磁通不能在三个铁芯柱中形成闭合回路，而造成铁芯过热甚至烧毁电压互感器。

（4）一台三相五柱式电压互感器接成 Y0y0d 形开口接线，如图 3 - 8（d）所示。这种接线可用于测量线电压和相电压，还可用作绝缘监察，广泛用于非直接接地系统。其辅助二次绕组接成开口三角形，当发生单相接地时，将输出 100V 电压（正常时几乎为零），启动绝缘监察装置发出警报。因为这种结构电压互感器的铁芯两侧边柱可构成零序磁通的闭合回路，故不会出现烧毁电压互感器的情况。

（5）三台单相三绕组电压互感器接成同样的 Y0y0d 形开口接线，如图 3 - 8（e）所示。这种接线同样可用于测量线电压、相对地电压和零序电压。因其铁芯相互独立，也不存在零序磁通无闭合回路的问题。

2. 电压互感器二次回路使用要求

电压互感器二次绕组的额定电压有 100V、$100/\sqrt{3}$、100/3V 三种；测量用电压互感器的准确等级包括 0.2、0.5、1、3 级四种，误差分别为 0.2%、0.5%、1%、3%。保护用电压互感器准确等级包括 3P 级和 6P 级，误差分别为 3%、6%。电压互感器二次绕组极性一般均为相对地正极性。

电压互感器二次绕组都一点接地主要是出于安全上的考虑。当一次、二次侧绕组间的绝缘被高压击穿时，一次侧的高压会窜到二次侧，有了二次侧的接地，能确保人员和设备的安全。另外，通过接地，可以给绝缘监视装置提供相电压。

电压互感器二次绕组一般为公用回路，在变电所内接地网并不是一个等电位面，在不同点间会出现电位差。当大的接地电流注入接地网时，各点的电位差增大。如果一个电压回路在不同的地点接地，地电位差将不可避免地进入这个电回路，造成测量的不准确，严重时会导致保护误动。所以电压互感器二次回路应保证一点接地。电压互感器二次保护绕组、计量绕组及零序绕组（开口三角）中性线应单独引入主控室在公用屏处一点接地。为了保证安全，除了中性点一点接地外，电压互感器还应就地装设击穿保险器。击穿保险器动作电压为1000V 不击穿，2500V 击穿。

电压互感器本身的阻抗很小，一旦二次侧发生短路，电流将急剧增长而烧毁线圈。为此，电压互感器的一、二次侧接有熔断器或空气断路器，以免造成人身和设备事故。但是电压互感器的零序绕组（开口三角）回路上不得装设熔断器或空气断路器，原因一是为了防止正常运行时零序电压就为 0V，无法从测量手段上监测到熔断器的好坏；二是故障时零序电压绕组因为熔断器熔断而造成保护不正确动作。运行中要防止电压互感器的反充电现象，电压互感器二次侧向不带电的母线充电称为反充电。因电压互感器变比较大，即使互感器一次开路，二次侧反映的阻抗依然很小，这样，反充电的电流很大，会造成运行中的电压互感器二次侧熔断器熔断，大电流还会造成电压切换装置损坏，使保护装置失压，并有可能导致人员触电等危险。

电压互感器的二次切换回路包括：①互为备用的母线电压互感器之间的切换。②在双母线系统中一次回路所在母线变更时，二次设备的电压回路也应进行相应的切换。③主变压器后备保护或线路保护在旁代时需要进行旁路电压切换。

（1）电压互感器二次回路包括交流电压切换回路和直流切换控制回路，其中直流切换控制回路包括互感器的投退控制回路和并列切换回路。

正常时两组电压互感器各自分列运行，每一组电压互感器的二次交流电压回路的投退靠互感器一次侧隔离开关位置接点接入投退控制回路来自动实现。

当某一组电压互感器检修或异常需要退出时，此时为了不影响保护等二次设备的正常运行需要将一次系统进行并列，在一次系统并列后由互为备用的电压互感器同时提供两段母线的二次电压，再退出异常或需要检修的电压互感器。由于正常时两组电压互感器各自分列运行，一次并列后也需要在二次上对电压互感器的二次回路进行并列操作，这就是并列切换回路。

（2）电压互感器二次回路的直流切换控制回路继电器均需要采用双位置继电器。

所谓双位置继电器，即继电器有两个工作线圈，其中一个为动作线圈，一个为复归线圈，两个线圈相互作用控制继电器的工作状态。具体工作情况为：当继电器动作线圈得电后，继电器动作接点变位，此时即使继电器动作线圈失电继电器工作状态，也不返回原来的工作状态，接点不会发生变位，只有在继电器复归线圈得电后，继电器接点状态才会又一次发生变化复归到初始状态。在双位置继电器两个线圈同时得电或同时失电的情况下继电器接点不发生改变。

由于电压互感器的二次回路较多（保护电压三相、计量电压三相、零序电压和信号等），所需的切换继电器接点较多，直流切换控制回路继电器使用多个继电器串联的方式提供多对接点以供使用。

3.4.3 断路器控制回路

1. 断路器控制类型

控制回路按照工作电压等级的不同，可分为强电控制和弱电控制两种类型。强电控制电压一般为直流 220V 或 110V；弱电控制电压一般为直流 48V 或 24V。由于断路器分、合闸需要取用一定的功率，48V 和 24V 实际上不能满足断路器跳合闸线圈动力的需求。因此，弱电控制是通过中间继电器扩展动作后接通强电操作回路，断路器分、合闸操作功率仍由 220V 或 110V 电源供电，从而实现对断路器的控制。

2. 断路器的分、合闸回路

本节以测控装置实现对强电控制的断路器分、合闸控制回路为例进行说明，如图 3-9 所示。

（1）断路器合闸控制回路

测控装置实现对断路器的合闸可分为测控装置就地合闸和监控后台远方遥合。

监控后台远方遥合：直流正电源经 K101→n7-c6—n7-c8→n7-a2—n7-a4→LP2→遥合出口，即实现了远方遥控合闸断路器命令。

测控装置就地合闸：可通过就地手合非同期直合、就地手合同期和就地手合无压三种方式来实现。直流正电源经 K101→WF（五防）→KSH③④（就地）→KK①②（合）→QK①②→手合出口，即实现就地手合非同期直合；直流正电源经 K101→WF（五防）→KSH③④（就地）→KK①②（合）→QK③④（就地手合无压）或 QK⑤⑥（就地手合同期）→（测控装置 PLC

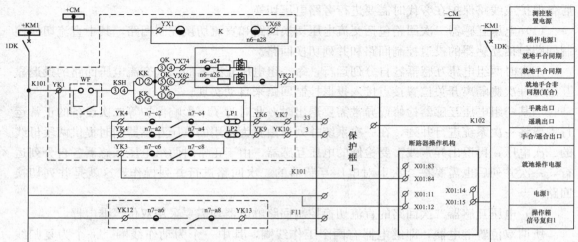

图 3-9　断路器分、合闸回路示意图

注：虚线框内设备为测控装置。

判断）实现检无压手合出口或检（准）同期手合出口。

（2）断路器分闸控制回路

测控装置实现对断路器的分闸也可分为测控装置就地分闸和监控后台远方遥跳。

监控后台远方遥跳：直流正电源经 K101→n7-c6—n7-c8→n7-c2—n7-c4→LP1→遥跳出口，即实现了远方遥控分闸断路器命令。

测控装置就地分闸：直流正电源经 K101→WF（五防）→KSH③④（就地）→KK③④（分）→手跳出口。

3. 回路的基本要求

（1）应能进行手动分、合闸和由继电保护与自动装置实现自动分、合闸。并且当分、合闸操作完成后，应能自动切断跳、合闸脉冲电流。

（2）应有防止断路器多次合闸的"跳跃"闭锁功能。

（3）应能指示断路器的合闸与分闸状态。

（4）自动分闸或合闸应有明显的信号。

（5）应能监视熔断器的工作状态及分、合闸回路的完整性。

（6）应能反映断路器操动机构的状态，在操作动力消失或不足时，应闭锁断路器的动作，并发信号。

（7）力求简单可靠，采用的设备和电缆尽量少。

3.5　变电站的防误闭锁

3.5.1　电力系统"五防"概念

（1）防止带负荷分、合隔离开关（断路器、负荷开关、接触器合闸状态下不能操作隔离开关）。

（2）防止误分合断路器、负荷开关、接触器（只有操作指令与操作设备对应时才能对被操作设备操作)。

(3) 防止接地开关处于闭合位置时关合断路器、负荷开关(只有当接地开关处于分闸状态时,才能合隔离开关或手车进至工作位置)。

(4) 防止带电时误合接地开关(只有断路器处于分闸状态时,才能操作隔离开关或将手车从工作位置退至试验位置)。

(5) 防止误入带电间隔(只有间隔不带电时,才能开门进入隔室)。

3.5.2　防误闭锁的基本原理

防误闭锁主要有两种基本的实现方式:传统的电气二次防误闭锁和微机防误闭锁。

1. 电气二次防误闭锁

电气防误操作是建立在二次操作回路上的一种防误功能,一般通过断路器和隔离开关的辅助触点,在其操作二次回路上串入并相互联锁来实现。主要通过电气回路和相关设备辅助触点的开闭组合连接来起到闭锁作用。这是电气闭锁最基本的形式,操作程序中不需要辅助操作,闭锁可靠。但这种方式需要接入大量的二次电缆,接线方式复杂,运行维护困难,有较多的辅助触点串入,辅助触点设备工作不可靠会直接影响电气联锁的可靠性。且电气闭锁回路一般只能防止断路器、隔离开关和接地开关的误操作,对误入带电间隔、接地线的误挂接(拆除)等则无能为力,不能实现完整的"五防"功能。

2. 微机防误闭锁

微机"五防"是一种利用计算机技术来防止高压开关设备电气误操作的装置,主要由主机、模拟屏、电脑钥匙、机械编码锁、电气编码锁等功能元件组成。现行微机防误闭锁装置闭锁的设备有断路器、隔离开关、地线、地线开关、遮栏网门(开关柜门)等。只有当设备的操作程序与软件编写操作闭锁规则程序一致时,才允许进行操作。

微机防误闭锁系统分为在线式和离线式两类。离线式系统的基本原理是:将停电、送电过程中电气设备操作的步骤和顺序以软件编程的方法注入电脑钥匙之中,通过液晶汉字显示和语音提示的方式对操作人员进行指导和警示,以确保操作过程的正确进行。在线式系统的基本原理是:在电脑中对停电、送电过程中电气设备操作的步骤和顺序进行模拟操作,在模拟操作和实际操作时,每操作一步,系统都要根据设备当前的运行状态进行校验分析,判断操作正确与否,如果正确,则允许继续进行下一步操作;如发现设备不具备操作条件,则系统自动闭锁,禁止操作,从而有效防止在某些特殊情况下(断路器、隔离开关、临时接地点等现场实际位置与系统反映的位置不一致时)可能发生的误操作。

微机防误闭锁系统一般不直接采用现场设备的辅助触点,其接线简单,通过防误闭锁系统微机软件规则库和现场锁具实现防误闭锁。微机防误闭锁系统可根据现场实际情况,编写相应的"五防"规则程序,从而实现较为完整的"五防"功能,杜绝不正常的操作行为发生;但在微机系统故障而解除闭锁时,"五防"功能将完全失去。另外,电动操作的隔离开关和接地开关的二次操作回路绝缘破坏容易导致断路器的误分和误合。

3.5.3　防误闭锁的实现方式

1. 操作闭锁内容和闭锁条件

隔离开关、接地开关和母线接地开关的操作闭锁包括以下内容:

（1）隔离开关的操作闭锁：其目的是防止带负荷分（合）隔离开关，防止带接地线合隔离开关。

（2）接地开关的操作闭锁：其目的是防止在带电的情况下合接地开关。

（3）母线接地开关的操作闭锁：其目的是防止在母线带电的情况下合母线接地开关。

隔离开关、接地开关、母线接地开关的操作闭锁条件，主要取决于其所在回路的电气接线。图 3-10 和图 3-11 分别显示了 220～500kV 变电站常用的双母线和一个半断路器接线方式下，隔离开关、接地开关和母线接地开关的操作闭锁条件。

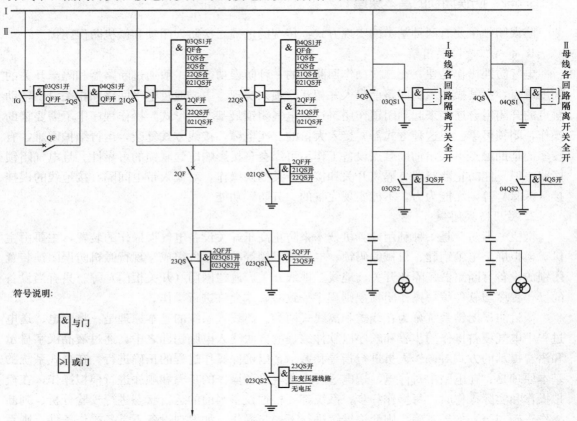

图 3-10　双母线接线方式下隔离开关及接地开关的操作闭锁条件

2. 常用的操作闭锁方式

（1）带电动操动机构的隔离开关、接地开关及母线接地开关，在其电气控制回路中加入由辅助触点实现的闭锁条件。用辅助触点实现闭锁的隔离开关控制接线如图 3-12 所示。

这种操作闭锁方式在具体实现时又分为两种：一种是利用闭锁条件中有关的断路器、隔离开关、接地开关等设备操动机构的辅助触点，在配电装置各操动机构之间通过电缆联系来实现闭锁。其优点是闭锁回路不经过中间转换环节，直观、可靠、容易实现；缺点是控制电缆用量大。另一种是利用闭锁条件中有关断路器和隔离开关的位置继电器触点，在计算机监控系统内形成闭锁条件，接入控制回路内实现闭锁。通过键盘实现对断路器、隔离开关和接地开关等变电站的开关设备进行一对一或选择控制。在控制过程中，通过 CRT 画面显示被

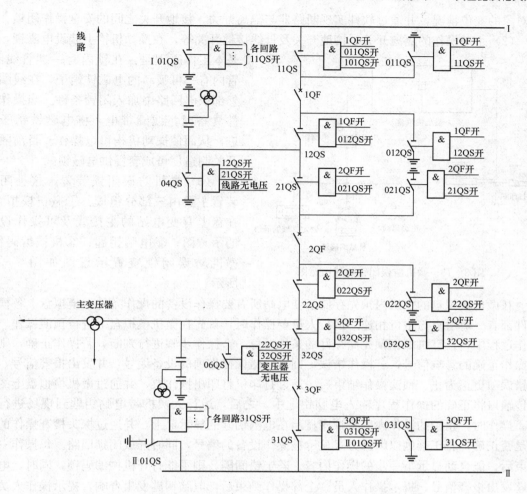

图 3-11　一个半断路器接线方式下隔离开关及接地开关的操作闭锁条件

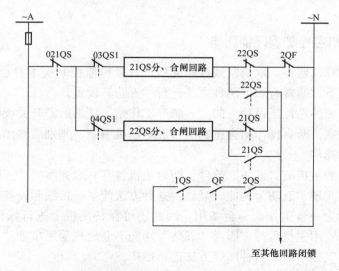

图 3-12　用辅助触点实现闭锁的隔离开关控制接线图

控对象的变位情况，并通过软件实现断路器与隔离开关、接地开关之间的安全操作闭锁。

（2）手动操作的隔离开关、接地开关及母线接地开关等，在操动机构上装设电磁锁，其基本工作原理是：在锁内有一螺管线圈，管内有一可吸动的电磁铁销子，在线圈的外部供电回路中加入闭锁条件。当操作条件具备时，线圈带电，将电磁铁销子吸进，从而使操动机构可以操作。目前隔离开关制造厂可成套提供电磁锁。

（3）微机防误闭锁装置。这种闭锁装置主要由三部分组成：①微机模拟盘，在盘上有变电站的主接线及可操作设备的示意图；②电脑钥匙；③机械编码锁。微机防误闭锁装置示意图如图3-13所示。

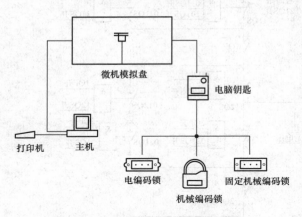

图 3-13　微机防误闭锁装置示意图

在微机模拟盘的主机内预先存储了变电站所有要操作设备的操作条件。模拟盘上各模拟元件都有一对触点与主机相连。运行人员要操作时，首先在微机模拟盘上进行预演操作。在操作过程中，计算机根据预先储存好的条件对每一个操作步骤进行判断，若操作正确，则发出操作正确的音响信号；若操作错误，则显示错误操作项的设备编号，并发出报警信号，直至错误项更正为止。预演操作结束后，通过打印机打印出操作票，并通过微机模拟盘上的光电传输口将正确的操作程序输入电脑钥匙中。之后，运行人员携带电脑钥匙到现场进行操作。操作时，正确的操作内容将顺序显示在电脑钥匙的显示屏上，并通过探头检查操作的对象是否正确，若正确则以闪烁方式显示被操作设备的编号，同时开放闭锁回路。每操作一步结束后，能自动显示下一步的操作内容。若走错间隔，则不能打开机械编码锁，同时，电脑钥匙发出报警信号，提示操作人员。全部操作结束后，电脑钥匙发出音响，提示操作人员关闭电源。这种闭锁装置能较好地满足操作闭锁"五防"要求，并能节省大量为实现闭锁回路而敷设的控制电缆。

3.5.4　计算机监控防误闭锁功能

变电站采用计算机监控，取消常规控制屏后，计算机监控系统本身也可以加入"五防"功能，在这种情况下，通常有以下两种方法进行"五防"设置。

（1）在监控系统的站控层设独立的"五防"工作站。该站所需开关设备的实时信息通过接口从监控主网获取。所有操作闭锁逻辑由"五防"机编制、判别后输出到间隔层的测控单元或电脑钥匙进行操作。

（2）监控系统的主机配"五防"软件。两台主机各有一套完整的"五防"软件，配合电脑钥匙和编码锁，实现"五防"功能。显然，这种方法使系统接线和设备都得到了进一步简化。由于主机正常为一台工作，一台备用，因此还可在备用机上进行操作预演。主机故障时，将无缝切换到备用主机运行，因而"五防"功能不会出现采用单独"五防"工作站时的瓶颈现象，在实际工程中应对这种闭锁方法进行推广。

"五防"软件和监控系统软件最初往往不是由同一家单位开发，而且所采用的软件平台也不同,因此较难实现在主机上装配"五防"软件,例如:主机采用工作站,用 Unix 操作系统,如果在该平台上开发"五防"功能,技术难度较大,成本较高,或由于电脑钥匙和编码锁等机械设备制造较为复杂,监控系统的生产厂家不愿下工夫做"五防",而是外购"五防"工作站和相应设备,与监控系统在软、硬件上重新组态提供给用户。这就造成了在实际应用中,较难实现监控与"五防"的真正融合,给运行带来很大的不便,"五防"功能不能真正发挥作用,甚至无法使用。

一般情况下,间隔层的"五防"操作闭锁由间隔层的测控单元完成。各间隔层之间的闭锁,例如,母线接地开关与各回路隔离开关之间的闭锁,对某些厂家的测控单元不能实现点对点通信时,就需要由站控层网络完成各测控单元之间的通信。这样,一旦网络系统中断或站控系统发生故障,就不能实现就地控制的"五防"闭锁。但对采用监控、保护信息分网的两层网络结构系统,由于站控层主机和通信主干网络采用了冗余配置,这种情况出现的可能性很小。

3.5.5 目前 500kV 变电站采取的控制及闭锁方式

500kV 变电站防误闭锁的原则是防止带负荷分隔离开关、带电合接地开关及带接地线合闸。

所有可电动操作的隔离开关和接地开关均采用"分/合+闭锁"动合触点的方式来实现操作闭锁,只有在满足操作条件时,闭锁触点才闭合。闭锁触点串入交流操作回路,既作为遥控回路的总闭锁触点,又起到现场就地电动操作的防误闭锁作用,故要求该触点为自保持触点,且不得闭锁现场手动操作回路。

对于不可电动操作的接地开关宜采用电磁锁,并尽量保证接地开关电磁锁和隔离开关机械联锁的可靠性。

对于 220kV 双母线的正(副)母隔离开关的操作回路,为防止带负荷分隔离开关,正(副)母隔离开关操作回路须在正电源端串接断路器的动断触点。同时,断路器的动断触点需并联副(正)母隔离开关的动合触点,以满足隔离开关母线倒排操作的要求,当监控系统严重故障时,不宜进行母线倒排操作。

对于 220kV 出线隔离开关的操作回路,需在正电源端串接相应的断路器或接地开关的辅助触点。对于 220kV 出线隔离开关和接地开关的操作回路,需在正电源端串接检线路无压继电器的动断触点。

3.5.6 变电站防误闭锁与计算机监控系统的关系

计算机监控系统变电站的"五防"有三种模式:第一种是微机"五防"系统与监控系统完全独立;第二种是微机"五防"系统与监控系统采用通信接口方式进行通信;第三种是"五防"系统嵌入监控系统,由监控系统实现防误闭锁。下面分别予以简单介绍。

1. 独立微机"五防"系统

该系统中,计算机监控系统与"五防"微机完全独立,分列运行。微机"五防"系统主要由主机、电脑钥匙、机械编码锁、电气编码锁、模拟屏等功能元件组成,可以用软件编写操作闭锁规则。独立微机"五防"系统既增加了变电站的投入,又使运行管理设备复杂化,因此不是防误闭锁的发展方向。

2. 微机"五防"系统与监控系统采用通信接口方式通信

该系统中，微机"五防"与监控系统分列运行，通过通信口通信。由于监控软件与"五防"软件由不同的公司开发，因此存在接口兼容的问题，此外，程序编译所采用语言的不同也使二者产生兼容性的问题。为防止"五防"微机因某种原因瘫痪后影响监控系统的操作，对监控系统设置了解除"五防"闭锁的条件和手段，造成当人为关闭"五防"微机后，经过设定的延时，"五防"闭锁被解除。这就使"五防"微机的设置形同虚设，不能有效发挥作用，其可信赖度及安全性无法得到保证。监控系统与"五防"微机间频繁地进行问答，其问答速率受通信串口的限制，时间相对较长。同时，由于一问一答要占用微机进行数据处理的线程和时间，不能完全保证在数据处理过程中对电力系统突发事故的及时响应和有效处理。因此，这种方式除增加投资外，还存在着一定的不稳定性和不安全性。

3. "五防"嵌入监控系统

随着变电站监控技术的日趋完善，将"五防"与监控系统合并，实现一体化"五防"系统成为今后的发展趋势。在一体化"五防"系统方案设计中，取消独立"五防"主机，将"五防"嵌入监控系统，利用基于监控网络的防误闭锁技术，实现间隔联锁和调度端遥控操作的防误闭锁功能。一体化"五防"系统由站控层、间隔层和现场单元电气闭锁三层防误实现，如图3-14所示。

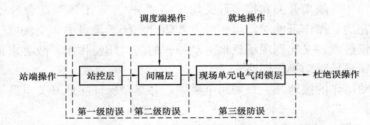

图 3-14　变电站监控一体化"五防"系统三级防误功能实现示意图

（1）站控层的防误闭锁

监控系统新增加的"五防"功能模块以监控的图形环境和实时库为数据基础，带有操作票智能生成与管理功能，并对变电站一次设备的远方及就地操作进行"五防"闭锁。一次设备的后台遥控操作通过与"五防"模块的实时数据共享和交换来可靠地实现逻辑闭锁功能。对于一次设备的就地操作，则需要将操作票内的相关操作内容传输到电脑钥匙中，通过电脑钥匙实现一次设备就地操作的"五防"闭锁功能。

（2）间隔层的防误闭锁

间隔层防误闭锁依托于间隔测控装置与变电站内的监控网来实现，测控装置借助管理软件中的PLC，画出所需的梯形图，然后通过串口下载到装置中即可实现所需功能。间隔层防误系统分为间隔内闭锁和间隔间联锁。对于间隔内闭锁，由于实时库就在装置本地，因此可以简单地实现防误。对于间隔间联锁，其信息一部分来源于装置本地，另一部分则来源于联锁装置，联锁信息通过实时查询方式获取，实时查询遥控选择命令是否执行。由于间隔层防误闭锁可以根据测控装置中电气设备的位置变化信息实现在线闭锁，因此，与传统的微机"五防"系统相比，在变电站集控中心或远方遥控操作变电站断路器和电动隔离开关时，间隔层防误闭锁功能可以有效地防止远方操作后因位置信息返回不及时而造成的误操作。由此可见，间隔层防误闭锁最大的优点是实时性高，其闭锁范围包括间隔内和间隔间远方操作的电气设备。

（3）现场单元电气设备的防误闭锁

现场单元电气闭锁是通过二次电缆，将间隔内关联电气设备位置状态转化为对电气设备操作流程进行闭锁。这种方法依靠电气设备本身的位置状态进行闭锁，其优点是实时性强、操作简单、使用方便，缺点是需敷设大量电缆、施工工作量大、回路复杂、辅助触点可靠性差并导致闭锁稳定性不高。现场单元电气闭锁层是整个一体化"五防"的最后一道防线，其闭锁范围是全站的隔离开关。

3.6 变电站 UPS/逆变电源系统

计算机监控系统对交流工作电源的质量和供电连续性要求很高，例如，标准的计算机要求电源在下列范围内变化：电压±2%，频率±1%，波形失真不大于5%，断电时间不大于5ms。目前变电站站用电系统所提供的380/220V交流电源不能满足上述要求，因此在现代大型变电站中应设有逆变电源系统，供计算机及其他监控系统设备使用。由逆变电源提供的交流电源，还能将这些装置与变电站的站用电系统隔离开来，防止站用电系统的暂态干扰侵入其电子回路。接入逆变电源的监控系统设备主要包括各工作站、网络通信设备、GPS装置等。

3.6.1 UPS逆变电源系统的构成及工作原理

UPS逆变电源系统由整流器、逆变器、旁路隔离变压器、逆止二极管、静态开关、手动切换开关、同步控制电路、信号及保护回路、直流输入电路、交流输入电路等部分组成。

（1）整流器。其作用是将站用电系统的交流整流后与蓄电池系统的直流并联，为逆变器提供电源。

（2）逆变器。其作用是将整流器输出的直流或来自蓄电池的直流转换成正弦交流，逆变器是UPS系统装置中的核心部件。

（3）旁路隔离变压器。其作用是当逆变电路故障时，自动将UPS系统负荷切换到旁路回路。

（4）静态开关。其作用是选择来自逆变器的交流电源和旁路交流电源之一送至UPS系统负荷。

（5）手动切换开关。其作用是在维修或有必要时将UPS系统的负荷在逆变电路和旁路之间进行手动切换。

（6）信号回路。UPS系统装置应设置如下信号：①整流器故障；②直流母线电压过高或过低；③旁路电源电压不正常；④逆变器故障；⑤过负荷；⑥电源断开；⑦冷却系统故障。

3.6.2 UPS逆变电源的接线

系统接线采用两路交流、一路直流的输入方式，如图3-15所示。

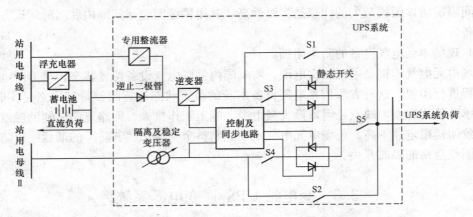

图 3-15 两路交流、一路直流输入方式的 UPS 系统原理图

对 UPS 系统采用两路交流电源输入，这两路交流电源分别来自不同的站用电母线；一路直流输入来自变电站的直流母线。UPS 系统内部设专用的整流器向逆变器供电。正常情况下，UPS 系统的全部负荷经逆变器、专用整流器，由变电站的站用电供电。专用整流器输出的直流电压略高于变电站的直流母线电压，起逆止作用的二极管不导通。

变电站直流系统故障不影响 UPS 系统的正常运行。当专用整流器的电源故障断电时，逆变器由蓄电池组通过逆止二极管供电。逆变器故障时，UPS 系统负荷由静态开关切换到旁路回路。

3.6.3 UPS/逆变电源系统与监控系统的关系

变电站的监控系统采用 UPS 逆变电源供电时，逆变电源系统的正常与否直接关系到变电站的运行监控，因此变电站监控系统按主从配置的各类设备（包括不同的工作站、网络设备等）均应由不同逆变电源供电。同时，考虑到逆变电源的重要性，监控系统也需对逆变电源系统进行实时监视。逆变电源应具有表示运行状态的遥信接点输出，以供监控系统监测。通常，接入监控系统的逆变电源信号有：

（1）交流输入故障：当交流输入电源断电时发出该信号，同时系统自动切换到直流供电，保证系统输出。

（2）直流输入故障：当直流输入电源电压低于 180V（额定电压 220V）时发出该信号，交流电源正常时不影响系统输出。

（3）电源旁路故障：当旁路输入回路故障时发出该信号，支路正常时不影响系统输出。

（4）电源逆变故障：当逆变器故障或过载时发出该信号，系统自动切换至旁路电源供电。

上述信号通过电缆接入监控系统的公用测控装置发信。

3.7 监控系统与站用电和直流电源关系

3.7.1 监控系统与站用电关系

站用电系统是为监控系统提供主要电源的源头，保证监控系统的正常工作，同时，作为接入监控系统的重要设备，受监控系统的监视和控制。

1. 电源

站用电系统作为计算机监控系统的交流电源，主要负责向各工作站及交换机等设备供电，同时也是监控系统逆变电源的交流电源。

2. 信息采集

站用电系统的信息采集主要通过配置专用的站用电测控装置来实现，所采集的信息主要包括遥信信息、遥测信息和遥控信息。

（1）遥信信息。包括站用变低压侧总断路器，通常包括一、二段交流母线断路器和分段断路器等。上述断路器通常带有辅助接点，以开入量接入站用电测控装置。

（2）遥测信息。包括站用电一、二段交流母线的三相交流电压和站用变压器低压侧三相交流电流等。由于某些测控装置不具备直接接入 220V 或 380V 交流电压的功能，因此需配置站用电电压变送器，转换成较低的交流电压后再接入测控装置。

（3）遥控信息。站用变压器低压侧总断路器远方遥控功能，由测控装置的开出功能来实现。此外，站用电备自投功能也可通过计算机监控系统的软件编程来实现，但实际变电站大都是由单独的站用电备用电源自动投入装置来实现。

3.7.2　监控系统与直流电源关系

1. 电源

直流系统作为计算机监控系统的辅助电源，主要负责向测控装置及遥信回路、监控系统交换机、监控系统逆变电源（在配置蓄电池的容量时，应当考虑负载）供电。

2. 信息采集

监控系统一般通过以下两种方式来实现直流系统的信息采集。

（1）专用测控装置方式。遥测信息主要包括直流系统各段母线（包括控制母线与合闸母线）的电压。部分测控装置具备直接测量直流系统电压的功能；对于不具备该功能的测控装置，需配置直流电压变送器，将直流系统电压转换成弱直流信号后再接入测控装置。

遥信信息主要包括直流系统的各类异常告警信号，如直流系统故障、直流系统绝缘故障、母线电压异常、交流电源故障、充电模块故障、馈线开关故障和蓄电池熔断器故障等，将其作为开入量直接接入测控装置。

（2）通信方式。直流系统具备通信功能的装置主要有直流系统微机监控装置、蓄电池在线监测系统和绝缘监测装置等。上述设备通常通过串口接入公共信息工作站，通信方式具有实现简单、采集信息全面等优点，但也存在调试维护困难等缺点。

第 4 章

变电站综合自动化的数据通信

本章主要介绍变电站综合自动化系统数据通信的基础及网络构成，重点介绍综合自动化系统数据通信所涉及数据通信方式的基础知识、数据远距离传输中的 IEC60870 - 5 - 104 远动规约及其扩展应用。

4.1　数　据　通　信　基　础

4.1.1　模拟通信与数字通信

数据通信时要传输的信息是多种多样的，所有不同的消息可以归结为两类，一类称作模拟量，另一类称作离散量。模拟量的状态是连续变化的。当信号的某一参量无论在时间上或是在幅度上都是连续的，这种信号称为模拟信号。如话筒产生的话音电压信号。离散量的状态是可数的或离散型的。当信号的某一参量携带着离散信息，而使该参量的取值是离散的，这样的信号称为数字信号，如电报信号。现在最常见的数字信号是幅度取值只有两种（用 0 和 1 代表）的波形，称为"二进制信号"。"数字通信"是指用数字信号作为载体来传输信息，或者用数字信号对载波进行数字调制后再传输的通信方式。

数字数据通信与模拟数据通信相比较，数字数据通信具有下列优点：

（1）来自声音、视频和其他数据源的各类数据均可统一为数字信号的形式，并通过数字通信系统传输。

（2）以数据帧为单位传输数据，并通过检错编码和重发数据帧来发现与纠正通信错误，从而有效保证通信的可靠性。

（3）在长距离数字通信中可通过中继器放大和整形来保证数字信号的完整及不累积噪声。

（4）使用加密技术可有效增强通信的安全性。

（5）数字技术比模拟技术发展更快，数字设备很容易通过集成电路来实现，并与计算机相结合，而由于超大规模集成电路技术的迅速发展，数字设备的体积与成本的下降速度大大超过模拟设备，性能/价格比高。

（6）多路光纤技术的发展大大提高了数字通信的效率。

实现数字通信，必须使发送端发出的模拟信号变为数字信号，这个过程称为"模/数变换"。模拟信号数字化最基本的方法有三个过程，第一步是"采样"，就是对连续的模拟信号进行离散化处理，通常是以相等的时间间隔来抽取模拟信号的样值。第二步是"量化"，将模拟信号样值变换到最接近的数字值。因抽样后的样值在时间上虽是离散的，但在幅度上仍是连续的，量化过程就是把幅度上连续的抽样也变为离散的。第三步是"编码"，就是把量化后的样值信号用一组二进制数字代码来表示，最终完成模拟信号的数字化。

4.1.2 数据通信的传输方式

一、并行数据通信与串行数据通信

并行数据通信是指数据的各位同时传送，如图4-1（a）所示。可以以字节为单位（8位数据总线）并行传送，也可以以字为单位（16位数据总线）通过专用或通用的并行接口电路传送，各位数据同时传送，同时接收。

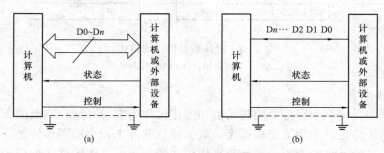

图4-1 并行和串行数据传输方式示意图
（a）并行数据传输；（b）串行数据传输

并行传输速度快，但是在并行传输系统中，除了需要数据线外，往往还需要一组状态信号线和控制信号线，数据线的根数等于并行传输信号的位数。显然并行传输需要的传输信号线多、成本高，因此常用在短距离传输中（通常小于10m）要求传输速度高的场合。早期的变电站综合自动化系统，由于受当时通信技术和网络技术等具体条件的限制，变电站内部通信大多采用并行通信，在综合自动化系统的结构上，多为集中组屏式。

串行通信是数据一位一位顺序地传送，如图4-1（b）所示。显而易见，串行通信数据的各不同位，可以分时使用同一传输线，故串行通信最大的优点是可以节约传输线，特别是当位数很多和远距离传送时，这个优点更为突出，这不仅可以降低传输线的投资，而且简化了接线。但串行通信的缺点是传输速度慢，且通信软件相对复杂些。因此适合于远距离的传输，数据串行传输的距离可达数千公里。

在变电站综合自动化系统内部，各种自动装置间或继电保护装置与监控系统间，为了减少连接电缆，简化配线，降低成本，常采用串行通信。

二、异步数据传输和同步数据传输

1. 异步数据传输

在串行数据传送中，有异步传送和同步传送两种基本的通信方式。

在异步通信方式中，发送的每一个字符均带有起始位、停止位和可选择的奇偶校验位。

用一起始位表示字符的开始，用停止位表示字符的结束构成一帧，其成帧格式如图4-2（a）所示。

针对图中的空闲位，可以有也可以没有，若不设空闲位，则紧跟接着上一个要传送的字符的停止位后面，便是下一个要传送的字符的起始位。在这种情况下，若传送的字符为 ASCII 码，其字符为 7 位，加上一个奇偶校验位，一个起始位，一个停止位总共 10 位，如图 4-2（b）所示。

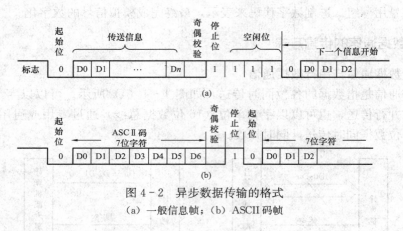

图 4-2 异步数据传输的格式

（a）一般信息帧；（b）ASCII 码帧

2. 同步数据传输

在异步传送中，每一个字符要用起始位和停止位作为字符开始和结束的标志，占用了时间。所以在数据块传送时，为了提高速度，就去掉这些标志，采用同步传送。同步传送的特点是在数据块的开始处集中使用同步字符来作传送的指示，其成帧格式如图 4-3 所示。

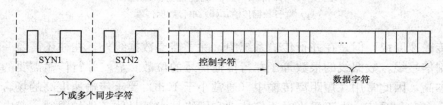

图 4-3 同步数据传输示意图

同步传输中，每个帧以一个或多个"同步字符"开始。同步字符通常称 SYN，是一种特殊的码元组合。通知接收装置这是一个字符块的开始，接着是控制字符。帧的长度可包括在控制字符中，这样接收装置是寻找 SYN 字符，确定帧长，读如指定数目的字符，然后再寻找下一个 SYN 符，以便开始下一帧。

同步是数据通信系统的一个重要环节。数字式远传的各种信息是按规定的顺序一个码元一个码元地逐位发送，接收端也必须对应的一个码元一个码元地逐位接收，收发两端必须同步协调地工作。同步是指收发两端的时钟频率相同、相位一致地运转。

这里提到的码元，即数据通信中，信息以数字方式传送，开关位置状态、测量值或远动命令等都变成数字代码，转换成相应的物理信号，如电脉冲等，把每个信号脉冲称为一个码元，再经过适当变换后由信道传送给对方。常用的是二进制代码"0"、"1"。数据传送的速度可以用每秒传送的码元数来衡量，称码元速率，单位为 Bd（波特）。在串行数据传送中，数据传送速率是用每秒传送二进制数码的位数来表示，单位为 bps（bit per second）或 b/s（位/秒）。数据经传输后发生错误的码元数与总传输码元数之比，称为误码率。在电网远动通信中，一般要求误码率应小于 10^{-5} 数量级。误码率与线路质量、干扰等因素有关。

我国电力行业标准《循环式远动传输规约》（简称 CDT 规约），采用同步传输方式，同步字符为 EB90H。同步字符连续发 3 个，共占 6 个字节，按照低位先发、高位后发，每字的低编号字节先发、高字节后发的原则顺序发送。

三、报文及报文分组

报文是一组包含数据和呼叫控制信号（例如地址）的二进制数，是在数据传输中具有多种特定含义的信息内容。报文分组就是将报文分成若干个报文段，并在每一报文段上加上传送时所必需的控制信息。原始的报文长短不一，若按此传送将使设备及通道的利用率不高，进行定长的分组将使信号在网络中高效高速地传送。报文和报文分组的具体含义可从图 4-4 中进一步深化理解。

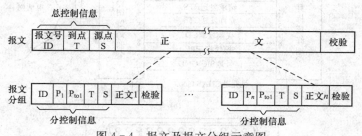

图 4-4 报文及报文分组示意图

P_1、P_n—报文分组号；P_{to1}—报文分组总数；T—到点编号；S—源点编号

4.1.3 RS-232/485 串行数据通信接口

在变电站综合自动化系统中，特别是微机保护、自动装置与监控系统相互通信电路中，主要是使用串行通信。串行通信在数据传输规约"开放系统互联（OSI）参考模型"的七层结构中属于物理层。主要解决的是建立、保持和拆除数据终端设备（DTE）和数据传输设备（DCE）之间的数据链路的规约。在设计串行通信接口时，主要考虑的问题是串行标准通信接口、传输介质、电平转换等问题。这里的数据终端设备（DTE）一般可认为是 RTU、计量表、图像设备、计算机等。数据传输设备（DCE）一般指可直接发送和接收数据的通信设备，调制解调器就是一般 DCE 的一种。本节主要介绍 RS-232D 和 RS-485 的机械、电气、功能和控制特性标准。

一、物理接口标准 RS-232D 简介

RS-232D 是美国电子工业协会（EIA，Electronic Industries Association）制定的物理接口标准，也是目前数据通信与网络中应用最广泛的一种标准。它的前身是 EIA 在 1969 年制定的 RS-232C 标准。RS 是推荐标准（Recommend Standard）的英文缩写，232 是该标准的标识符，RS-232C 是 RS-232 标准的第三版。RS-232C 标准接口是在终端设备和数据传输设备间，以串行二进制数据交换方式传输数据所用的最常用的接口。经 1987 年 1 月修改后，定名为 EIA-RS-232D。由于两者相差不大，因此 RS-232D 与 RS-232C 在物理接口标准中基本成为等同的接口标准，人们经常称它们为"RS-232 标准"。

RS-232D 标准给出了接口的电气和机械特性及每个针脚的作用，如图 4-5 所示。RS-232D 标准把调制解调器作为一般的数据传输设备（DCE）看待，把计算机或终端作为数据终端设备（DTE）看待。图 4-5（a）表示电话网上的数据通信。常用的大部分数据线、控

制线如图 4-5 (b) 所示。图 4-5 (c) 给出了 DB-25 型连接器图。

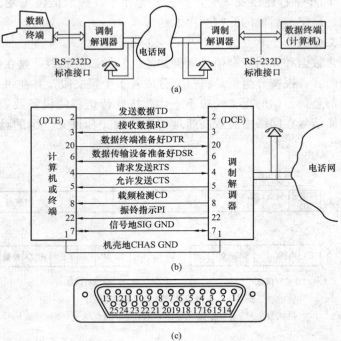

图 4-5 RS-232D 接口标准

（a）在电话网上数据通信；（b）RS-232D 标准接口的数据和控制线；（c）DB-25 型连接器

二、RS-232D 接口标准内容

该标准的内容分功能、规约、机械、电气四个方面的规范。

1. 功能特性

功能特性规定了接口连接的各数据线的功能。将数据线、控制线分成四组，更容易理解其功能特性。

（1）数据线。TD（发送数据）：DCE 向电话网发送的数据；RD（接收数据）：DCE 从电话网接收的数据。

（2）设备准备好线。DTR（数据终端准备好）：表明 DTE 准备好；DSR（数据传输设备准备好）：表明 DCE 准备好。

（3）半双工联络线。RTS（请求发送）：表示 DTE 请求发送数据；CTS（允许发送）：表示 DCE 可供终端发送数据用。

（4）电话信号和载波状态线。CD（载波检测）：DCE 用来通知终端，收到电话网上载波信号，表示接收器准备好；PI（振铃指示）：收到呼叫，自动应答 DCE，用以指示来自电话网上的振铃信号。

2. 规约特性

RS-232D 规约特性规定了 DTE 与 DCE 之间控制信号与数据信号的发送时序、应答关系与操作过程。

3. 机械特性

在机械特性方面，RS-232D 规定了用一个 25 根插针（DB-25）的标准连接器，一台具有 RS-232 标准接口的计算机应当在针脚 2 上发送数据，在针脚 3 上接收数据。有时还会在 DB-25 型连接器上看到字母 "P" 或 "S" 的字样，这表示连接器是凸型的 "P" 还是凹型的 "S"。通常在 DCE 上应当采用凹型 DB-25 型连接器插头；而在 DTE（计算机）上应当采用凸型 DB-25 型连接器。从而保证符合 RS-232D 标准的接口国际上是通用的。

由于 EIA-232 并未定义连接器的物理特性，因此出现了 DB-25 型和 DB-9 型两种连接器（如图 4-5 和图 4-6 所示），其引脚的定义各不相同，使用时要小心。DB-25 型连接器虽然定义了 25 根信号，但实际异步通信时，只需 9 个信号；即 2 个数据信号，6 个控制信号和 1 个信号地线。故目前电力现场常常采用 DB-9 型连接器，作为两个串行口的连接器。

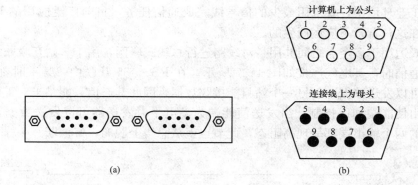

图 4-6　EIA-232 标准 DB-9 型连接器外形及引脚分配

(a) 外形；(b) 引脚分配

1：CD-Carrier Detect 载波检查；

2：RXD-Receive 数据接收；

3：TXD-Transmit 数据传输；

4：DTR-Data Terminal Ready 数据端待命；

5：GND-Ground 地线

6：DSR-Data Set Ready 传输端待命；

7：RTS-Request To Send 要求传输；

8：CTS-Clear To Send 清除并传输；

9：RI-Ring indirecter 响铃指示

4. 电气特性

RS-232D 标准接 20KB 采用非平衡型。每个信号用一根导线，所有信号回路公用一根地线。信号速率限于 20Kbps 之内，电缆长度限于 15m 之内。由于是单线，线间干扰较大。其电性能用 ±12V 标准脉冲，值得注意的是 RS-232D 采用负逻辑。

在数据线上：Mark（传号）＝－5V～－15V，逻辑 "1" 电平；

Space（空号）＝＋5V～ ＋15V，逻辑 "0" 电平。

在控制线上：On（通）＝＋5V～＋15V，逻辑 "0" 电平；

Off（断）＝－5V～ －15V，逻辑 "1" 电平。

三、RS-232 串口通信的连接方法

RS-232 简单的连接方法常用三线制接法，即地、接收数据、发送数据三线互连。因为串口传输数据只要有接收数据引脚和发送数据引脚就能实现，如表 4-1 所示。

表4-1 　　　　　　　　　　　　　　串行连接方法表

连接器型号	9针—9针		25针—25针		9针—25针	
引脚编号	2	3	3	2	2	2
	3	2	2	3	3	3
	5	5	7	7	5	7

连接的原则是：接收数据引脚（或线）与发送数据引脚（或线）相连，彼此交叉，信号地对应连接。

四、物理接口标准 RS-485

在许多工业环境中，要求用最少的信号线完成通信任务，目前广泛应用的 RS-485 串行接口正是在这种背景下应运而生的。

RS-485 适用于多个点之间共用一对线路进行总线式联网，用于多站互联非常方便，在点对点远程通信时，其电气连接如图4-7所示。在 RS-485 互联中，某一时刻两个站中，只有一个站可以发送数据，而另一个站只能接收数据，因此其通信只能是半双工的，且其发送电路必须由使能端加以控制。当发送使能端为高电平时发送器可以发送数据，为低电平时，发送器的两个输出端都呈现高阻态，此节点就从总线上脱离，好像断开一样。

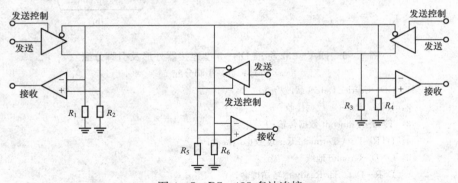

图4-7　RS-485多站连接

RS-485 的使用，可节约昂贵的信号线，同时可高速远距离传送。它的传输速率达到 93.75Kbps，传送距离可达 1.2km。因此，在变电站综合自动化系统中，各个测量单元、自动装置和保护单元中，常配有 RS-485 总线接口，以便联网构成分布式系统。

4.1.4　远距离的数据通信

一、远距离数据通信的基本模型

电网中厂（站）的各种信息源，如电压 U、电流 I、有功功率 P、频率 F、电能脉冲量等，另外还有各种指令、开关信号等经过有关器件（例如 A/D 转换等）处理后转换成易于计算机接口元件处理的电平或其他量，厂站监控系统数据网络把各种信息源转换成易于数字传输的信号。A/D 转换输出的信号都是二进制的脉冲序列，即基带数字信号。这种信号传输距离较近，在长距离传输时往往因衰减和电平干扰而发生失真。为了增加传输距离，将基带信号进行调制传送，这样即可减弱干扰信号。然后信号进入信道，信道是信号远距离传输的载体，如专用电缆、架空线、光纤电缆、微波空间等。

信号到达对端后，进入解调器，解调器是调制器的逆过程，以恢复基带信号。获得发送侧的二进制数字序列。显示在信息的接收地或接收人员能观察的设备上，如电网调度自动化系统中的模拟屏、显示器等。如图4-8所示。

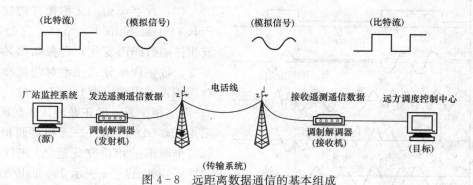

图4-8 远距离数据通信的基本组成

二、数字信号的调制与解调

在数字通信中，由信源产生的原始电信号为一系列的方形脉冲，通常称为基带信号。这种基带信号不能直接在模拟信道上传输，因为传输距离越远或者传输速率越高，方形脉冲的失真现象就越严重，甚至使得正常通信无法进行。

为了解决这个问题，需将数字基带信号变换成适合于远距离传输的信号——正弦波信号，这种正弦波信号携带了原基带信号的数字信息，通过线路传输到接收端后，再将携带的数字信号取出来，这就是调制与解调的过程。完成调制与解调的设备叫调制解调器，俗称MODEM（Modulator Demodulator）。调制解调器并不改变数据的内容，而只改变数据的表示形式以便于传输。如图4-9所示。

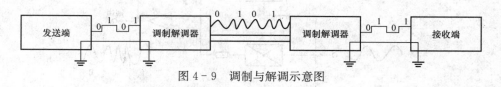

图4-9 调制与解调示意图

在调制的过程中，基带信号又称为调制信号（实际上是被解调的信号）。调制的过程就是按调制信号（基带信号）的变化规律去改变载波的某些参数的过程。

携带数字信息的正弦波称为载波。一个正弦波电压可表示为 $u(t)=U_m\sin(2\pi ft+\phi)$。

从式中可知，如果振幅 U_m、频率 f 或相位角 ϕ 随基带信号的变化而变化，就可在载波上进行调制。这三者分别称为幅度调制（简称调幅 AM）、频率调制（简称调频 FM）或相位调制（简称调相 PM）。

（1）数字调幅，又称振幅偏移键控，记为 ASK（Amplitude Shift Keying）。ASK 是使正弦波的振幅随数码的不同而变化，但频率和相位保持不变。由于二进制数只有 0 和 1 两种码元，因此，只需两种振幅，如可用振幅为零来代表码元 0，用振幅为某一值来代表码元 1，如图4-10（b）所示。

（2）数字调频，又称频移键控，记作 FSK（Frequency Shift Keying）。它是使正弦波的频率随数码不同而变化，而振幅和相位保持不变。采用二元码制时，用一个高频率 $f_H=$

$f_0 + \Delta f$ 来表示数码 1，而用一个低频率 $f_L = f_0 - \Delta f$ 来表示数码 0，如图 4 - 10（c）所示。在电力系统调度自动化中，用于与载波通道或微波通道相配合的专用调制解调器多采用 FSK 频移键控原理。

（3）数字调相，又称相移键控，记作 PSK（Phase Shift Keying）。它是使正弦波相位随数码而变化，而振幅和频率保持不变。数字调相分二元绝对调相和二元相对调相，如用相位为 0 的正弦波代表数码 0，而用相位为 π 的正弦波代表数码 1，如图 4 - 10（d）所示。二元相对调相是用相邻两个波形的相位变化量 $\Delta\phi$ 来代表不同的数码，如 $\Delta\phi = \pi$ 表示 1，而用 $\Delta\phi = 0$ 表示 0，如图 4 - 10（e）所示。

图 4 - 11 是用数字电路开关来实现 FSK 调制的原理图。两个不同频率的载波信号分别通过这两个数字电路开关，而数字电路开关又由调制的数字信号来控制。当信号为 1 时，开关 1 导通，送出一串高

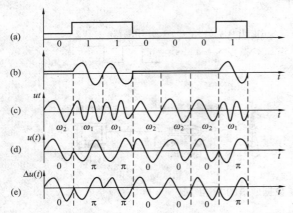

图 4 - 10　数字调制波形图

(a) 数码；(b) 调幅波；(c) 调频波；
(d) 二元绝对调相波；(e) 二元相对调相波

频率 f_H 的载波信号，而当信号为 0 时，开关 2 导通，送出一串低频率 f_L 的载波信号。它们在运算放大器的输入端相加，其输出端就得到已调制信号。

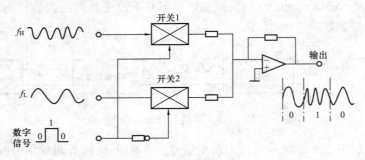

图 4 - 11　数字调频原理图

解调是调制的逆过程。各种不同的调制波，要用不同的解调电路。现已常用的数字调频（FSK）解调方法——零交点检测为例，简单介绍解调原理。

前面已讲过，数字调频是以两个不同频率 f_1 和 f_2 分别代表码 1 和码 0。鉴别这两种不同的频率可以采用检查单位时间内调制波（正弦波）与时间轴的零交点数的方法，这就是零交点检测法。图 4 - 12 是零交点检测法的原理框图和相应波形图。

零交点检测法的步骤如下：

（1）放大限幅。首先将图 4 - 12 中的 a 收到的 FSK 信号进行放大限幅，得到矩形脉冲信号 b。

（2）微分电路。对矩形脉冲信号 b 进行微分，即得到正负两个方向的微分尖脉冲信号 c。

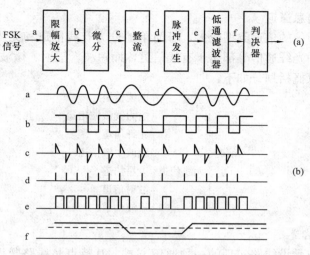

图4-12 零交点检测法原理框图和相应波形图
(a) 原理框图；(b) 相应波形图

（3）全波整流。将负向尖脉冲整流成为正向脉冲，则输出全部是正向尖脉冲 d。

（4）展宽器。波形 d 中尖脉冲数目（也就是 FSK 信号零交点的数目）的疏密程度反映了输入 FSK 信号的频率差别。展宽器把尖脉冲加以展宽，形成一系列等幅、等宽的矩形脉冲序列 e。

（5）低通滤波器。将矩形脉冲序列 e 包含的高次谐波滤掉，就可得到代表 1、0 两种数码，即与发送端调制之前同样的数字信号 f。

三、数据通信的工作方式

通信是双方工作的，根据收发通信双方是否同时工作，可以分成全双工、半双工和单工三种不同的方式。图4-13（a）中，通信双方都有发送和接收设备，由一个控制器协调收发两者之间的工作，接收和发送可以同时进行，四条线供数据传输用，故称为全双工。如果对数据信号的表达形式进行适当加工，也可以在同一对线上同时进行收和发两种工作，即线上允许同时作双向传输，这称为双向全双工。图4-13（b）是单工通信组成形式，收和发是固定的，信号传送方向不变。图4-13（c）是半双工

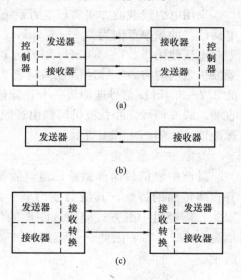

图4-13 数据通信三种工作方式
(a) 四线全双工；(b) 单工通信；
(c) 半双工通信

方式，双方都有接收和发送能力。但是它与全双工不同，它的接收器和发送器不同时工作。平时让设备处于接收状态，以便随时响应对方的呼叫。半双工方式下收和发交替工作，通常用双线实现。三种方式中无论哪一种，数据的发送和接收原理是基本相同的，只是收发控制上有所区别而已。

四、数据远传信息通道

电力系统远动通信的信道类型较多，可简单地分为有线信道和无线信道两大类。明线、电缆、电力线载波和光纤通信等都属于有线信道，而短波、散射、微波中继和卫星通信等都属于无线信道，可以概括划分如下：

1. 明线或电缆信道

这是采用架空或敷设线路实现的一种通信方式。其特点是线路敷设简单，线路衰耗大，易受干扰，主要用于近距离的变电站之间或变电站与调度或监控中心的远动通信。常用的电缆有多芯电缆、同轴电缆等类型。

2. 电力线载波信道

采用电力线载波方式实现电力系统内话音和数据通信是最早采用的一种通信方式。一个电话话路的频率范围为 $0.3 \sim 3.4 \text{kHz}$，为了使电话与远动数据复用，通常将 $0.3 \sim 2.5 \text{kHz}$ 划归电话使用，$2.7 \sim 3.4 \text{kHz}$ 划归远动数据使用。远动数据采用数字脉冲信号，故在送入载波机之前应将数字脉冲信号调制成 $2.7 \sim 3.4 \text{kHz}$ 的信号，载波机将话音信号与该已调制的 $2.7 \sim 3.4 \text{kHz}$ 信号迭加成一个音频信号，再经调制、放大耦合到高压输电线路上。在接收端，载波信号先经载波机解调出音频信号，并分离出远动数据信号，经解调得远动数据的脉冲信号。如图 4 - 14 所示。

3. 微波中继信道

微波中继信道简称微波信道。微波是指频率为 $300 \text{MHz} \sim 300 \text{GHz}$ 的无线电波，它具有直线传播的特性，其绕射能力弱。由于地球是一球体，所以微波的直线传输距离受到限制，需经过中继方式完成远距离的传输。在平原地区，一个 50m 高的微波天线通信距离为 50km 左右，因此，远距离微波通信需要多个中继站的中继才能完成。如图 4 - 15 所示。

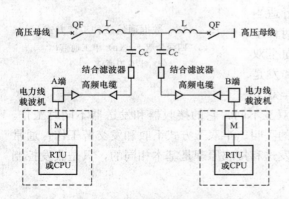

图 4 - 14　电力线载波信道传输框图

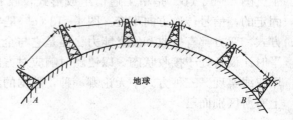

图 4 - 15　微波中继信道形式

微波信道的优点是容量大，可同时传送几百乃至几千路信号，其发射功率小，性能稳定。微波信道有模拟微波信道和数字微波信道之分。用微波传送远动信息时，对于模拟微波信道，需要经过调制成载波后上信道，接收端也需经过载波和解调才能获得信息。对于数字微波信号，远动数据信号需经复接设备才能上或下微波信道。

4. 卫星信道

卫星通信是利用位于同步轨道的通信卫星作为中继站来转发或反射无线电信号，在两个或多个地面站之间进行通信。和微波通信相比，卫星通信的优点是不受地形和距离的限制，通信容量大，不受大气层骚动的影响，通信可靠。凡在需要通信的地方，只要设立一个卫星通信地面站，便可以利用卫星进行转接通信。

一般地说，地面通信线路的成本随着距离的增加而提高，而卫星通信与距离无关。这就使得长距离干线或幅员广大的地区采用卫星通信较合适。要想采用卫星通信方式，必须租用或拥有一个星上应答器，并具有必要的上行和下行联络设备。国外一些电力公司已成功地采用了卫星通信为 SCADA 服务（由于卫星在同步轨道的超高空上，报文来回一次的时间约为 1/4s，传输延迟大，所以不能用于响应速度要求很快的场合，如继电保护等）。

5. 光纤信道

光纤通信就是以光波为载体、以光导纤维作为传输媒质，将信号从一处传输到另一处的一种通信手段。图 4-16 显示了典型的光纤组成，芯材由填充材料包裹，形成光纤。

随着光纤通信技术的发展，光纤通信在变电站作为一种主要的通信方式已越来越得到广泛的应用。其特点如下：①光纤通信优于其他通信系统的一个显著特点是它具有很好的抗电磁干扰能力；②光纤的通信容量大、功能价格比高；③安装维护简单；④光纤是非导体，可以很容易地与导线捆在一起敷设于地下管道内；也可固定在不导电的导体上，如电力线架空地线复合光纤；⑤变电站还可以采用与电力线同杆架设的自承式光缆。

光纤通信用光导纤维作为传输媒介，形式上采用有线通信方式，而实质上它的通信系统是采用光波的通信方式，波长为纳米波。目前，光纤通信系统采用简单的直接检波系统，即在发送端直接把信号调制在光波上（将信号的变化变为光频强度的变化）通过光纤传送到接收端。接收端直接用光电检波管将光频强度的变化转变为电信号的变化。

光纤通信系统主要由电端机、光端机和光导纤维组成，图 4-17 为一个单方向通道的光纤通信系统。

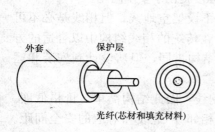

图 4-16 光纤通信构成示意图

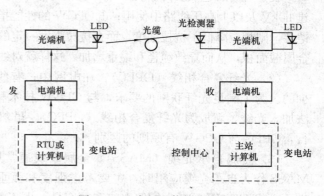

图 4-17 光纤通信构成示意图

发送端的电端机对来自信源的模拟信号进行 A/D 变换，将各种低速率数字信号复接成一个高速率的电信号进入光端机的发送端。光纤通信的光发射机俗称光端机，实质上是一个电光调制器，它用脉冲编码调制（PCM）电端机发数字脉冲信号驱动电源（如图 4-17 中发光二极管 LED），发出被 PCM 电信号调制的光信号脉冲，并把该信号耦合进光纤送到对方。远方的光接收机，也称光端机装有检测器（一般是半导体雪崩 H 极管 APD 或光电二极管 PIN）把光信号转换为电信号经放大和整形处理后再送至 PCM 接收端机还原成发送端信号。远动和数据信号通过光纤通信进行传送是将远动装置或计算机系统输出的数字信号送入 PCM 终端机。因此，PCM 终端机实际上是光纤通信系统与 RTU 或计算机的外部接口。

光纤通信的设计内容主要包括光纤线路和光缆的选择、调制方式、线路码型的选择、光纤路由的选择、光源和光检测器的选择以及系统接口。

五、电力系统特种光缆的种类

（1）光纤复合地线（OPGW）。又称地线复合光缆、光纤架空地线等，是在电力传输线路的地线中含有供通信用的光纤单元。它具有两种功能：一是作为输电线路的防雷线，对输电导线抗雷闪放电提供屏蔽保护；二是通过复合在地线中的光纤来传输信息。OPGW 是架空地线和光缆的复合体，但并不是它们之间的简单相加。几种常见 OPGW 典型结构如图 4-18 所示。

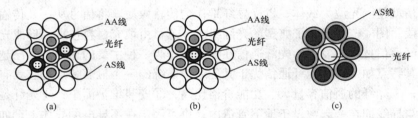

图 4-18 OPGW 典型结构

（a）层绞式；（b）双层中心管式；（c）单层中心管式

注：AA 线：铝镁硅合金线；AS 线：铝包钢线

OPGW 光缆主要在 500、220、110kV 电压等级线路上使用，受线路停电、安全等因素影响，多在新建线路上应用。OPGW 的适用特点是：①高压超过 110kV 的线路，档距较大；②易于维护，对于线路跨越问题易解决，其机械特性可满足线路大跨越；③OPGW 外层为金属铠装，对高压电蚀及降解无影响；④OPGW 在施工时必须停电，停电损失较大，所以在新建 110kV 及以上高压线路中使用；⑤OPGW 的性能指标中，短路电流越大，越需要用良导体做铠装，则相应降低了抗拉强度，而在抗拉强度一定的情况下，要提高短路电流容量，只有增大金属截面积，从而导致缆径和缆重增加，这样就对线路杆塔强度提出了安全问题。

（2）光纤复合相线（OPPC）。在电网中，有些线路可不设架空地线，但相线是必不可少的。为了满足光纤联网的要求，与 OPGW 技术相类似，在传统的相线结构中以合适的方法加入光纤，就成为光纤复合相线（OPPC）。虽然它们的结构雷同，但从设计到安装和运行，OPPC 与 OPGW 有原则的区别。

（3）金属自承光缆（MASS）。金属绞线通常用镀锌钢线，因此结构简单，价格低廉。MASS 作为自承光缆应用时，主要考虑强度和弧垂以及与相邻导/地线和对地的安全间距。它不必像 OPGW 要考虑短路电流和热容量，也不需要像 OPPC 那样要考虑绝缘、载流量和阻抗，其外层金属绞线的作用仅是容纳和保护光纤。

（4）全介质自承光缆（ADSS）。ADSS 光缆在 220、110、35kV 电压等级输电线路上广泛使用，特别是在已建线路上使用较多。它能满足电力输电线跨度大、垂度大的要求。标准的 ADSS 设计可达 144 芯。其特点是：①ADSS 内光纤张力理论值为零；②ADSS 光缆为全绝缘结构，安装及线路维护时可带电作业，这样可大大减少停电损失；③ADSS 的伸缩率在温差很大的范围内可保持不变，而且其在极限温度下，具有稳定的光学特性；④ADSS 光缆直径小、质量轻，可以减少冰和风对光缆的影响，对杆塔强度的影响也很小；⑤全介质、无金属、避免雷击。图 4-19 为 ADSS 的典型结构图。

图 4-19　全介质自承光缆典型结构图

（5）附加型光缆（OPAC）。它是无金属捆绑式架空光缆和无金属缠绕式光缆的统称。是在电力线路上建设光纤通信网络的一种既经济又快捷的方式。它们用自动捆绑机和缠绕机将光缆捆绑和缠绕在地线或相线上，其共同的优点是：光缆质量轻、造价低、安装迅速。在地线或 10kV/35kV 相线上可不停电安装；共同的缺点是：由于都采用了有机合成材料做外护套，因此都不能承受线路短路时相线或地线上产生的高温，都有外护套材料老化问题，施工时都需要专用机械，在施工作业性、安全性等方面问题较多，而且其容易受到外界损害，如鸟害、枪击等，因此在电力系统中都未能得到广泛的应用。

目前，在我国应用较多的电力特种光缆主要有 ADSS 和 OPGW。

4.2　变电站综合自动化系统的通信网络

4.2.1　变电站综合自动化系统的通信内容

在变电站综合自动化系统中，数据通信是一个重要环节，其主要任务体现在两个方面，一方面是完成综合自动化系统内部各子系统或各种功能模块间的信息交换。这是因为变电站综合自动化系统实质上是分层分布式的多台微机组成的控制系统。在各个子系统中，往往又由各个智能模块组成。因此，必须通过内部数据通信网络，实现各子系统内部和各子系统之间的信息交换和实现信息共享。另一方面是完成变电站与控制中心间的通信任务。因为综合自动化系统中各环节的故障信息要及时上报控制中心，如采集到的测量信息、断路器和隔离开关的状态信息、继电保护的动作信息等。同时综合自动化系统也要接收和执行控制中心下达的各种操作调控命令。

一、变电站内的信息传输内容

现场的变电站综合自动化系统一般都是分层分布式结构，需要传输的信息有下列几种。

1. 现场一次设备与间隔层间的信息传输

间隔层设备大多需要从现场一次设备的电压和电流互感器采集正常情况和事故情况下的电压值和电流值，采集设备的状态信息和故障诊断信息，这些信息主要包括断路器、隔离开关位置、变压器的分接头位置，变压器、互感器、避雷器的诊断信息以及断路器操作信息。

2. 间隔层的信息交换

在一个间隔层内部相关的功能模块间，即继电保护和控制、监视、测量之间的数据交换。这类信息有如测量数据、断路器状态、器件的运行状态、同步采样信息等。

同时，不同间隔层之间的数据交换有主后备继电保护工作状态、相关保护动作闭锁、电压无功综合控制装置等信息。

3. 间隔层与变电站层的信息

（1）测量及状态信息。正常及事故情况下的测量值和计算值，断路器、隔离开关、主变压器开关位置、各间隔层运行状态、保护动作信息等。

（2）操作信息。断路器和隔离开关的分、合闸命令，主变压器分接头位置的调节，自动装置的投入与退出等。

（3）参数信息。微机保护和自动装置的整定值等。

另外还有变电站层的不同设备之间通信，要根据各设备的任务和功能的特点，传输所需的测量信息、状态信息和操作命令等。

二、综合自动化系统与控制中心的通信内容

综合自动化系统远动机、保护通信管理机具有执行远动功能，会按需要把变电站内相关信息传送控制中心，同时能接收上级调度数据和控制命令。变电站向控制中心传送的信息通常称为"上行信息"；而由控制中心向变电站发送的信息，常称为"下行信息"。这些信息是变电站和控制中心共用的，不必专门为送控制中心而单独采集。这些信息按功能可划分为遥信、遥测、遥控、遥调，即"四遥"信息。

4.2.2 变电站综合自动化系统通信的要求

一、变电站通信网络的要求

由于数据通信在综合自动化系统内的重要性，经济、可靠的数据通信成为系统的技术核心。根据变电站的特殊环境和综合自动化系统的要求，变电站综合自动化系统的数据通信网络具有以下特点和要求：

（1）快速的实时响应能力。变电站综合自动化系统的数据网络要及时地传输现场的实时运行信息和操作控制信息。在电力工业标准中对系统的数据传送都有严格的实时性指标，网络必须很好地保证数据通信的实时性。

（2）很高的可靠性。电力系统是连续运行的，数据通信网络也必须连续运行，通信网络的故障和非正常工作会影响整个变电站综合自动化系统的运行，设计不合理的系统，严重时甚至会造成设备和人身事故，造成很大的损失，因此变电站综合自动化系统的通信系统必须保证很高的可靠性。

（3）优良的电磁兼容性能。变电站是一个具有强电磁干扰的环境，存在电源、雷击、跳闸等强电磁干扰和地电位差干扰，通信环境恶劣，数据通信网络必须注意采取相应的措施消除这些干扰的影响。

（4）分层式结构。这是由整个系统的分层分布式结构所决定的，也只有实现通信系统的分层，才能实现整个变电站综合自动化系统的分层分布式结构，系统的各层次又各自具有特殊的应用条件和性能要求，因此每一层都要有合适的网络系统。

二、信息传输响应速度的要求

不同类型和特性的信息要求传送的时间差异很大，其具体内容如下。

（1）经常传输的监视信息。①监视变电站的运行状态．需要传输母线电压、电流、有功功率、无功功率、功率因数、零序电压、频率等测量值，这类信息需要经常传送，响应时间需满足 SCADA 的要求，一般不宜大于 1～2s；②计量用的信息，如有功电能量和无功电能量，这类信息传送的时间间隔可以较长，传送的优先级可以较低；③刷新变电站层的数据库，需定时采集断路器的状态信息，继电保护装置和自动装置投入和退出的工作状态信息可以采用定时召唤方式，以刷新数据库；④监视变电站的电气设备的安全运行所需要的信息，如变压器、避雷器等的状态监视信息，变电站保安、防火有关的运行信息。

（2）突发事件产生的信息。①系统发生事故的情况下，需要快速响应的信息，例如事故时断路器的位置信号，这种信号要求传输时延最小，优先级最高；②正常操作时的状态变化信息（如断路器状态变化）要求立即传送，传输响应时间要小，自动智能装置和继电保护装置的投入和退出信息要及时传送；③故障情况下，继电保护动作的状态信息和事件顺序记录，这些信息作为事故后分析之用，不需要立即传送，待事故处理完再送即可；④故障发生时的故障录波，带时标的扰动记录的数据，这些数据量大，传输时占用时间长，也不必立即传送；⑤控制命令、升降命令、继电保护和自动设备的投入和退出命令，修改定值命令的传输不是固定的，传输的时间间隔比较长；⑥随着电子技术的发展，在高压电气设备内装设的智能传感器和智能执行器，高速地和自动化系统间隔层的设备交换数据，这些信息的传输速率取决于正常状态时对模拟量的采样速率，以及故障情况下快速传输的状态量。

三、各层次之间和每层内部传输信息时间的要求

（1）设备层和间隔层，1～100ms。
（2）间隔内各个模块间，1～100ms。
（3）间隔层的各个间隔单元之间，1～100ms。
（4）间隔层和变电站层之间，10～1000ms。
（5）变电站层的各个设备之间，≥1000ms。

4.2.3 变电站综合自动化系统的通信网络

变电站自动化系统在逻辑结构上分为两个层次，这两个层次分别为站控层和间隔层，每个层次间需进行数据传输，各种数据流在不同的运行方式下有不同的传输响应速度和优先级要求。

通过网络作为实现变电站自动化系统内部各种 IED，以及与其他系统之间的实时信息交换的功能载体，它是连接站内各种 IED 的纽带，必须能支持各种通信接口，满足通信网络标准化。随着变电站各种自动化信息量不断增加，通信网络必须有足够的空间和速度来存储和传送事件信息、电量、命令、录波等数据。因此构建一个可靠、实时、高效的网络体系是通信系统的关键之一，通信技术是变电站自动化的关键技术。

一、现场总线的应用

1. 现场总线简介

现场总线是应用在生产现场，在微机化测量控制设备之间实现双向串行多节点数字通信的系统，也被称为开放式、数字化、多点通信的底层控制网络。它在变电站分层分布式综合自动化系统，特别在制造业、流程工业中具有广泛的应用。

现场总线技术将专用微处理器置入传统的测量控制仪表，使它们各自都具有了数字计算和数字通信能力，采用可进行简单连接的双绞线等作为总线，把多个测量控制仪表连接成网络系统，并按公开、一致的通信协议，在位于现场的多个微机化测量控制设备之间以及现场仪表与远程计算机之间，实现数据传输与信息交换，形成各种适应实际需要的自动控制系统。简而言之，它把单个分散的测量控制设备变成网络节点，以现场总线为纽带，把它们连接成可以相互沟通信息，共同完成自动控制任务的网络系统与控制系统。现场总线使自动控制系统和设备具有了通信能力，并把它们连接成网络系统，加入到信息网络的行列。

2. 现场总线系统的技术特点

（1）系统的开放性：开放是指对相关标准的一致性、公开性，强调对标准的共识与遵从。一个开放系统，是指它可以与世界上任何地方的遵守相同标准的其他设备或系统连接。通信需要一致、公开，各不同厂家的设备之间可以实现信息交换。

（2）互可操作性与互用性：互可操作性是指实现互连设备间、系统间的信息传送与沟通，而互用则意味着不同生产厂家的性能类似的设备可实现相互替换。

（3）现场设备的智能化与功能自治性：它将传感测量、补偿计算、工程量处理与控制等功能分散到现场设备中完成，仅靠现场设备即可完成自动控制的基本功能，并可随时诊断设备的运行状态。

（4）系统结构的高度分散性：现场总线已构成一种新的分散性控制系统的体系机构。从根本上改变了原有的 DCS 集中与分散相结合的集散控制系统体系，简化了系统结构，提高了可靠性。

（5）对现场环境的适应性：工作在生产现场前端，作为工厂网络底层的现场总线，是专为现场环境而设计的，可支持双绞线、同轴电缆、光缆、射频、红外线、电力线等，具有较强的抗干扰能力，能采用两线制实现供电与通信，并可满足安全、防爆等要求。

3. 常见的现场总线系统

几种有影响的现场总线有：①基金会现场总线（FF, Foundation Fieldbus），是现场总线基金会在 1994 年 9 月开发出的国际上统一的总线协议；②LonWorks 现场总线，是美国 Echelon 公司推出并由它与摩托罗拉、东芝公司共同倡导，于 1990 年正式公布而形成的；③CAN 总线（Control Area Networks）是控制局域网络的简称，最早由德国 BOSCH 公司推出。

二、局域网的应用

计算机局部网络（LAN），简称局域网，它是把多台计算机以及外围设备用通信线互联起来，并按网络通信协议实现通信的系统。在该系统中，各计算机既能独立工作，又能交换数据进行通信。构成局域网的四大因素是网络拓扑结构、传输介质、传输控制和通信方式。

1. 局域网的拓扑结构

在网络中，多个站点相互连接的方法和形式称为网络拓扑。局域网的拓扑结构主要有星型、总线型和环型等几种。

（1）星型。星型结构的特点是集中控制。网中各节点都与交换中心相连（如图 4-20 所示）。当某节点要发出数据时就向交换中心发出请求，由交换中心以线路交换方式将发送节点与目标节点沟通。通信完毕，线路立即拆除。星型网络也用轮询方式由控制中心轮流询问各个节点。如某节点需要发出时就授以发送权；如无报文发送或报文已发送完毕，则转而询问其他节点。

星型网络结构简单，任何一个非中心节点故障对整个系统影响不大，但中心节点故障时会使全网瘫痪。为了保证系统工作可靠，中心节点可设置备份。

在电力系统中，采用循环式规约的远动系统中，其调度端同各厂站端的通信拓扑结构就是星型结构。

（2）总线型。在总线型结构中所有节点都经接口连到同一条总线上，不设中央控制装置的总线型结构是一种分散式结构（如图 4-21 所示）。由于总线上同时只能有一个节点发报，故节点需要发报时采用随机争用方式。报文送到总线上可被所有节点接收，与广播方式相似，但只有与目的地址符合的节点才受理报文。

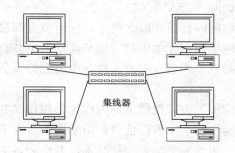

图 4-20 星型结构

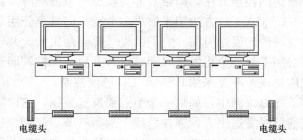

图 4-21 总线型

采用总线方式时增加或减少用户比较方便。某一节点故障时不会影响系统其他部分工作，但如果总线故障，就会导致全系统失效。

（3）环型。环型拓扑结构由封闭的环组成（如图4-22所示）。在环型网络中，报文按一个方向沿着环一个站一个站地传送，报文中包含有源节点地址、目的节点地址和数据等。报文由源节点送至环上，由中间节点转发，并由目的节点接收。通常报文还继续传送，返回到源节点，再由源节点将报文撤除。环型网一般采用分布式控制，接口设备较简单。由于环型网的各个节点在环中串接，因而任何一个节点故障，都会导致整个环的通信中断。为了提高可靠性，必须找到故障部位加以旁路，才能恢复环网通信。

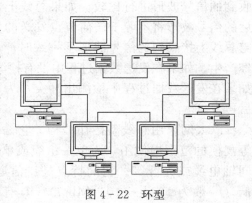

图 4-22 环型

2. 局域网的传输信道

局域网可采用双绞线、同轴电缆或光纤等作为传输信道，也可采用无线信道。双绞线一般用于低速传输，最大传输速率可达每秒几兆比特。双绞线传输距离较近，但成本较低（如图 4 - 23 所示）。

同轴电缆可满足较高性能的要求，与双绞线相比，同轴电缆可连接较多的设备，传输更远的距离，提供更大的容量，抗干扰能力也较强（如图 4 - 24 所示）。

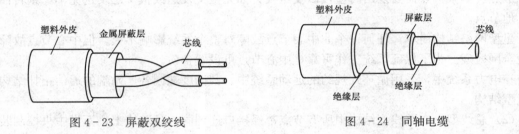

图 4 - 23 屏蔽双绞线   图 4 - 24 同轴电缆

3. 常用的局域网——以太网

目前，应用最广的一类局域网是总线型局域网，即以太网。它的核心技术是随机争用型介质访问控制方法，即带有冲突检测的载波侦听多路访问（CSMA/CD）方法。

CSMA/CD 方法用来解决多节点如何共享公用总线的问题。在以太网中，任何节点都没有可预约的发送时间，它们的发送都是随机的，并且网中不存在集中控制的节点，网中节点都必须平等地争用发送时间，这种介质访问控制属于随机争用型方法。连接在电缆上的设备争用总线，冲突采用 CSMA/CD 协议控制。

在以太网中，如果一个节点要发送数据，它以"广播"方式把数据通过作为公用传输介质的总线发送出去，连在总线上的所有节点都能"收听"到这个数据信号。由于网中所有节点都可以利用总线发送数据，并且网中没有控制总线，因此冲突的发生将是不可避免的，为了有效地实现分布式多节点访问公用传输介质的控制策略，CSMA/CD 的发送流程可简单地概括为四点：先听后发，边听边发，冲突停止，随机延迟后重发。

所谓冲突检测，就是发送节点在发送数据的同时，将它发送的信号波形与从总线上接收到的信号波形进行比较。如果总线上同时出现两个或两个以上的发送信号，他们叠加后的信号波形将不等于任何节点发送的信号波形。当发送节点发现自己发送的信号波形与总线上接收到的信号波形不一致时，表示总线上有多个节点在同时发送数据，冲突已经产生。如果在发送数据过程中没有检测出冲突，节点在发送结束后进入正常结束状态；如果在发送数据过程中检测出冲突，为了解决信道争用，节点停止发送数据，随机延迟后再发。

以太网采用总线型拓扑结构。它是一种局部通信网，通常在线路半径 $1\sim10$km 中等规模的范围内使用，为单一组织或单位的非公用网，网中的传输介质可以是双绞线、同轴电缆或光纤等。它的特点是：信道带宽较宽；传输速率可达 10Mbps，误码率很低（一般为 $10^{-11}\sim10^{-8}$Mbps）；具有高度的扩充灵活性和互联性；建设成本低，见效快。

图 4 - 25 是一个以太网的结构框图，从图中可以看出：凡是用同轴电缆互连的各站都能

收到主机发出的报文分组，但只有要求接收的那一终端才能接收。这样就需要路径选择，且控制也是完全分散的，也就是说以太网中没有交换逻辑装置，因此没有中央计算机控制网络。这种分布式网络可接收从各个终端发出的语言、图形、图像和数据信号，形成综合业务网。它的突出特点是使用可靠的信道而不是各种功能设备，当网中某一站点发生故障时不会影响整个系统的运行。

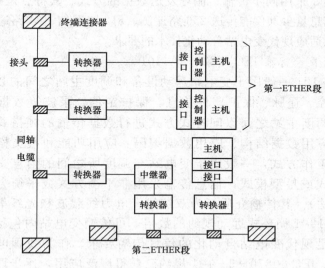

图 4-25　以太网（Ethernet）框图

4.3　数据传输中采用的通信规约

4.3.1　通信规约的概念

在远距离数据通信中，为了保证通信双方能有效、可靠及自动通信，在发送端和接收端之间规定了一系列约定和顺序，这种约定和顺序称为通信规约（或通信协议）。规约统一以后，不论哪个制造厂家生产的设备，只要符合这种通信规约，它们之间便可以顺利的进行通信。

目前，国内电网监控系统中所采用的通信规约按信息传送方式可分为两大类。

（1）循环式数据传送规约，简称 CDT 规约。循环式数据传送方式以厂、站端的远动装置为主，周期性地采集数据，并周期性地循环向调度端发送数据。此工作方式常用在点对点的链路结构上，具有实现起来简单易行的优点。但方式不灵活，不管调度主站是否需要某些数据，站端均按固定模式发送数据，系统利用率低。

（2）问答式传送规约，简称 POLLING 规约。问答式传送方式以调度中心为主，由调度主站发出查询命令，被查询的厂、站端按收到的命令向调度主站传送数据或执行命令。未收到命令时，厂、站端远动设备处于等待状态。问答传送方式对通道结构的适应性好、传送方式灵活，调度主站可按需要调用数据，但实现起来较复杂。

4.3.2　通信规约的应用分析

1. 循环式远动规约 DL 451—1991

当通信结构为点对点或点对多点等远动链路结构时，可采用电力行业标准 DL 451—1991 循环式远动规约。该规约是我国自行制定的第一个远动规约。一般采用标准的计算机串行口进行数据传输，采用同步传输、循环发送数据的方式。其特点是接口简单、传送方便，但该规约传送信息量少（仅能传送 256 路遥测、512 路遥信、64 路遥脉），且不能传输全部保护信息，难以适应现代变电站自动化技术的要求。

2. 基本远动任务配套标准 IEC 60870‑5‑101

IEC 60870‑5‑101 一般用于变电站远动设备和调度主站之间的数据通信，能够传输遥信、遥测、遥控、遥脉、保护事件信息、保护定值、录波等数据。该标准规定了变电站远动设备和调度主站之间以问答式方式进行数据传输的帧格式、链路层的传输规则、服务原语、应用数据结构、应用数据编码、应用功能和报文格式。它适用于传统远动的串行通信工作方式，一般用于变电站与调度所之间的信息交换，网络结构多为点对点的简单模式或星型模式，信息传输采用非平衡方式或平衡方式（主动循环发送和查询结合的方法）。其传输介质可为双绞线、电力线载波和光纤等。该规约传输数据容量是 DL 451—1991 循环式远动规约的数倍，可传输变电站内包括保护和监控的所有信息，因此可满足现代变电站自动化的信息传输要求。作为我国电力行业标准（即 DL/T 634—1997），IEC 60870‑5‑101 规约已获得广泛应用，逐步取代原部颁循环式远动规约。

3. IEC 60870‑5‑104

IEC 60870‑5‑104 是将 IEC 60870‑5‑101 和由 TCP/IP（传输控制协议/以太网协议）提供的传输功能结合在一起，可以说是网络版的 101 规约，是将 IEC 60870‑5‑101 以 TCP/IP 的数据包格式在以太网上传输的扩展应用。

4. 电能量传输配套标准 IEC 60870‑5‑102

IEC 60870‑5‑102 主要应用于变电站电量采集终端和远方电量计费系统之间传输实时或分时电能量数据。该协议支持点对点、点对多点、多点星形、多点共线、点对点拨号的传输网络。传输仅采用非平衡方式（某个固定的站址为启动站或主站）。该标准目前已经在电能量计费系统中广泛应用。

5. 继电保护设备信息接口配套标准 IEC 60870‑5‑103

IEC 60870‑5‑103 应用于变电站继电保护设备和监控系统间的通信。该规约是将变电站内继电保护装置接入变电站综合自动化系统，用以传输继电保护的所有信息。该规约的物理层可采用光纤传输，也可采用 EIA‑RS‑485 标准的双绞线等传输。该规约特点是详细描述了遥测、遥信、遥脉、遥控、保护事件信息、保护定值、录波等数据传输格式和传输规则，可满足变电站传输保护信息的要求。

6. IEC 61850

当前电力系统中，对变电站自动化的要求越来越高，变电站自动化系统在实现控制、监视和保护功能的同时，还需实现不同厂家的设备间信息共享，使变电站自动化系统成为开放、具有互操作性系统。为了方便变电站中各种 IED 的管理以及设备间的互联，就需要一种通用的通信方式实现。IEC 61850 提出了一种公共的通信标准，通过对设备的一系列规范化，使其形成一个规范的输出，实现系统的无缝连接。

IEC 61850 标准是基于通用网络通信平台的变电站自动化系统唯一的国际标准。此标准的制定参考和吸收了许多相关标准，其中主要有：基本远动任务配套标准 IEC 60870 - 5 - 101、继电保护设备信息接口配套标准 IEC 60870 - 5 - 103 等。变电站通信体系 IEC 61850 将变电站通信体系分为站控层、过程层、间隔层 3 层。在变电站层和间隔层之间的网络采用通信服务接口映射到制造报文规范（MMS）、传输控制协议/网际协议（TCP/IP）以太网或光纤网。变电站内的智能电子设备（IED）均采用统一的协议，通过网络进行信息交换。

4.3.3 IEC 60870 - 5 - 104 规约

一、IEC 60870 - 5 - 104 规约的基本概念

IEC 60870 - 5 - 104 规约是 IEC 60870 - 5 - 101 的网络访问。DL/T 634.5104 - 2002 是电力行业标准，与 IEC 60870 - 5 - 104 等同采用。

1. 一般体系结构

IEC 60870 - 5 - 104 规约定义了开放的 TCP/IP 接口的使用，这个网络包含例如传输 DL/T634.5101 -2002 ASDU 的远动设备的局域网，包含不同广域网类型（如：X.25，帧中继，ISDN 等）的路由器可通过公共的 TCP/IP 一局域网接口互联（见图 4 - 26）。图 4 - 26 所示为一个冗余的主站配置与一个非冗余的主站配置。

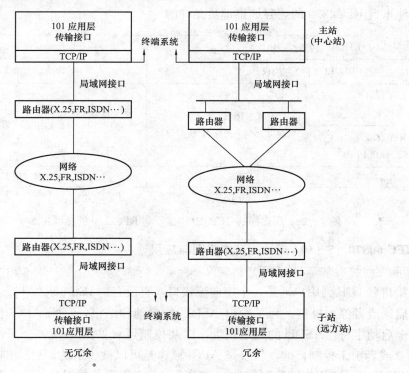

图 4 - 26 一般体系结构

2. 规约结构

图 4-27 所示为终端系统的规约结构。

根据 IEC 60870-5-101 从 IEC 60870-5-5 中选取的应用功能	初始化	用户进程
从 IEC 60870-5-101 和 IEC 60870-5-104 中选取的 ASDU		应用层（第 7 层）
APCI（应用规约控制信息） 传输接口（用户到 TCP 的接口）		
TCP/IP 协议子集（RFC2200）		传输层（第 4 层）
		网络层（第 3 层）
		数据链路层（第 2 层）
		物理层（第 1 层）

图 4-27 终端系统的规约结构

注：第 5、6 层未用。

图 4-28 所示为本标准推荐使用的 TCP/IP 协议子集（RFC2200）。如图 4-26 所示的例子，以太网 802.3 栈可能被用于远动站终端系统或 DTE（数据终端设备）驱动一单独的路由器。如果不要求冗余，可以用点对点的接口（如 X.21）代替局域网接口接到单独的路由器，这样可以在对原先支持 IEC 60870-5-101 的终端系统进行转化时，保留更多本来的硬件。其他来自 RFC2200 的兼容选集都是允许的。

RFC73（传输控制协议）		传输层（第 4 层）
RFC73（互联网协议）		网络层（第 3 层）
RFC1661 （PPP）	RFC894 （在以太网上传输 IP 数据报）	数据链路层（第 2 层）
RFC1662 （HDLC 帧式 PPP）		
X.21	IEEE 802.3	物理层（第 1 层）
串行线	以太网	

图 4-28 所选择的 TCP/IP 协议子集 RFC2200 的标准版本

二、IEC 60870-5-104 规约的基本规则与应用

1. 应用规约控制信息（APCI）的定义

传输接口（TCP 到用户）是一个定向流接口，它没有为 IEC 60870-5-101 中的 ASDU 定义任何启动或者停止机制。为了检出 ASDU 的启动和结束，每个 APCI 包括下列的定界元素：一个启动字符，ASDU 的规定长度，以及控制域（见图 4-29）。可以传送一个完整的 APDU（或者出于控制目的，仅仅是 APCI 域也是可以被传送的）（见图 4-30）。

注：APCI 表示应用规约控制信息，ASDU 表示应用服务数据单元，APDU 表示应用规约数据单元。

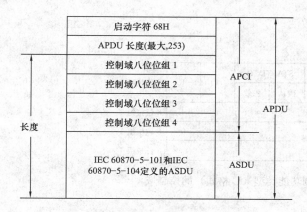

图4-29　远动配套标准的 APDU 定义

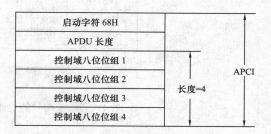

图4-30　远动配套标准的 APCI 定义

启动字符 68H 定义了数据流中的起点。APDU 的长度域定义了 APDU 体的长度，它包括 APCI 的 4 个控制域 8 位位组和 ASDU。第一个被计数的 8 位位组是控制域的第一个 8 位位组，最后一个被计数的 8 位位组是 ASDU 的最后一个 8 位位组。ASDU 的最大长度限制在 249 以内，因为 APDU 域的最大长度是 253（APDU 最大值＝255－启动和长度 8 位位组），控制域的长度是 4 个 8 位位组。

控制域定义了保护报文不至丢失和重复传送的控制信息，报文传输启动/停止，以及传输连接的监视等。

三种类型的控制域格式用于编号的信息传输（I 格式）、编号的监视功能（S 格式）和未编号的控制功能（U 格式）。图4-31～图4-33为控制域的定义。

控制域第一个 8 位位组的第一位比特＝0 定义了 I 格式，I 格式的 APDU 常常包含一个 ASDU。I 格式的控制信息如图4-31所示。

比特 8	7	6	5	4	3	2	1	
	发送序列号　$N(S)$		LSB				0	8 位位组 1
MSB	发送序列号　$N(S)$							8 位位组 2
	接收序列号　$N(R)$		LSB				0	8 位位组 3
MSB	接收序列号　$N(R)$							8 位位组 4

图4-31　信息传输格式类型（I 格式）的控制域

控制域第一个 8 位位组的第一位比特＝1 并且第二位比特＝0 定义了 S 格式。S 格式的 APDU 只包括 APCI。S 格式的控制信息如图4-32所示。

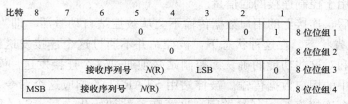

图4-32　编号的监视功能类型（S 格式）的控制域

控制域第一个 8 位位组的第一位比特＝1 并且第二位比特＝1 定义了 U 格式。U 格式的 APDU 只包括 APCI。U 格式的控制信息如图4-33所示。在同一时刻，TESTFR、STOP-

DT 或 STARTDT 中只有一个功能可以被激活。

比特	8	7	6	5	4	3	2	1	
	TESTFR		STOPDT		STARTDTO		1	1	8 位位组 1
	确认	生效	确认	生效	确认	生效			
	0								8 位位组 2
	0							0	8 位位组 3
	0								8 位位组 4

图 4-33 未编号的控制功能类型（U 格式）的控制域

2. 防止报文丢失和报文重复传送一般规则

发送序列号和接受序列号在每个 APDU 和每个方向上都应按顺序加一。发送方增加发送序列号而接受方增加接收序列号。当接收站按连续正确收到的 APDU 的数字返回接收序列号时，表示接收站认可这个 APDU 或者多个 APDU。发送站把一个或几个 APDU 保存到一个缓冲区里直到它将自己的发送序列号作为一个接收序列号收回，而这个接收序列号是对所有数字小于或等于该号的 APDU 的有效确认，这样就可以删除缓冲区里已正确传送过的 APDU。万一更长的数据传输只在一个方向进行，就得在另一个方向发送 S 格式，在缓冲区溢出或超时前认可 APDU。这种方法应该在两个方向上应用。在创建一个 TCP 连接后，发送和接收序列号都被设置成 0。

3. 测试过程

未使用但已建立的连接会通过发送测试 APDU（TESTFR＝激活）并得到接收站发回的 TESTF＝确认，在两个方向上进行周期性测试。

发送站和接收站在某个具体时间段内没有数据传输（超时）时会启动测试过程。每一帧接收 I 帧、S 帧或 U 帧都会重新计时 t_3。B 站要独立地监视连接。只要它接收到从 A 站传来的测试帧，它就不再发送测试帧。

测试过程也可以在“激活”的连接上启动，这些连接缺乏活动性，但需要确保连通。

4. 用启/停进行传输控制

控制站（例如，A 站）利用 STARTDT（启动数据传输）和 STOPDT（停止数据传输）来控制被控站（B 站）的数据传输。这个方法很有效。例如，当在站间有超过一个以上的连接打开从而可利用时，一次只有一个连接可以用于数据传输。定义 STARTDT 和 STOPDT 的功能在于从一个连接切换到另一个连接时避免数据的丢失。STARTDT 和 STOPDT 还可与单个连接一起用于控制连接的通信量。

当连接建立后，连接上的用户数据传输不会从被控站自动激活。即当一个连接建立时，STOPDT 处于缺省状态。在这种状态下，被控站并不通过这个连接发送任何数据，除了未编号的控制功能和对这些功能的确认。控制站必须通过这个连接发送一个 STARTDT 指令来激活这个连接中的用户数据传输。被控站用 STARTDT 响应这个命令。如果 STARTDT 没有被确认，这个连接将被控制站关闭。这意味着站初始化之后，STARTDT 必须总是在来自被控站的任何用户数据传输（例如，一般的询问信息）开始前发送。任何被控站的待发用户数据都只有在 STARTDT 被确认后才发送。

STARTDT/STOPDT 是一种控制站激活/解除激活监视方向的机制。控制站即使没有收到激活确认，也可以发送命令或者设定值。发送和接收计数器继续运行，它们并不依赖于STARTDT/STOPDT 的使用。

在某种情况下，例如，从一个有效连接切换到另一连接（例如，通过操作员），控制站首先在确认连接上传送一个 STOPDT 指令，受控站停止这个连接上的用户数据传输并返回一个 STOPDT 确认。挂起的 ACK 可以在被控站收到 STOPDT 生效指令和返回 STOPDT 确认的时刻之间发送。收到 STOPDT 确认后，控制站可以关闭这个连接。另建的连接上需要一个 STARTDT 来启动该连接上来自于被控站的数据传送。

5. 端口号

每一个 TCP 地址由一个 IP 地址和一个端口号组成。每个连接到 TCP - LAN 上的设备都有自己特定的 IP 地址，而为整个系统定义的端口号却是一样的。IEC 60870 - 5 - 104 规约要求，端口号 2404 由 IANA（互联网数字分配授权）定义和确认。

6. 未被确认的 I 格式 APDU 最大数目（k）

k 表示在某一特定的时间内未被 DTE 确认（即不被承认）的连续编号的 I 格式 APDU 的最大数目。每一 I 格式帧都按顺序编号，从 0 到模数 $n-1$。以 n 为模的操作中 k 值永远不会超过 $n-1$。

——当未确认 I 格式 APDU 达到 k 个时，发送方停止传送。

——接收方收到 w 个 I 格式 APDU 后确认。

——模 n 操作时 k 的最大值是 $n-1$。

k 值的最大范围：1～32767（$2^{15}-1$）APDU，精确到一个 APDU，默认为 12。

w 值的最大范围：1～32767 APDU，精确到一个 APDU（推荐：w 不应超过 2k/3，默认为 8）。

7. 应用参数

(1) ASDU 公共地址：2 个字节。

(2) 信息对象地址：3 个字节。

(3) 传送原因：2 个字节。

(4) 超时参数，见表 4 - 2。

表 4 - 2   超 时 参 数

参　　数	默认值（S）	备　　注
t_0	10	连接建立的超时
t_1	12	发送或测试 APDU 的超时
t_2	5	无数据报文时确认的超时，$t_2 < t_1$
t_3	15	长期空闲状态下送测试帧的超时
t_4	8	应用报文确认超时

8. 报文类型标识

(1) 监视方向的过程信息，见表 4 - 3。

表 4 - 3   监视方向的过程信息

报文类型 （十进制）	报 文 语 义	报文类型 （十进制）	报 文 语 义
1	单位遥信	3	双位遥信

续表

报文类型 （十进制）	报文语义	报文类型 （十进制）	报文语义
9	归一化遥测值	30	带绝对时标的单位遥信（SOE）
11	标度化遥测值	31	带绝对时标的双位遥信（SOE）
13	短浮点遥测值	34	带绝对时标的归一化遥测值
15	累计值	35	带绝对时标的标度化遥测值
20	带变位检出标志的成组单位遥信	36	带绝对时标的短浮点遥测值
21	归一化遥测值	37	带绝对时标的累计量

（2）控制方向的过程命令，见表4-4。

表4-4　　　　　　　　　控制方向的过程信息

报文类型 （十进制）	报文语义	报文类型 （十进制）	报文语义
45	单位遥信命令	48	归一化值设定命令
46	双位遥信命令	49	标度化值设定命令
47	挡位调节命令	50	短浮点值设定命令

（3）监视方向的系统信息，见表4-5。

表4-5　　　　　　　　　监视方向的系统命令

报文类型（十进制）	报文语义
70	初始化结束

（4）控制方向的系统命令，见表4-6。

表4-6　　　　　　　　　控制方向的系统命令

报文类型 （十进制）	报文语义	报文类型 （十进制）	报文语义
100	总召唤命令	103	时钟同步命令
101	累计量召唤命令	105	复位进程命令
102	读命令		

（5）控制方向的参数命令，见表4-7。

表4-7　　　　　　　　　控制方向的参数命令

报文类型 （十进制）	报文语义	报文类型 （十进制）	报文语义
110	归一化遥测参数	112	短浮点遥测参数
111	标度化遥测参数	113	参数激活

9. 传输原因

传输原因内容见表4-8。

表 4 - 8 　　　　　　　　　　　　　传 输 原 因

报文类型 （十进制）	报 文 语 义	含 义
0	任何情况都不用	任何情况都不用
1	周期、循环	上行
2	背景扫描	上行
3	突发	上行
4	初始化	上行
5	请求或被请求	上行、下行
6	激活	下行
7	激活确认	上行
8	停止激活	下行
9	停止激活确认	上行
10	激活终止	上行
11	远方命令引起返送信息	上行
12	当地命令引起返送信息	上行
20	响应站召唤	上行
21	响应第 1 组召唤	上行
22	响应第 2 组召唤	上行
	…	
28	响应第 8 组召唤	上行
29	响应第 9 组召唤	上行
	…	
34	响应第 14 组召唤	上行
35	响应第 15 组召唤	上行
36	响应第 16 组召唤	上行
37	响应累计量站召唤	上行
38	响应第 1 组累计量召唤	上行
39	响应第 2 组累计量召唤	上行
40	响应第 3 组累计量召唤	上行
41	响应第 4 组累计量召唤	上行
44	未知的类型标识	上行
45	未知的传送原因	上行
46	未知的应用服务数据单元公共地址	上行
47	未知的信息对象地址	上行

10. 信息对象地址分配方案

信息对象地址分配方案内容见表 4 - 9。

表 4 - 9 　　　　　　　　　　　　信息对象地址分配方案

信息对象名称	对应地址（十六进制）	信息量个数
遥信信息	1H～1000H	4096
继电保护信息	1001H～4000H	12288
遥测信息	4001H～5000H	4096
遥测参数信息	5001H～6000H	4096
遥控信息	6001H～6200H	512

信息对象名称	对应地址（十六进制）	信息量个数
设定信息	6201H～6400H	512
累计量信息	6401H～6600H	512
分接头位置信息	6601H～6700H	256

11. 典型报文举例

(1) 激活命令（U 格式）。

报文：68 04① 07② 00 00 00

说明：①字节数＝4；②命令＝7，激活命令。

(2) 激活确认（U 格式）。

报文：68 04① 0B② 00 00 00

说明：①字节数＝4；②命令＝0BH，激活确认。

(3) 总召唤命令。

报文：68 0E①，00 00② 00 00③ 64④，01⑤ 06 00⑥ 40 00⑦ 00 00 00⑧ 14⑨

说明：①字节数＝14；②发送序列号；③接收序列号；④类型标识＝64H；⑤可变结构限定词＝1；⑥传送原因＝6（激活）；⑦公共地址；⑧信息体地址＝0；⑨信息体内容＝14H（总召唤限定词）。

(4) 总召唤确认。

报文：68 0E① 00 00② 02 00③ 64④ 01⑤，07 00⑥ 40 00⑦ 00 00 00⑧ 14⑨

说明：①字节数 214；②发送序列号；③接收序列号；④类型标识＝64H；⑤可变结构限定词＝1；⑥传送原因＝7（激活确认）；⑦公共地址；⑧信息体地址＝0；⑨信息体内容：14H（总召唤限定词）。

(5) 变化遥测上送。

报文：68 2E① 2E 00② 02 00 ③0B④ 06⑤ 03 00⑥，40 00⑦ 2B 40 00⑧ B0 01 00⑨ 2C4000B301002D40000C40100 2E4000D90100 2F4000DC0100 304000DF0100⑩

说明：①字节数＝46；②发送序列号；③接收序列号；④类型标识：0BH（标度化遥测值）；⑤可变结构限定词＝6；⑥传送原因＝3（突发）；⑦公共地址；⑧信息体地址＝402BH；⑨信息内容＝432；⑩信息地址 402CH～4030H 及其信息内容。

(6) 变化遥信上送。

报文：68 12① 3A 00② 08 00 ③01④ 02⑤ 03 00⑥，01 00⑦ 06 00 00⑧ 01 ⑨ 08 00 00⑩

说明：①字节数＝18；②发送序列号；③接收序列号；④类型标识＝01；⑤可变结构限定词＝2；⑥传送原因＝3（突发）；⑦公共地址；⑧信息体地址＝06H；⑨信息内容＝1（遥信状态为合）；⑩信息地址 08H 的遥信状态为"分"。

(7) 遥控选择。

报文：68 0E① 02 56② DE 34③ 2D④ 01⑤ 06 00⑥ 61 00⑦ 45 60 00⑧ 81⑨

说明：①字节数＝14；②发送序列号；③接收序列号；④类型标识＝2DH；⑤可变结构限定词＝1；⑥传送原因＝6（激活）；⑦公共地址；⑧信息体地址＝6045H；⑨信息内容＝81H（遥控选择"合"）。

(8) 遥控返校。

报文：68 0E① D DE 34② 04 56③ 2D④ 01⑤ 07 00⑥ 61 00⑦ 45 60 00⑧ 81⑨

说明：①字节数＝14；②发送序列号；③接收序列号；④类型标识＝2DH（单点遥控）；⑤可变结构限定词＝1；⑥传送原因＝7（激活确认）；⑦公共地址；⑧信息体地址＝6045H；⑨信息内容＝81H（遥控选择"合"）。

4.4 IEC 60870－5－104 规约的扩展应用

4.4.1 IEC 60870－5－104 规约的扩展

一、IEC 60870－5－104 规约扩展的背景

随着电力企业的发展、满足无人值守变电站运行的要求以及调控一体化的开展都对在远方进行微机保护运行方式的在线整定、微机保护报文上传等提出了高的要求，这对于减少一次设备停电，降低专业人员的劳动强度，提高电网经济效益，保障电网安全具有重要意义。另一方面，近年来，新型微机保护在电力系统中应用的比例不断加大，继电保护装置日趋智能化，功能更强大，例如能够提供在线运行时的定值召唤修改、压板召唤修改等。微机保护装置性能和通信能力也有了很大的提高，为充分挖掘微机保护装置的远方应用奠定了坚实的技术基础。

在国内，微机保护装置大面积使用已有相当长时间，但微机保护自身提供的丰富的应用功能一直没有得到普遍推广。绝大部分情况下，微机保护装置定值的整定以及压板的投切、信号的复归以及定值区的切换仍然保留着停电到现场执行的办法，变电运行人员和保护检修维护人员都需要耗费相当的精力和时间。同时也因为定值修改需要停电以及经常转电调整运行方式等操作都给电网安全带来了风险。另一方面压板远方在线投切、装置远方复归、定值区远方在线切换等功能更未得到挖掘应用，都加大了企业的成本。

二、IEC 60870－5－104 规约扩展的基本思路

在上一节中已经详细讲述了 IEC 60870－5－104 规约的结构，由于变电站内继电保护装置接入变电站综合自动化系统普遍采用 IEC 60870－5－103 规约以传输继电保护的所有信息，此节我们先看 IEC 60870－5－103 规约结构，以 IEC 60870－5－103 规约可变帧长报文为例。

可变帧长报文一般格式如下：

68H	——	启动字符 1（1byte）
Length	——	长度（1byte）
Length	——	长度（重复）（1byte）
68H	——	启动字符 2（重复）（1byte）
CODE	——	控制域（1byte）
ADDR	——	地址域（1byte）
ASDU	——	链路用户数据［(length－2)byte］
C S	——	代码和（1byte）
16H	——	结束字符（1byte）

说明：（1）代码和＝控制域＋地址域＋ ASDU 代码和（不考虑溢出位，即 256 模和）；

（2）ASDU 为"链路用户数据"包，具体格式将在下文介绍；

（3）Length＝ASDU 字节数＋2。

可变帧长中的链路用户数据（ASDU）一般格式如下：

信息元标识符（FUN、INF）：信息元标识符包括两个部分，即功能类型（FUN）和信息序号（INF）。

从以上 IEC 60870-5-103 规约结构和上节讲述的 IEC 60870-5-104 规约结构对比可以看出，进行 IEC 60870-5-104 规约扩展的基本思路是在应用层上将 IEC 60870-5-103 规约的链路用户数据（ASDU）嵌入到 IEC 60870-5-104 规约的 ASDU 中，形成携带有微机保护信息并符合 IEC 60870-5-104 规约结构的应用规约数据单元（APDU），如图 4-34 所示。

规约对比格式说明	标准的 DL/T 634.5104 APDU		携带微机保护信息的 APDU
APCI	起始字节 68H		起始字节 68H
	APDU 长度		APDU 长度
	控制域八位位组 1		控制域八位位组 1
	控制域八位位组 2		控制域八位位组 2
	控制域八位位组 3		控制域八位位组 3
	控制域八位位组 4		控制域八位位组 4
ASDU	TYPE		TYPE
	VSQ		VSQ
	COT_L		COT_L
	COT_H		COT_H
	ADDR_L		ADDR_L
	ADDR_H		ADDR_H
	信息体	InfAddr_0	保护信息传输控制字节
		InfAddr_1	保护单元地址_L
		InfAddr_2	保护单元地址_H
		...	保护报文长度
			IEC 60870-5-103 ASDU（…）

图 4-34 应用层规约对比格式说明

在 IEC 60870-5-104 规约的 ASDU 里利用自定义的 TYPE 段（ASDU151-ASDU179）为每家微机保护装置设备提供商分配一个专用报文类型标识，每个标识对应一种特定的微机保护报文规约。

三、微机保护通信信息分类

IEC 60870-5-104 规约扩展主要是通过主站—远动终端与微机保护装置通信,主要功能是收集微机保护装置的运行状态、异常告警、故障以及装置的相关参数数据。这些信息可以分为自描述信息、状态量、模拟量和其他信息等。

1. 自描述信息

自描述信息特指是微机保护装置包含的信息组标题目录,定值、压板、状态/模拟量等信息组条目的编号、名称、量纲等相关参数数据。主站可以通过 IEC 60870-5-103 标准的通用分类服务,获取微机保护装置的该自描述数据,实现对主站数据库的装置模型数据进行初始化。

2. 状态量信息

状态量主要有装置动作信息(包括元件启动、出口等)、装置开入量信息以及微机保护装置内部产生的异常告警信息等。状态量信息可能是突发的、暂态性的,如动作信号,也可能是持续性的,如开入量所对应的触点位置。状态量要求以 ASDU1、ASDU2、ASDU10 等报文(含状态变化信息)上送。

3. 模拟量信息

模拟量主要是装置量测的电压、电流、功率、频率、故障点距离等信息。由于各种装置所量测的信息不统一,很难用一两个 ASDU 来适应各种情况,因此,可以规定模拟量信息全部采用通用服务上送。由于主站系统中对模拟量的实时变化要求并不太高,主站通过定时召唤"一个组全部条目的值"来获得模拟量,召唤时间间隔根据实际需要设置。在 IEC 60870-5-103 标准中,模拟量可以有很多种编码格式,为简单统一起见,可以规定所有模拟量都上送以 IEEE 标准 754 短实数 R32.23 编码的工程值,即对电气量 U、I 等上送的是二次工程值(如 5.0A、100.0V)。

4. 其他信息

其他信息主要有定值、压板、装置复归、带参数的保护动作报告、操作过程及结果记录,以及其他带有状态量、测量值、字符串等的信息。由于这些信息内容复杂、格式不一,建议一般采用通用服务来传输。

四、微机保护装置通信报文

图 4-35 所示为主站—微机保护装置传输配置信息过程用到的通信报文。图 4-36 所示为主站—微机保护装置正常通信用报文。图中所使用的 ASDU 名词均指 IEC 60870-5-103 的应用服务数据单元。

信息方向	信息内容	标识	报文	备注
主站下发命令				
	读微机保护装置配置各组标题	C_GC_NA_3	ASDU21	
	读一组信息的全部条目名称	C_GC_NA_3	ASDU21	
	读一组信息的全部条目量纲	C_GC_NA_3	ASDU21	
远动终端上传信息				
	微机保护装置上送各组标题	M_GD_NA_3	ASDU10	
	微机保护装置上送一组信息的全部条目名称	M_GD_NA_3	ASDU10	
	微机保护装置上送一组信息的全部条目量纲	M_GD_NA_3	ASDU10	

图 4-35 主站与微机保护装置传输配置信息过程

信息方向	信息内容	标识	报文	说明
主站下发命令				
	查询装置模拟量	C_GC_NA_3	ASDU21	
	查询装置定值	C_GC_NA_3	ASDU21	
	修改保护定值	M_GD_NA_3	ASDU10	
	查询当前运行定值区号	C_GC_NA_3	ASDU21	
	修改当前运行定值区号	M_GD_NA_3	ASDU10	
	查询装置压板（软、硬）	C_GC_NA_3	ASDU21	
	修改保护压板（软）	M_GD_NA_3	ASDU10	
运动终端上传报文				
	动作事件		ASDU1	
	告警事件（自检信息）		ASDU2	
			ASDU10	
	带故障参数动作事件		ASDU10	
	开关量变位	M_TM_TA_3	ASDU1	
	装置的模拟量	M_GD_NA_3	ASDU10	
	装置的定值	M_GD_NA_3	ASDU10	
	装置的当前运行定值区号	M_GD_NA_3	ASDU10	
	装置的当前读写定值区号	M_GD_NA_3	ASDU10	
	装置的压板（软、硬）	M_GD_NA_3	ASDU10	
	修改保护定值	M_GD_NA_3	ASDU10	

图 4-36　主站与微机保护装置正常通信用报文

4.4.2　IEC 60870-5-104 规约扩展的应用——微机保护装置不停电整定系统

IEC 60870-5-104 规约的扩展技术成为了微机保护装置不停电整定系统开发的技术基础，对不同功能的微机保护装置，微机保护装置不停电整定系统具备了以下综合功能：定值远方不停电召唤修改，定值区在线切换，压板状态召唤，软压板在线投退，复归保护装置信号，定值定期自动在线校核，二次测值召唤，保护各类属性的信息名称的自描述召唤等，下面逐一介绍。

一、各类功能项的自描述召唤

实现每一种型号的微机保护的属性从保护装置中召唤上来，支持系统免填写，包括装置功能组目录描述，定值、压板、测值的具体信息条目的描述。

（1）标题召唤：如图 4-37 所示，当新增一个装置类型名称，使用"标题召唤"功能召唤选定间隔的目录描述。

（2）描述召唤：对定值、压板、二次测值的信息条目名称进行召唤，并可以自动写入到数据库描述列表中，如图 4-38 所示。

二、召改微机保护定值

操作流程：召唤当前定值→对相应保护定值进行修改→修改信息下装→经返校正确后，下达下装确认命令。最后再召唤定值，确认是否修改成功，确认正确后存成标准定值库表。

图 4 - 37　标题召唤

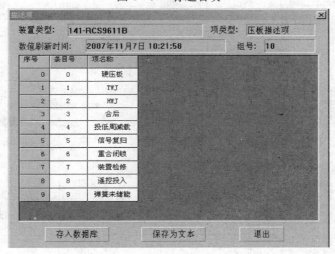

图 4 - 38　描述召唤

定值召唤可以分组，如 RCS978H 含有 11 组定值，可以指定定值区号，召唤当前运行区定值和非运行区定值。在定值下装前，还需要监护人员审核。如图 4 - 39 所示。

三、召唤定值区号并切换运行区

"定值区号"可以召唤当前运行的定值区号，并能够在线切换到不同定值运行区。如图 4 - 40 所示。

四、召唤二次测值

召唤查看当前保护的二次测值，可以了解保护模拟量采样的运行状况，如图 4 - 41 所示。

五、信号复归

运行人员在确认保护事件之后，可以远方复归微机保护信号，如图 4 - 42 所示。

六、召改压板

压板状态传统上是以遥信方式上传，导致遥信量很大。召唤压板功能可以通过软报文随时了解硬压板和软压板的当前状态。同时，系统提供软压板在线投退功能。如图 4 - 43 所示。

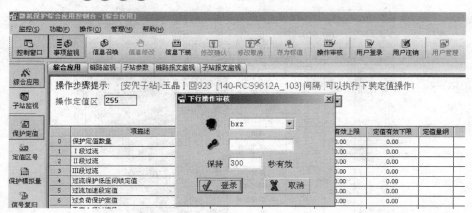

图 4-39 保护定值修改

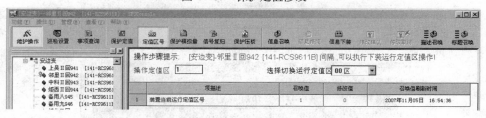

图 4-40 定值区号切换

图 4-41 召唤保护模拟量

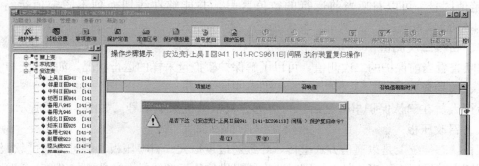

图 4-42 保护信号复归

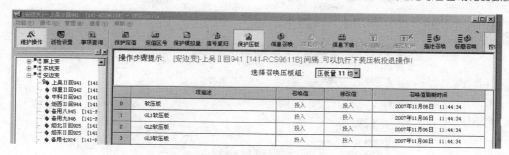

图4-43 修改软压板

七、定值定期自动在线校核

通过设置定值巡检任务单实现对保护装置的定值巡检功能。此功能分两个子功能：设置巡检任务单；执行定值巡检。巡检任务单可以按厂站批处理方式设置，也可按单个微机保护装置。巡检任务单按巡检周期来分可以为三种：日巡检任务单、周巡检任务单、月巡检任务单。其操作界面如下。

（1）日巡检任务单，如图4-44所示。

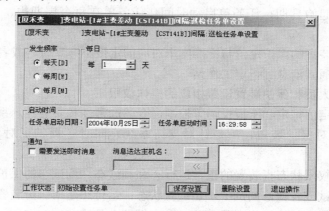

图4-44 日巡检任务单

（2）周巡检任务单，如图4-45所示。

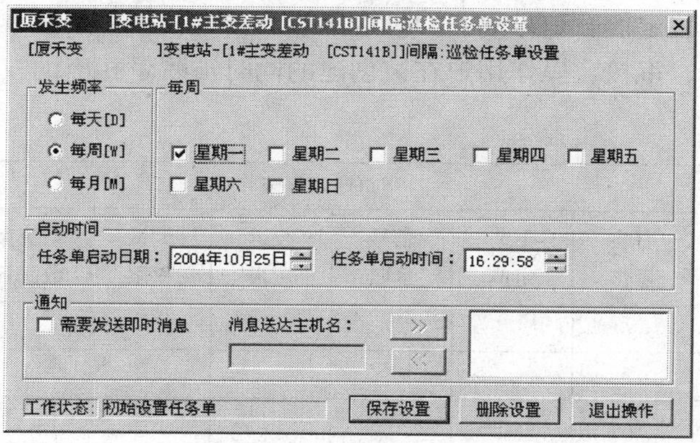

图4-45 周巡检任务单

（3）月巡检任务单，如图4-46所示。

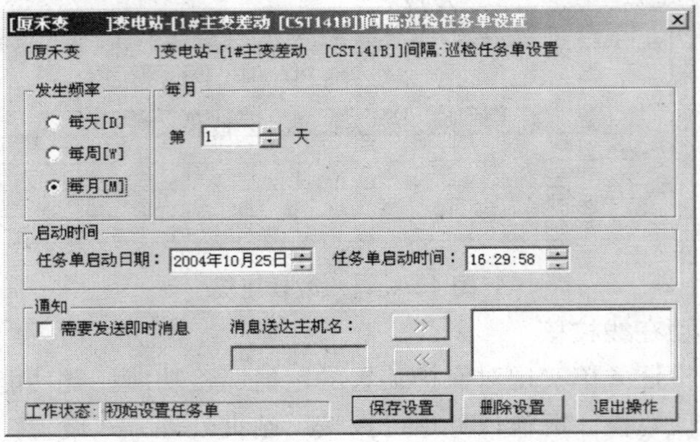

图4-46　月巡检任务单

其中任务单的启动时间包含两部分：任务单启动日期、任务单启动时间。任务单启动日期：任务单生效的起始日期；任务单启动时间：任务单在每个周期内，开始运行的开始时间点。

当检测到保护装置的保护定值与标准库中对应的定值不一致时，或者与某套通信不成功时，巡检模块发送通知消息到指定工作站。

八、针对操作人员和保护装置设置相应的操作权限

为保证不停电定值整定和压板投切等控制命令的严密性和安全性，系统提供了双重操作权限设定，一是针对保护装置，一是针对支持系统；同时还提供了对用户工作站的权限限制。

（1）保护装置权限状态指装置的正常运行态和调试态。调试态的保护装置是不在运行中的，处于新设备调试或者检修调试中，是试验状态；运行态是指保护装置在线运行，此时对保护的整定是正式修改保护工作参数，此时只有保护人员才有权改定值，只有运行人员才有权复归保护装置或投退压板。

（2）用户权限分为不同性质的用户可以使用不同的具体功能操作的组合。用户使用权限包含：召唤操作、下装定值、信号复归、投退压板、调试权限。系统维护权限包含：数据库维护、应用程序维护、审核。操作用户在被创建的同时被赋予相应的权限。相应权限划分如图4-47所示。

人员类型＼权限类型	用户使用权限						系统维护权限	
	召唤操作	下装定值	信号复归	投退压板	调试权限	系统参数配置	应用程序维护	审核操作
运行人员	√		√	√				√
自动化	√				√	√	√	
保护人员	√	√						√

图4-47　用户类型权限划分

此外，由于不同集控运行人员管辖不同的变电站，在数据库或者配置文件中可以对不同用户设定所管辖变电站的操作权。

（3）用户终端工作站权限设置。用户终端工作站权限设置是指支持系统需要对提供服务的工作站进行控制，只有在支持系统的服务端（或代理子站端）进行授权的工作站，才允许工作。

九、事项查询功能

可以查询数据库修改的事项、对微机保护的每种功能操作的事项、启停系统内模块的事项。记录系统巡检功能的运行过程事项。如图 4 - 48 所示。

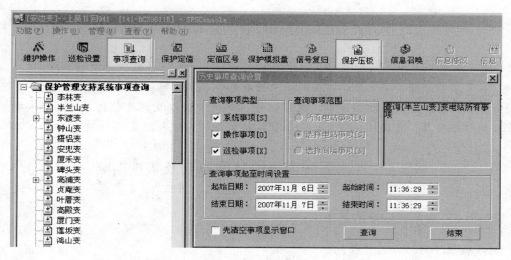

图 4 - 48　事项查询界面

第 5 章

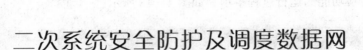

二次系统安全防护及调度数据网

本章主要介绍了变电站二次系统安全防护和调度数据网的相关知识，包括二次系统安全防护的基本原则、防护策略、技术措施、防护方案以及调度数据网的功能与结构，着重介绍路由器、交换机、防火墙和加密认证装置的原理与配置。

5.1 二次系统安全的基本原则及防护策略

5.1.1 二次系统安全的基本原则

1. 系统性原则（木桶原理）

电力二次系统安全防护是复杂的系统工程，其总体安全防护水平取决于系统中最薄弱点的安全水平。木桶原理即要解决一个系统安全的问题，安全防护要取得更大的效果，要先抓住安全的薄弱点、关键点进行集中解决，提升安全的薄弱环节、克服缺点，才能提高安全防护的整体水平。

2. 简单性和可靠性原则

采取安全防护措施时，避免一味追求"高、精、尖"的技术，应该尽量采取简单实用的安全措施。在研究、设计、实施安全防护时一定要统筹考虑，既要安全，又要考虑尽量不影响或少影响业务系统的实时性、运行的连续性以及业务系统的效率。要兼顾业务系统的方便和安全，在涉及实时生产控制的高安全区以安全性为主，兼顾方便性；在低安全区则以使用方便性为主，兼顾安全性。

3. 实时、连续、安全相统一的原则

在安全为重点的前提下要兼顾系统实时、连续的功能，三者既要平衡又要统一，否则就会影响系统的整体性能。

4. 需求、风险、代价相平衡的原则

对任何系统或网络，是没有绝对安全的。应对一个系统或网络进行实际研究（包括任务、性能、结构、可靠性、可维护性等），并对系统或网络面临的威胁及可能承担的风险进行定性与定量相结合分析，然后制定规范和措施，确定本系统或网络的安全策略。

5. 实用与先进相结合的原则

安全防护技术及措施应以实用性为主，优先选用先进技术，并注重技术的动态发展。

6. 方便与安全相统一的原则

不能一味强调安全，使得安全操作、配置过于复杂，反而不利于系统的安全运行。

7. 全面防护、突出重点的原则

业务系统之间是彼此关联的，任何业务系统的安全漏洞都可能影响其他系统，因此需要全面防护，但若对所有的业务系统均采取相同的安全防护策略和措施，也是不科学的，因此必须突出重点，分层分区，对重要业务系统进行重点安全防护。

8. 分层分区、强化边界的原则

安全防护主要针对网络系统和基于网络的电力生产控制系统，对不同层次和分区采用不同的安全防护措施，重点强化边界防护，提高内部安全防护能力，保证电力生产控制系统及重要数据的安全。

9. 整体规划、分步实施的原则

安全防护是一个系统工程，不可能短期完全实施到位，因此必须先做出整体的规划，再分成若干具体实施步骤，逐步实施。

10. 责任到人、分级管理、联合防护的原则

安全防护应该遵循"三分技术、七分管理"的原则，明确责任制，责任到人。各级单位应按照管理范围分级管理，各部门联合防护，才能确保安全防护技术和措施落实到位。

5.1.2 二次系统安全防护策略

电力二次系统安全防护的总体策略为"安全分区、网络专用、横向隔离、纵向认证"。

1. 安全分区

安全分区是电力二次系统安全防护体系的结构基础。发电企业、电网企业和供电企业内部基于计算机和网络技术的应用系统，原则上划分为生产控制大区和管理信息大区。生产控制大区可以分为控制区（又称安全区Ⅰ）和非控制区（又称安全区Ⅱ）。

在满足安全防护总体原则的前提下，可以根据应用系统实际情况，简化安全区的设置，但是应当避免通过广域网形成不同安全区的纵向交叉连接。

2. 网络专用

电力调度数据网是为生产控制大区服务的专用数据网络，承载电力实时控制、在线生产交易等业务。安全区的外部边界网络之间的安全防护隔离强度应该和所连接的安全区之间的安全防护隔离强度相匹配。

电力调度数据网应当在专用通道上使用独立的网络设备组网，采用基于 SDH/PDH 不同通道、不同光波长、不同纤芯等方式，在物理层面上实现与电力企业其他数据网及外部公共信息网的安全隔离。

电力调度数据网划分为逻辑隔离的实时子网和非实时子网，分别连接控制区和非控制区。可采用 MPLS-VPN 技术、安全隧道技术、PVC 技术、静态路由等构造子网。

3. 横向隔离

横向隔离是电力二次安全防护体系的横向防线。采用不同强度的安全设备隔离各安全区，在生产控制大区与管理信息大区之间必须设置经国家指定部门检测认证的电力专用横向单向安全隔离装置，隔离强度应接近或达到物理隔离。电力专用横向单向安全隔离装置作为生产控制大区与管理信息大区之间的必备防护措施，是横向防护的关键设备。生产控制大区

内部的安全区之间应当采用具有访问控制功能的网络设备、防火墙或者相当功能的设施，实现逻辑隔离。

按照数据通信方向，电力专用横向单向安全隔离装置分为正向型和反向型。正向安全隔离装置用于生产控制大区到管理信息大区的非网络方式的单向数据传输。反向安全隔离装置用于从管理信息大区到生产控制大区的单向数据传输，是管理信息大区到生产控制大区的唯一数据传输途径。反向安全隔离装置集中接收管理信息大区发向生产控制大区的数据，进行签名验证、内容过滤、有效性检查等处理后，转发给生产控制大区内部的接收程序。专用横向单向隔离装置应该满足实时性、可靠性和传输流量等方面的要求。

严格禁止 E‑mail、Web、Telnet、Rolgin、FTP 等安全风险高的通用网络服务和以 B/S 或 C/S 方式的数据库访问穿越专用横向单向安全隔离装置，仅允许纯数据的单向安全传输。

控制区与非控制区之间应采用国产硬件防火墙，具有访问控制功能的设备或相当功能的设施进行逻辑隔离。

采用不同强度的安全隔离设备使各安全区中的业务系统得到有效保护，关键是将实时监控系统与办公自动化系统等实行有效安全隔离，隔离强度应接近或达到物理隔离。

4. 纵向认证

纵向认证是采用认证、加密、访问控制等手段实现数据的远方安全传输以及纵向边界的安全防护。

纵向加密认证是电力二次系统安全防护体系的纵向防线。采用认证、加密、访问控制等技术措施实现数据的远方安全传输以及纵向边界的安全防护。对于重点防护的调度中心、发电厂、变电站在生产控制大区与广域网的纵向连接处应当设置经过国家指定部门检测认证的电力专用纵向加密认证装置或者加密认证网关及相应设施，实现双向身份认证、数据加密和访问控制。暂时不具备条件的可以采用硬件防火墙或网络设备的访问控制技术临时代替。

纵向加密认证装置及加密认证网关用于生产控制大区的广域网边界防护。纵向加密认证装置为广域网通信提供认证与加密功能，实现数据传输的机密性、完整性保护，同时具有类似防火墙的安全过滤功能。加密认证网关除具有加密认证装置的全部功能外，还应实现对电力系统数据通信应用层协议及报文的处理功能。

5.2 二次系统安全防护常见技术措施

5.2.1 通用安全防护技术

一、备份与恢复

备份与恢复是二次系统安全防护的重要组成部分，备份目的主要有两个：①系统的业务数据由于系统或人为误操作造成损坏或丢失后，可及时在本地实现数据的恢复；②在发生地域性灾难（地震、火灾、机器毁坏等）时，可及时在本地或异地实现数据及整个系统的灾难恢复。此外，应建立历史归档数据的异地存放制度，从而确保对历史业务数据可靠的恢复。

1. 数据与系统备份

必须定期对关键业务的数据与系统进行备份，确保在数据损坏或系统崩溃的情况下快速恢复数据与系统，保证系统的可用性。

2. 设备备用

对关键主机设备、网络设备或关键部件进行相应的冗余配置，对控制区的业务应采用热备份，其他安全区的业务可根据需要选用热备份、温备份、冷备份等备份方式，避免单点故障影响系统可靠性。

3. 异地容灾

对实时控制系统、电力市场交易系统，在具备条件的前提下进行异地的数据与系统备份，提供系统级容灾功能，保证在大规模灾难情况下保持系统业务的连续性。

二、防病毒措施

病毒防护是电力二次系统安全防护所必需的安全措施。原则上应该尽量覆盖所有服务器与工作站。

建议生产控制大区统一部署病毒防护系统，管理信息大区统一部署病毒防护系统。如采用网络化防病毒系统，禁止生产控制大区与管理信息大区在线共用一套病毒防护系统。对生产控制大区系统禁止以任何方式连接外部网络进行病毒特征码的在线更新。应加强防病毒管理，保证病毒特征码的及时、全面更新，及时查看病毒查杀记录，掌握病毒威胁情况。

三、防火墙

防火墙是电力二次系统安全防护体系中重要的安全设备，它可以限制外部对系统资源的非授权访问，也可以限制内部对外部的非授权访问，同时还限制内部系统之间，特别是安全级别低的系统对安全级别高的系统的非授权访问。

防火墙产品可以部署在控制区与非控制区之间，实现两个区域的逻辑隔离、报文过滤、访问控制等功能。

防火墙安全策略应该支持报文的 IP 地址、协议、应用端口号、应用协议、报文方向等不同因素组合。根据业务性质的不同，其防火墙安全策略的设置可有所区别。

所选用的防火墙应为国产硬件防火墙，其功能、性能、电磁兼容性必须经过相关测试。加强防火墙使用管理，确保其安全规则的正确性、有效性、严格性，在有效阻止非法报文同时，保证业务的畅通。

四、入侵检测

生产控制大区可以统一部署一套网络入侵检测系统，应当合理设置检测规则，及时捕获网络异常行为，分析潜在威胁，进行安全审计。

加强入侵检测系统的使用与管理，合理设置检测规则，及时分析检测报告，准确识别攻击，充分发挥入侵检测系统在安全事件检测与恢复中的作用。

五、主机加固

能量管理系统、变电站自动化系统、电厂监控系统、Web 配电自动化系统、电力市场运营系统等关键应用系统的主服务器，以及网络边界处的通信网关、服务器等，应该使用安全加固的操作系统。

主机安全加固主要的方式包括：安全配置、安全补丁、采用专用的软件强化操作系统访问控制能力，以及配置安全的应用程序。主机安全防护首先要确定主机的安全策略，然后采取适当的方式增强其安全性。

1. 安全配置

通过合理设置系统配置、服务、权限，减少安全弱点，禁止不必要的应用。作为调度业务系统的专用主机或者工作站，应严格管理操作系统及应用软件的安装与使用。

2. 安全补丁

通过及时更新操作系统安全补丁，消除系统内核及平台的漏洞与后门。

3. 强化操作系统访问控制能力

安装主机加固软件，强制进行权限分配，保证对系统的资源（包括数据与进程）的访问符合规定的主机安全策略，防止主机权限被滥用。

4. 配置安全的应用程序

应用软件应升级到安全版本，更新应用的安全补丁，严格限制应用的权限，加强应用系统用户认证与权限控制。

5. 操作系统加固通用要求

对于操作系统，建议采用以下安全加固措施：

（1）升级到当前系统版本。

（2）安装后续的补丁合集。

（3）加固系统 TCP/IP 配置。

（4）根据系统应用要求关闭不必要的服务。

（5）关闭 SNMP 协议避免利用其远程溢出漏洞获取系统控制权，或限定访问范围。

（6）为超级用户或特权用户设定复杂的口令，修改弱口令或空口令。

（7）禁止任何应用程序以超级用户身份运行。

（8）设定系统日志和审计行为。

6. 加固对象

对以下主机应考虑采取主机加固防护措施：

（1）关键应用系统主机，包括能量管理系统（SCADA/EMS/DMS）、变电站自动化系统、电厂监控系统、配电自动化系统等的主服务器，电力市场运营系统主服务器等。

（2）网络边界处的通信网关、Web 服务器等。建议采用加固的 Linux 或 Unix 系统。

7. 数据库安全

数据库作为调度业务系统的基础软件平台，建议采用以下加固措施，提高数据库的安全性。

（1）对数据库的应用程序进行必要的安全审核。

（2）及时删除不再需要的数据库。

（3）安装补丁。

（4）使用安全的密码策略。

（5）使用安全的账号策略。

（6）将具有管理员权限的用户限定在最小范围。

（7）如果有多个管理员，他们之间不能共享用户账号和口令。

（8）数据库的使用和访问，不能使用整个数据库管理员的用户名和口令。

（9）加强数据库日志的管理。

（10）管理扩展存储过程。

（11）数据定期备份。

六、Web 服务的使用与防护

虽然 Web 服务具有良好的封装性、与平台的无关性、与应用业务的松散耦合性等特点，是信息交换和资源共享的主流技术之一，但 Web 服务存在很大的安全隐患，如 Web 页面被恶意删改，通过 Web 服务上传木马等非法后门程序，Web 服务器的数据源被非法入侵，恶意的 Java Applet、Active X 控件攻击等，需要对 Web 服务的使用加以限制。

在生产控制大区以及电力调度数据网环境中，Web 服务可以分为两种形式：横向浏览与纵向浏览。横向 Web 浏览指跨越不同安全区的浏览，如能量管理系统的 Web 服务器浏览；纵向 Web 浏览指上下级同安全等级安全区之间的 Web 浏览，如 DTS 系统 Web 服务器位于省调非控制区，而客户端浏览器位于地调非控制区。

1. 控制区禁止对外的 Web 服务

由于控制区是整个二次系统的防护重点，因此禁止跨越控制区的对外 Web 服务，同时禁止控制区中的计算机使用浏览器访问非控制区的 Web 服务。

2. 非控制区的安全 Web 服务

非控制区中的 Web 服务将是生产控制大区的统一的数据发布与查询窗口，因此在非控制区中将用于 Web 服务的服务器与浏览器客户机统一布置在非控制区中的一个逻辑子区——Web 服务子区，置于非控制区的接入交换机上的独立 vlan 中。并且采用安全 Web 服务器，即经过主机安全加固的、支持 Https 的 Web 服务器，能够对浏览器客户端进行基于数字证书的身份认证，以及应用数据加密传输需要在 Web 服务子区开展安全 Web 服务的应用限于电力市场运营系统、DTS 系统等。

3. 管理信息大区的 Web 服务

管理信息大区可采用普通 Web 服务，横向浏览与纵向浏览都可以支持，但对跨区浏览必须加以限制，可采用口令、证书等技术手段。

七、E-mail 的使用

由于 E-mail 服务会引入高级别安全风险，因此生产控制大区中禁止 E-mail 服务，杜绝病毒、木马程序借助 E-mail 传播，避免被攻击或成为进一步攻击的跳板。在管理信息大区中可提供常规 E-mail 服务。

八、计算机系统本地访问控制

1. 技术措施

可结合用户数字证书技术，对用户登录本地操作系统、访问系统资源等操作进行身份认证，根据身份与权限进行访问控制，并且对操作行为进行安全审计。

2. 使用方式

当用户需要登录系统时，系统通过相应接口（如 USB、读卡器）连接用户的证书介质，读取证书，进行身份认证。通过认证后，进入常规的系统登录程序。

3. 应用目标

对于调度端控制区中的 SCADA 系统、非控制区中的电力市场运营系统、厂站端的控制系统等重要系统，应逐步采用本地访问控制手段进行保护。

九、安全审计

生产控制大区应当具备安全审计功能，可对网络运行日志、操作系统运行日志、数据库访问日志、业务应用系统运行日志、安全设施运行日志等进行集中收集、自动分析，及时发现各种违规行为及病毒和黑客的攻击行为。

5.2.2 电力专用安全技术

一、电力调度数据网络安全防护

1. 网络专用与隔离

电力调度数据网络 IP OVER SDH 承载的业务是电力实时控制业务、在线生产业务以及本网网管业务。调度数据网络采用 IP OVER SDH 技术体制组网，在网络通道层面实现了与其他网络的安全隔离。

2. 网络路由防护

按照目前的调度管理体制及 IP 网络技术体制，电力调度数据网络采用 MPLS VPN 技术，将实时控制业务、非控制生产业务分割成两个相对独立的逻辑专网：实时子网和非实时子网。两个子网路由各自独立，在网络路由层面与子网之外的网络不能互通，实时子网保证了实时业务封闭性，还为实时业务提供网络服务质量 Qos 保证。

3. 各级调度数据网边界

各级调度数据网互联存在以下边界：骨干网与区域数据网、骨干网与三级网、三级网与四级网各省级调度数据网在其核心节点（省调）处与国家家调度数据骨干网相应的汇聚节点对接，完成省网的接入。

互联边界防护要求：在边界网络设备上，采用访问控制（ACL）功能，严格控制穿越各级数据网边界的业务报文，提高网络互联的安全性。

4. 调度数据网与业务系统边界

采用严格的接入控制措施，保证业务系统的接入是可信的，只有经过授权节点才能接入数据网，使用数据网进行广域网通信。

在网络与系统边界采用必要的访问控制措施，如接入设备的 ACL 功能，控制通信方式与通信业务类型，保证业务通信报文的合法性及在生产控制大区纵向与广域网的交接处应逐步采取相应的安全隔离、加密、认证等防护措施，对于实时控制业务，必须通过纵向加密认证装置或加密认证网关接入实时子网，保证实时控制报文的可信、完整、机密性。

5. 网络设备安全配置

必须对网络设备进行安全配置，以保证运行安全，要求如下：

(1) 关闭或限定网络服务。

(2) 避免使用默认路由。

(3) 网络边界关闭 OSPF 路由功能。

(4) 采用安全性增强的 SNMPv2 及以上版本的网管系统。

(5) 升级软件，防止已知漏洞被利用。

(6) 使用安全的管理方式（SSH）。

(7) 限制登录地址。

(8) 记录设备日志（含时间同步）。

(9) 设置较复杂的密码，定期更改。

(10) 适当配置访问控制列表。

二、调度数字证书与认证

全国电力调度系统统一建设基于公钥技术的分布式的调度证书服务系统，由相关主管部门统一颁发系统数字证书，为电力监控系统、调度生产系统及调度数据网上的关键应用、关键用户和关键设备提供数字证书服务。在数字证书基础上可以在调度系统与网络关键环节实现高强度的身份证、安全的数据传输以及可靠的行为审计。

1. 证书类型

调度系统数字证书类型如下。

（1）人员证书。关键业务的用户、系统管理人员及必要的应用维护与开始人员，在访问系统、进行操作时需要持有的证书。

（2）程序证书。主要用于应用程序与远程程序进行安全的数据通信，提供双方之间的认证书。

（3）设备证书。主要用于本地设备接入认证、远程通信实体之间的认证，以及实体之间通信过程中需要持有的证书。

2. 证书的应用

（1）人员证书。主要用于用户登录网络与操作系统、登录应用系统，以及访问应用资源，执行应用操作命令时对用户的身份进行认证，与其他实体通信过程的认证、加密与签名。

（2）程序证书。主要用于应用程序与远程程序进行安全的数据通信，提供双方之间的认证、数据的加密与签名功能。建议的应用方式为：远程通信中一对通信网关中的通信进程之间的安全通信。

（3）设备证书。主要用于本地设备接入认证、远程通信实体之间的认证，以及实体之间通信过程的数据加密与签名。

3. 数字证书的发放与管理

二次系统中业务环境具有以下特点：①在生产控制大区中，调度数据网络是确定的，人员和设备都是确定的；②电力监控系统对实时性和可靠性要求很高；③五级电力调度体系采用半军事化管理方式，具有分层分级负责安全生产管理制度；④在生产控制大区中证书的总体数量不多。

所以，对电力调度系统数字证书的发放及管理模式可以进行简化，简化原则如下：①数字证书的信任体系必须统一规划，上级调度机构为所属下级调度机构和直调厂站的相关部分签发证书；②数字证书的格式和加密算法必须全系统统一；③数字证书的生成、发放、管理可以尽量局部化；④密钥生成、管理可以尽量局部化；⑤数字证书的生成设备可以微型化，节约费用；⑥数字证书服务应该嵌入各相关应用系统，以提高实时性和可靠性。

4. 数字证书系统的实施

数字证书系统的实施原则为：统筹安排，先期试点，结合应用，分步实施。

公钥技术和数字证书系统的实施必须紧密结合具体应用系统，为应用系统提供实用的基础安全服务。现有应用系统必须进行相应的改造，才能达到预定的安全强度。新系统的开发必须适应安全防护总体方案的要求。应用系统的改造是长期的艰苦的工作，应该先进行试点，分步实施。

三、横向安全隔离装置

1. 正向隔离

横向安全隔离装置（正向型）用于生产控制大区到管理信息大区的单向数据传递，实现两个安全区之间的非网络方式安全数据交换。

2. 反向隔离

横向安全隔离装置（反向型）用于从管理信息大区到生产控制大区单向传递数据，是管理信息大区到生产控制大区的唯一数据传递途径。横向安全隔离装置（反向型）集中接收管理信息大区发向生产控制大区的数据，进行签名验证、内容过滤、有效性检查等处理后，转发给生产控制大区内部的接收程序。

四、纵向加密认证装置

纵向加密认证装置用于生产控制大区的广域网边界防护，具有加密认证装置及加密认证网关两种装置应用形态。加密认证网关除具有加密认证装置的全部功能外，还应具有应用层报文内容的识别功能。其作用之一是为本地生产控制大区提供一个网络屏障，具有类似包过滤防火墙的功能；作用之二是为网关机之间的广域网通信提供认证与加密功能，实现数据传输的机密性、完整性保护。纵向加密认证装置要求符合全国电力二次系统安全防护有关规定，通过公安部安全产品销售许可，获得国家安全权威机构安全检测证明，通过电力行业的电磁兼容检测。纵向加密认证装置部署如图5-1所示。

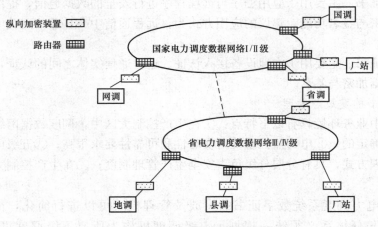

图5-1　纵向加密认证装置部署

五、远程拨号访问

通过远程拨号访问生产控制大区，要求远方用户使用安全加固的操作系统平台，结合数字证书技术，进行登录认证和访问认证。

对于通过拨号服务器（RAS）访问本地网络与系统的远程拨号访问的方式，应当采用网络层保护，应用VPN技术建立加密通道。对于以远方终端直接拨号访问的方式，应当采用链路层保护，使用专用的链路加密设备。

对于远程用户登录到本地系统中的操作行为，应该进行严格的安全审计。

六、线路加密设备

对远方终端装置（RTU）、继电保护装置、安全自动装置、负荷管理装置等基于专线通道的数据通信，可以采取必要的加解密措施进行防护。

5.3 变电站二次安全防护方案

5.3.1 变电站二次系统安全防护方案风险分析

一些变电站在规划、设计、建设及运行控制系统和数据网络时，对网络安全问题重视不够，过度强调一体化，过度强调资源共享，使得具有实时控制功能的监控系统，在没有进行有效安全防护的情况下与当地信息互联，甚至与因特网直接互联，存在严重的安全隐患。除此之外，还存在采用线路搭接等手段对传输的电力控制信息进行窃听或篡改，进而对电力一次设备进行非法破坏性操作的威胁，最终造成站控层网络瘫痪、主计算机瘫痪、前置单元瘫痪、主计算机瘫痪等风险结果。

5.3.2 变电站二次系统安全防护目标

变电站二次系统的防护目标就是抵御黑客、病毒、恶意代码等通过各种形式对变电站二次系统发起的恶意破坏和攻击，以及其他非法操作，防止变电站二次系统瘫痪和失控，并由此导致的变电站一次系统事故。

5.3.3 变电站安全防护分区原则

变电站二次系统主要包括变电站自动化系统、"五防"系统、继电保护装置、安全自动装置、故障录波和电能量采集装置等；换流站还包括阀控系统及站间协调控制系统等；有人值班还有生产管理系统等；集控站还包括对受控变电站的监控系统等。变电站自动化系统按结构可分为分层分布式（站、间隔、设备三层）或全分布式（站、设备两层）。

按变电站的电压等级、规模、重要程度的不同及变电站运行模式（有人值班或者无人值班少人值守或者无人值班模式）差别，变电站二次系统的安全划分应根据实际情况而定。

220kV 及以上变电站站内安全分区如表 5-1 所示。

表 5-1　　　　　　　　220kV 及以上变电站站内安全分区表

序号	业务系统或设备	控制区（Ⅰ区）	非控制区（Ⅱ区）	管理信息大区（Ⅲ区）
1	变电站自动化系统	变电站自动化系统		
2	变电站微机五防系统	变电站微机五防系统		
3	广域相量测量装置	广域相量测量装置		
4	电能量采集装置		电能量采集装置	
5	继电保护	继电保护装置及管理终端（有设置功能）	继电保护装置及管理终端（无设置功能）	
6	故障录波		故障录波子站端	
7	安全自动控制子站系统	安全自动控制装置		
8	集控站的集控功能	集控站的集控功能		
9	生产管理系统			生产管理系统

注 110kV 以下变电站二次系统对生产控制大区不再进行细分，相当于只有控制区。

5.3.4　变电站安全防护方案

变电站自动化系统的技术发展应该遵循 IEC 61850 系列标准的要求，但实施 IEC 61850 时必须坚持合理划分安全区域的原则，将 IEC 61850 规定的功能模块恰当地置于各安全区域之中，从而实现国际标准与安全防护的有机统一。

对于 220kV 以上的变电站二次系统，应该在变电站层面构造控制区和非控制区。将故障录波装置和电能量采集装置置于非控制区；对于继电保护管理终端，具有远方设置功能的应置于控制区，否则可以置于非控制区。

对于 110kV 以下的变电站二次系统，其生产控制大区可以不再细分，可将各业务系统和装置均置于控制区，其中在控制区中的故障录波装置和电能量采集装置可以通过调度数据网或拨号方式将录波数据及计量数据传到上级调度中心。

当采用专用通道和专用协议进行非网络方式的数据传输时，可暂不采用安全防护措施。

厂站的远方视频监视系统应当相对独立，不能影响监控系统功能。

变电站二次系统安全防护方案产品部署如图 5-2 所示。

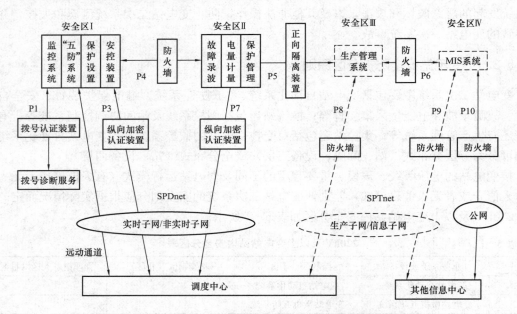

图 5-2　变电站二次系统安全防护方案产品部署示意图

5.4　电力调度数据网

5.4.1　电网调度自动化系统

电网调度自动化系统主要由厂站端系统、信息传输系统、调度主站系统组成，如图 5-3 所示。

1. 厂站端系统

厂站端系统主要包括安装于发电厂和变电站自动化远方终端单元（RTU）以及发电厂、变电站计算机监控系统的远动工作站。厂站端系统负责采集各种表征电力系统运行状态的实时信息，如断路器状态、发电机功率、母线电压、变压器负荷等，并将采集到的实时信息经远动工作站上送各级调度自动化主站系统。同时，调度自动化厂站系统负责接收和执行上级调度中心发出的操作、调节和控制命令。

2. 信息传输系统

信息传输远动通信系统为信号采集和执行子系统与调度控制中心提供了信息交换的桥梁，由电力载波、微波、光传输设备等组成远动通道。随着通信技术的发展，传输方式正由模拟通信转向数字通信。数字通信的实现要依托于电力调度数据网，电力调度数据网是实现各级调度中心之间及调度中心与厂站之间实时生产数据传输和交换的基础设施。

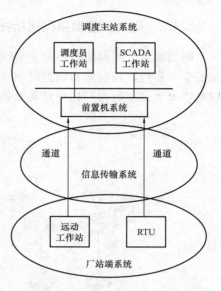

图 5 - 3　电网调度自动化系统组成

3. 调度主站系统

调度主站系统前置机完成电力系统运行数据的接收及预处理等功能，后台处理机完成数据的进一步处理、存储、系统监视与分析等高级应用功能。经过人机联系子系统呈现给调度人员，执行子系统对发电厂、变电站自动化系统进行远方控制和调节操作。

5.4.2　电力调度数据网概述

电力调度数据网是为电力调度生产服务的专用数据网络，是实现各级调度中心之间及调度中心与厂站之间实时生产数据传输和交换的基础设施，是实现电力二次系统应用功能必需的支撑平台，是实现国家电网公司应急技术支持系统和备用调度中心功能不可或缺的支撑平台，同时也是建设坚强智能电网的重要技术支持。

电力调度数据网主要分为五级网络。电力调度数据网主要由国家电力调度数据一级网、区域二级网、省级三级网、地市四级网和县级五级网共同组成全国性电力调度网络，覆盖各级调度中心和直调发电厂、变电站。目前电力行业主要建设的是省级调度骨干网，即三级网络。

电网调度技术不断发展，电力调度数据网承载的业务也在不断发展。EMS/SCADA 系统仍然是电力调度最基础、最关键的业务。传统上使用专用通道传输的电网事故信息和继电保护信息，开始向数据网络转移。此外，调度生产管理系统、水调自动化系统、电力市场技术支持系统都需要电力数据网承载。业务系统的不断发展对调度数据网络提出更高要求，多个关键系统在同一数据网络承载，保证不同业务系统间的有效隔离、保证业务系统的安全，是调度数据网建设的重要要求。

5.4.3　电力调度数据网络拓扑

电力调度数据网络有星型、总线型、环型等多种基本拓扑结构。考虑到网络的可扩展性及安全可靠性，目前电力数据网很多采用分层结构，由核心层、骨干层、接入层组成。下面以某省电力调度数据网拓扑结构为例进行介绍，如图5-4所示。

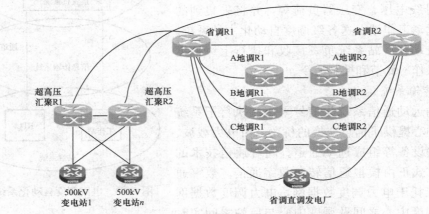

图5-4　某省电力调度数据网拓扑结构

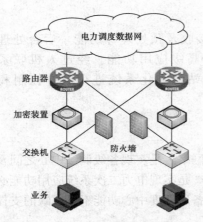

图5-5　某500kV变电站数据网厂站接入结构

核心层设置省调双节点；骨干层设置A地调、B地调、C地调和超高压汇聚4个骨干双节点；接入节点设有500kV变电站、省调直调发电厂等。

5.4.4　厂站接入电力调度数据网

变电站作为电力调度数据网络的接入层，主要配置由路由器、交换机、防火墙、加密装置等组成。重要变电站应考虑冗余配置，对于接入路由采取双引擎、双电源的设备冗余措施，同时采用两台不同路由的传输通道，保证可靠接入，某500kV变电站数据网厂站接入结构如图5-5所示。

5.5　路由器和交换机的原理与配置

5.5.1　路由器的原理及配置

一、路由器的原理

1. 路由器的工作原理

路由器（Router）是工作在OSI参考模型第三层多端口的网络设备，它能够连接多个逻辑上分开的网络或网段，具有判断网络地址和选择路径的功能，能将不同网络或网段之间的数据信息进行传输，从而构建一个更大的网络。路由器的工作过程如图 5-6 所示。

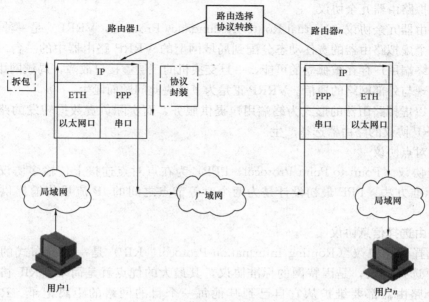

图 5-6　路由器工作过程原理

如图 5-6 所示，假如用户 1 需要向用户 n 发送信息。假定它们的 IP 地址分别为 10.20.30.1 和 10.20.31.1。

用户 1 向用户 n 发送信息时，路由器需要执行以下过程：

（1）用户 1 将用户 n 的地址 10.20.31.1 连同数据信息以数据帧的形式发送给路由器 1。

（2）路由器 1 收到工作站 1 的数据帧后，先从报头中取出地址 10.20.31.1，并根据路由表计算出发往用户 n 的最佳路径，并将数据帧发往下一个路由器。

（3）下一个路由器重复路由器 1 的工作，并将数据帧根据最佳路径转发相应的路由器。

（4）路由器 n 同样取出目的地址，发现 10.20.31.1 就在该路由器所连接的网段上，于是将该数据帧直接交给用户 n。

（5）用户 n 收到用户 1 的数据帧，一个由路由器参加工作的通信过程完成。

2. 路由表

路由器在运行时所要做的主要工作是：判断网络地址和选择最佳路径，并将数据有效的传送到目的站点。路由器需要保存各种传输路径的相关数据——路由表（Routing Table）。该路由表中保存着子网的标志信息、网上路由器的个数和下一个路由器的名字等内容。路由表内容示例如表 5-2 所示。

表 5-2　　　　　　　　　　　　　路由表内容示意

目的地址	掩码	下一跳地址
0.0.0.0	0.0.0.0	10.0.0.1
10.0.0.0	255.255.255.0	20.0.0.1
20.0.0.0	255.255.255.0	30.0.0.1

3. 常用路由协议

(1) 虚拟路由器冗余协议

虚拟路由器冗余协议 (Virtual Router Redundancy Protocol, VRRP) 是一种选择协议, 它可以把一个虚拟路由器的责任动态分配到局域网上的 VRRP 路由器中的一台。在某种配置环境下, 终端用户存在被孤立的可能。一旦交换机的三层虚接口故障, 局域网用户就被孤立, 不能实现与外部网络的通信。VRRP 正是为了解决此问题而诞生。

VRRP 以虚拟路由器的形式为终端用户提供服务, 而实际负责数据转发的路由器由一组运行 VRRP 协议的路由器选举产生。

(2) 点对点协议

点对点协议 (Point to Point Protocol, PPP) 为在点对点连接上传输多协议数据包提供了一个标准方法。PPP 最初设计是为两个对等节点之间的 IP 流量传输提供一种封装协议。

(3) 路由选择信息协议

路由选择信息协议 (Routing Information Protocol, RIP) 是一种分布式的基于距离向量的路由选择协议, 是因特网的标准协议, 其最大的优点就是简单。RIP 协议要求网络中每一个路由器都要维护从它自己到其他每一个目的网络的距离记录。RIP 的特点如下:

1) 仅和相邻的路由器交换信息。如果两个路由器之间的通信不经过另外一个路由器, 那么这两个路由器是相邻的。

2) 按固定时间交换路由信息, 然后路由器根据收到的路由信息更新路由表。

3) 路由器交换的信息是当前本路由器所知道的全部信息, 即自己的路由表。

(4) 开放式最短路径优先协议

开放式最短路径优先协议 (Open Shortest Path First, OSPF) 链路是路由器接口的另一种说法, 因此 OSPF 也称为接口状态路由协议。OSPF 通过路由器之间通告网络接口的状态来建立链路状态数据库, 生成最短路径树, 每个 OSPF 路由器使用这些最短路径构造路由表。

(5) 边界网关协议

边界网关协议 (Border Gateway Protocol, BGP) 是运行于 TCP 上的一种自治系统的路由协议。它的基本功能是在自治系统间自动交换无环路的路由信息。

(6) 多协议标签交换协议

多协议标签交换协议 (Multi - Protocol Label Switching, MPLS) 是一种用于快速数据包交换和路由的体系, 它为网络数据流量提供了目标、路由、转发和交换等能力。更特殊的是, 它具有管理各种不同形式通信流的机制。MPLS 独立于第二和第三层协议, 诸如 ATM 和 IP。它提供了一种方式, 将 IP 地址映射为简单的具有固定长度的标签, 用于不同的包转发和包交换技术。它是现有路由和交换协议的接口, 如 IP、ATM、帧中继、开放最短路径优先 (OSPF) 等。

二、路由器的配置

本书以华为路由器 Quidway AR46 系列配置为例, 重点介绍变电站检修维护中需要的常用操作配置。

1. 路由器配置方法

在路由器的维护中，常用的登录路由器配置方法有以下几种。

（1）直接通过 Console 口登录，进行相关配置。此种方法是最直接的配置方法，也是变电站维护过程中常用的登录方式。常用的 Console 登录中，超级终端的串口设置如图 5-7 所示。

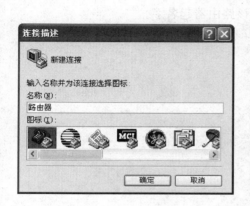
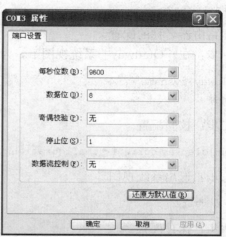

图 5-7 超级终端的串口属性设置

（2）通过 Telnet 方式进行设置。在具备足够权限的条件下，可以在网络的任意位置对路由器进行配置，即可以实现远程维护。但是，采用 Telnet 方式登录，需要预先配置路由器的必要设置有：开启 Telnet 功能、确保设备与 Telnet 登录用户间路由可达、配置 VTY（Virtual Type Terminal，虚拟类型终端）用户的认证方式、配置 VTY 用户的用户级别。

（3）通过 AUX 端口接 Modem 登录。通过电话线与远方的配置设备对路由器进行远程配置。该方式需要先通过 Console 口登录到设备上，配置 AUX 口 Password 认证方式的密码，或者更改认证方式并完成相关参数的设置，才可以通过 AUX 口登录路由器。

2. 路由器的管理配置

（1）用户和密码的配置

第一步：在＜Quidway＞用户视图下，键入 system-view，从用户视图进入系统视图。

```
<Quidway>system-view
```

第二步：创建本地用户。

```
[Quidway]AR46
[Quidway-AR46]local-user H3C password cipher H3C
[QLudway-AR46]local-user H3C level 2
```

第三步：校验配置。

```
[Quidway]display current-configuration
```

第四步：退出系统视图。

```
[Quidway]quit
```

第五步：保存配置。

```
<Quidway>save
```

（2）路由器名称的配置

第一步：在［Quidway］系统视图下，为该路由器起名字。

```
[Quidway]sysname  AR46
[AR46]
```

第二步：校验配置。

```
[AR46]display current-configuration
```

第三步：退出系统视图。

```
[AR46]quit
```

第四步：保存配置。

```
< AR46> save
```

3. 路由器的接口配置

第一步：在［Quidway］系统视图下，进入接口视图。

```
[Quidway]interface ethernet 1/1
[Quidway-Ethernet1/1]
```

第二步：指定接口 IP 地址。

```
[Quidway-Ethernet1/1]ip address 192.168.1.254 255.255.255.0
```

4. 路由器的协议配置

（1）静态路由

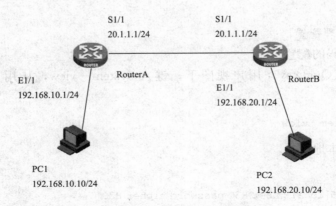

图 5-8　静态路由配置网络结构图

静态路由是特殊路由，它由管理员手工配置而成。通过静态路由的配置可建立一个互通的网络，但这种配置缺点在于：当该网络故障发生后，静态路由不会自适应改变，必须有人工干预。静态路由的设置一般应用在简单的网络中，只需配置静态路由就可以使路由器正常工作。

如图5-8所示，静态路由的配置命令方法如下。

需要配置路由器接口和IP地址如表5-3和表5-4所示。

表5-3 路由接口地址表

路由配置	RouterA	RouterB
E1/1	192.168.10.1/24	192.168.20.1/24
S1/1	20.1.1.1/24	20.1.1.2/24

表5-4 PC地址表

PC配置	PC1	PC2
IP地址	192.168.10.10/24	192.168.20.10/24
网关	192.168.10.1	192.168.20.1

静态路由的配置命令如下。

在路由器A上的配置命令为：

```
ip route-static 192.168.20.0 255.255.255.0 20.1.1.2
```

在路由器B上的配置命令为：

```
ip route-static 192.168.10.0 255.255.255.0 20.1.1.1
```

（2）动态路由

动态路由的原理比较复杂，但是实际应用的配置比较简单，只需对应设置即可。下面以RIP、OSPF、BGP及简单的MPLS为例一一介绍。

1）RIP协议配置。

常用的配置RIP协议的要点有两个：第一个是使能RIP（开启RIP功能）；第二个是在指定网段使能RIP。

以上图为例介绍RIP配置命令如下。

路由器A上的配置命令：

第一步：启动RIP协议。

```
[Quidway]RIP
```

第二步：设置使能网段。

```
[Quidway-RIP]network 192.168.10.0
[Quidway-RIP]network 20.1.1.0
```

路由器B上的配置命令：

第一步：启动RIP协议。

```
[Quidway]RIP
```

第二步：设置使能网段。

```
[Quidway-RIP]network 192.168.20.0
[Quidway-RIP]network 20.1.1.0
```

2）OSPF 协议配置

基本的 OSPF 配置，需要进行的操作包括：①配置 Router ID；②启动 OSPF；③进入 OSPF 区域视图；④在指定网段使能 OSPF。

以图 5-9 为例介绍 OSPF 协议配置如下。

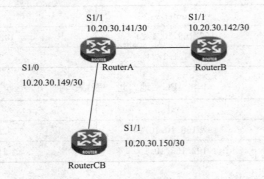

图 5-9　OSPF 协议配置网络结构图

路由器 A 上的配置命令：
第一步：设置路由 ID。

```
[Quidway]router id 1.1.1.1
```

第二步：使能 OSPF 协议。

```
[Quidway]ospf
```

第三步：进入 area 视图，使能网段。

```
[Quidway-ospf-1]area 0
[Quidway-ospf-1-area-0.0.0.0]network 10.20.30.140 0.0.0.3
[Quidway-ospf-1-area-0.0.0.0]network 10.20.30.148 0.0.0.3
```

路由器 B 上的配置命令：
第一步：设置路由 ID。

```
[Quidway]router id 1.1.1.2
```

第二步：使能 OSPF 协议。

```
[Quidway]ospf
```

第三步：进入 area 视图，使能网段。

```
[Quidway-ospf-1]area 0
[Quidway-ospf-1-area-0.0.0.0]network 10.20.30.140 0.0.0.3
```

路由器 C 上的配置命令：
第一步：设置路由 ID。

```
[Quidway]router id 1.1.1.3
```

第二步：使能 OSPF 协议。

```
[Quidway]ospf
```

第三步：进入 area 视图，使能网段。

```
[Quidway-ospf-1]area 0
[Quidway-ospf-1-area-0.0.0.0]network 10.20.30.148 0.0.0.3
```

3）BGP 协议配置。

边界网关协议（Border Gateway Protocol，BGP）主要使用于自治系统（Autonomous Systems，AS）之间的一种路由协议。

BGP 是一种外部路由协议，与 OSPF、RIP 等内部路由协议不同，其着眼点不在于发现和计算路由，而在于控制路由的传播和选择最好的路由。

BGP 经历了不同的阶段，从 1989 年的 BGP-1 发展到了目前的最新版本 BGP-4。下面以 BGP-4 为例介绍 BGP 的简单配置过程。

简单 BGP 路由协议配置要点：①启动 BGP；②配置 BGP 对等体组。

以图 5-10 为例介绍 BGP 协议配置如下，假设 AS 自治区域为 2。

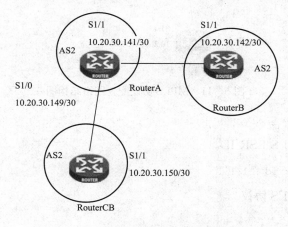

图 5-10　BGP 协议配置网络结构图

路由器 A 上的配置命令：

第一步：启动 BGP。

```
[Quidway]bgp 2
```

第二步：配置 BGP 对等体组。

```
[Quidway-bgp]group ASUPE internal
[Quidway-bgp]peer 10.20.30.142 group ASUPE
[Quidway-bgp]peer 10.20.30.150 group ASUPE
```

路由器 B 上的配置命令：

第一步：启动 BGP。

```
[Quidway]bgp 2
```

第二步：配置 BGP 对等体组。

```
[Quidway-bgp]group ASUPE internal
[Quidway-bgp]peer 10.20.30.141 group ASUPE
```

路由器 C 上的配置命令：

第一步：启动 BGP。

```
[Quidway]bgp 2
```

第二步：配置 BGP 对等体组。

```
[Quidway-bgp]group ASUPE internal
[Quidway-bgp]peer 10.20.30.149 group ASUPE
```

4）MPLS 协议配置。

基本的 MPLS 配置，需要进行的操作包括：①配置 MPLS LSR ID；②使能 MPLS。

以图 5-11 为例介绍 MPLS 协议配置如下。

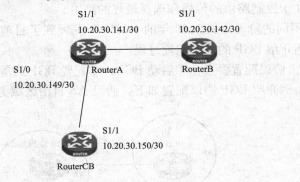

图 5-11　MPLS 协议配置网络结构图

路由器 A 上的配置命令：

第一步：配置 MPLS LSR ID。

```
[Quidway]mpls lsr-id 1.1.1.1
```

第二步：使能 MPLS 协议。

```
[Quidway]mpls
[Quidway]mpls ldp
```

第三步：进入串口使能 MPLS。

```
[Quidway-Serial1/1]ip address 10.20.30.141 255.255.255.252
[Quidway-Serial1/1]mpls
[Quidway-Serial1/1]mpls ldp enable
[Quidway-Serial1/0]ip address 10.20.30.149 255.255.255.252
[Quidway-Serial1/0]mpls
[Quidway-Serial1/0]mpls ldp enable
```

路由器 B 上的配置命令：

第一步：MPLS LSR ID。

```
[Quidway]mpls lsr-id 1.1.1.2
```

第二步：使能 MPLS 协议。

```
[Quidway]mpls
[Quidway]mpls ldp
```

第三步：进入串口使能 MPLS。

```
[Quidway-Serial1/1]ip address 10.20.30.142 255.255.255.252
[Quidway-Serial1/1]mpls
[Quidway-Serial1/1]mpls ldp enable
```

路由器 C 上的配置命令：

第一步：MPLS LSR ID。

```
[Quidway]mpls lsr-id 1.1.1.3
```

第二步：使能 MPLS 协议。

```
[Quidway]mpls
[Quidway]mpls ldp
```

第三步：进入串口使能 MPLS。

```
[Quidway-Serial1/1]ip address 10.20.30.150 255.255.255.252
[Quidway-Serial1/1]mpls
[Quidway-Serial1/1]mpls ldp enable
```

5.5.2　交换机原理及配置

一、交换机原理

1. 交换机工作原理

传统交换机工作在 OSI 模型的链路层，是一种基于介质访问地址识别，能完成封装转发数据包功能的网络设备。连接到局域网的每块网卡都有全球唯一的 MAC 地址，交换机"学习" MAC 地址后会把连接到每个端口的 MAC 地址记住，并生成一张端口与 MAC 地址的对应表。交换机的工作原理如图 5-12 所示。

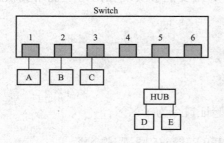

图 5-12　交换机工作原理

第一步：交换机从端口（1、2、3、5）接收到报文，先读取报文头中的源 MAC 地址，从而建立端口与 MAC 地址的对应关系，并将其添加到地址表。同时，交换机能够自动根据接收到帧中的源 MAC 地址后更新地址表的内容，对于长期没有命中的表项则将被删除。

第二步：读取报文头中的目的 MAC 地址，并在 MAC 地址表中查找相应的端口。

第三步：如果 MAC 地址表中有与这个目的 MAC 地址对应的端口，则把该报文直接从该端口发送出去。该方式不是将该报文发送到所有端口，因此提高了网络传输的效率。

第四步：如果 MAC 地址表中没有这个目的 MAC 地址，则将该报文发送给除源端口外的其他端口，即广播帧。如果有该 MAC 地址的网卡在接收到该报文之后做出应答，交换机就将此网卡的地址添加到 MAC 地址表中。

2. VLAN 技术

VLAN 是指虚拟局域网，是一种通过将局域网内的设备逻辑的而不是物理的划分成一个个网段从而实现虚拟工作组的技术。如图 5-13 所示，该交换机划分成逻辑的 VLAN1、VLAN2 网络，并且两个子网互不关联。

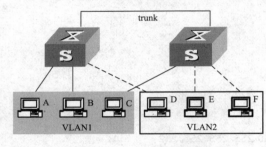

图 5-13　VLAN 结构示意图

VLAN 的优点：VLAN 内部的广播和单播流量不会被转发到其他 VLAN 中，从而有助于控制网络流量、减少设备投资、简化网络管理、提高网络安全性。

二、交换机的配置

本书以华为交换机 S3600 系列配置为例，重点介绍变电站检修维护中需要的常用配置操作方法。

1. 交换机的配置方法

交换机的配置可以通过以下方式登录实现：

（1）通过 Console 口进入命令行接口界面。

（2）通过 Telnet 方式进入命令行接口界面。

（3）通过 SSH 方式以进入命令行接口界面。

2. 交换机的管理配置

初始配置以设置 Telnet 登录配置为例，介绍要能够实现在网络上登录交换机并进行配置的方式。

第一步：进入用户 0-4 界面视图。

```
<Quidway>system-view
[Quidway]user-interface vty 0 4
```

第二步：登录时需要进行口令验证，且验证口令为×××。

```
[Quidway-ui-vty0-4]set authentication password simple xxx
```

第三步：设置登录后可以访问的命令级别为 3。

```
[Quidway-ui-vty0-4]user privilege level 3
```

第四步：返回系统视图。

```
[Quidway-ui-vty0-4]quit
```

第五步：进入 VLAN 接口 1。

```
[Quidway]interface vlan 1
```

第六步：配置 VLAN 接口 1 的 IP 地址 A. B. C. D，掩码位数为 X。

```
[Quidway-vlan-interface 1]ip address A. B. C. D X
```

设置完成后可用 telnet A. B. C. D 登陆交换机了，密码为×××，可访问的命令级别为 3。

3. 交换机的接口配置

交换机的接口配置相对比较简单，其中涉及接口的"开关"及端口的属性等。交换机的配置操作主要分成两大步，第一步是登录到相应的接口视图，第二步是在该视图下对相应接口进行配置。下面以开关端口及设置接口属性为例进行配置介绍。

第一步：登录到相应的接口视图（Ethernet1/0/1 为例）。

```
<Quidway>system-view
[Quidway]interface ethernet  1/0/1
```

第二步：设置接口属性。

（1）设置为 trunk 属性，即该接口属于多个 VLAN，可以接收和发送多个 VLAN 的报文。

```
[Quidway-Ethernet1/0/1]port link-type trunk
[Quidway-Ethernet1/0/1]port trunk permit vlan 10 20 40
```

（2）设置为 access 属性。

```
[Quidway-Ethernet1/0/1]port access vlan 10
port access 命令用来把 Access 端口加入到指定的 VLAN10 中。
```

（3）开关接口。

```
[Quidway-Ethernet1/0/1]shutdown
[Quidway-Ethernet1/0/1]undo shutdown
```

4. 交换机的虚拟局域网配置

（1）创建一个 vlan。

第一步：进入配置视图。

```
<Quidway>system-view
```

第二步：输入 vlan ID，创建 vlan。

```
[Quidway]vlan 10
```

（2）设置 vlan 的 IP 地址。

进入 vlan 视图。

```
[Quidway]vlan 10
[Quidway-Vlan10]ip address 192. 168. 1. 1 255. 255. 255. 0
```

设置 vlan 地址之后，通过 vlan10 关联的接口均能访问此交换机。

（3）将端口指定至 vlan。

第一步：进入 vlan 视图。

```
[Quidway]vlan 10
```

第二步：指定端口至 vlan10。

```
[Quidway-vlan10]port Ethernet 1/0/2 to Ethernet 1/0/4
```

将 Ethernet 1/0/2、Ethernet 1/0/4 划入 vlan10。

（4）清除接口配置。

对于华为的交换机，清除接口特定的配置，只需在原先配置的命令前敲入 undo 即可实现。下面以清除 vlan 指定端口为例。

第一步：进入 vlan 视图。

```
[Quidway]vlan 10
```

第二步：清除指定端口至 vlan10。

```
[Quidway-vlan10]undoport Ethernet 1/0/2 to Ethernet 1/0/4
```

5.6 防火墙和加密认证装置的原理与配置

5.6.1 防火墙原理及配置

一、防火墙技术原理

防火墙是设置不同网络或不同安全区域的一道安全屏障，目的是防止不期望的或未授权的用户和主机访问内部网络，确保内部网正常安全运行。

防火墙对流经它的数据进行安全访问控制，只有符合防火墙安全策略的数据才允许通过，不符合安全策略的数据则被拒绝。防火墙可以关闭不使用的端口，禁止特定端口的流出通信或来自特殊站点的访问。

从总体上看，防火墙主要具有以下基本功能：

（1）加强内部网络的安全策略。

（2）防止未授权用户访问内部网络。

（3）允许内部网络中的用户访问外部网络的服务和资源而不泄漏内部网络的数据和资源。

（4）记录通过防火墙的信息内容和活动。

（5）对网络攻击进行监测和报警。

1. 防火墙在网络中的位置

防火墙位于安全的内部网和非安全的外部网或 Internet 之间，是安全网和非安全网之间信息流通的唯一通道，根据企业的安全策略控制网络数据包的出入，保证内部网的安全运行，如图 5－14 所示。

2. 防火墙类型

按照防火墙的实现技术，一般分为包过滤防火墙（Packet Filter Firewall）、应用级网关（Application-Layer Gateway）、状态包过滤防火墙（Stateful Inspection Firewall）。

（1）包过滤防火墙

包过滤技术，历史上最早在路由器上实现，称之为包过滤路由器，根据用户定义的内容，例如：IP 地址、端口号，来对包进行过滤。包过滤防火墙在网络层对数据包进行检查，并且与应用服务无关（Application independent），这使得包过滤防火墙具有良好的性能和易升级性。但是，包过滤防火墙是安全性最差的一类防火墙，因为包过滤不能根据应用层的信息对包进行过滤，这意味着，包过滤对应用层的攻击行为是无能为力的，这使得包过滤比较容易被攻击者攻破。

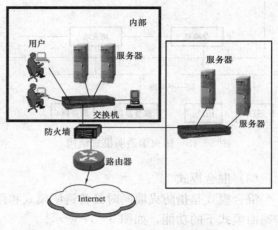

图 5-14　防火墙位置示例

（2）应用级网关

应用级网关打破了原有的客户/服务器模式，它把客户机和服务器隔离开来，使用特定的代理服务软件来转发和过滤特定的应用服务，这使得每一个客户机和服务器之间的通信需要两个连接：一个连接从客户机到防火墙，一个连接从防火墙到服务器。而且代理服务能够提供严格的用户认证，这是包过滤防火墙做不到的，因此应用级网关在安全性方面比包过滤防火墙要强。但是，每一个代理服务都需要一个特定的应用进程或守护进程，这使得升级原有应用代理服务和支持新的应用代理服务成为一个麻烦的问题，而且应用级网关在性能上要逊色于包过滤，透明性也较差。

（3）状态包过滤防火墙

状态包过滤防火墙基于包过滤实现了状态包过滤而且不打破原有客户/服务器模式，克服了前两种防火墙的限制。在状态包过滤防火墙中，数据包被截获后，状态包过滤防火墙从数据包中提取连接状态信息（TCP 的连接状态信息，如：TCP_SYN、TCP_ACK，以及 UDP 和 ICMP 的模拟连接状态信息），并把这些信息放到动态连接表中动态维护。当后续数据包来时，将后续数据包及其状态信息和其前一时刻的数据包及其状态信息进行比较，防火墙能做出决策：后续的数据包是否允许通过，从而达到保护网络安全的目的。简而言之，状态包过滤提供了一种高安全性、高性能的防火墙机制，而且容易升级和扩展，透明性好。

3. 防火墙工作模式

防火墙一般有 3 种工作模式：透明模式、路由模式、混合模式。这 3 种工作模式可以通过设置防火墙接口的工作模式来实现。防火墙接口可以设置成二层或三层接口。当为二层接口时一般应用在透明模式上，当为三层接口时用在路由模式上，当两种方式混合时用在混合模式上。

（1）透明模式

透明模式是指防火墙与业务机工作在同一个网段。如图 5-15 所示，此时防火墙的作用与交换机类似，对于用户来说是透明的。在此透明模式下，无需再给防火墙端口分配地址。

（2）路由模式

路由模式是防火墙可以让在不同网段之间的主机进行通信。防火墙处于路由模式时它的各个接口必须分配相应的 IP 地址。路由模式的防火墙结构如图 5-16 所示。

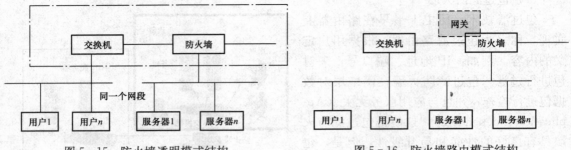

图 5-15 防火墙透明模式结构　　　　　　图 5-16 防火墙路由模式结构

（3）混合模式

混合模式是指防火墙同时具备透明模式和路由模式的工作模式，同时能够实现透明模式和路由模式下的功能，如图 5-17 所示。

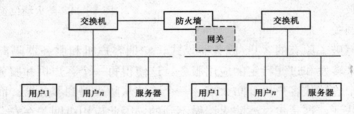

图 5-17 防火墙混合模式结构

二、变电站常用防火墙简介

1. 变电站防火墙构架

500kV 某变电站防火墙逻辑构架如图 5-18 和图 5-19 所示。该站防火墙（NetEye FW4120）采用了双机热备的功能，即正常工作状态为一台防火墙处于工作状态，另外一台处于热备状态。当工作状态防火墙出现故障不能运行时，热备状态的防火墙会自动切换到工作状态，保证网络的正常运行。

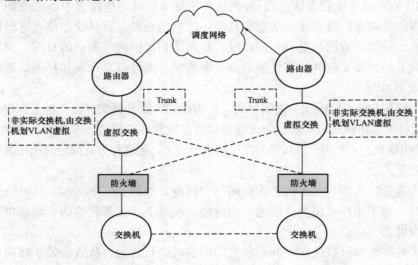

图 5-18 防火墙逻辑结构

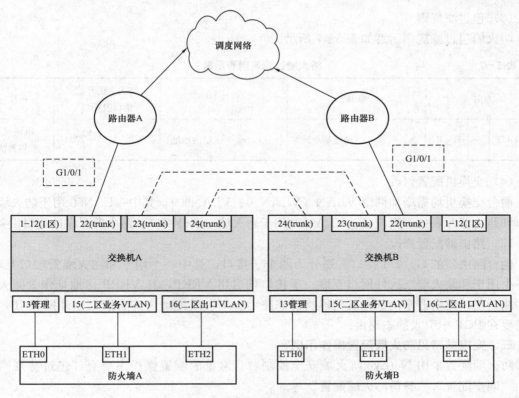

图 5-19 防火墙物理接线

2. 变电站防火墙配置

（1）防火墙接口 IP 地址设置

防火墙接口 IP 地址示意如表 5-5。

表 5-5 防火墙接口 IP 地址表示意

设备名称	端口号	IP 地址	备注
NetEye 防火墙	ETH0	* . * . * . * /29	管理口
	ETH1	* . * . * . * /25	II _ in（二区内）
	ETH2	* . * . * . * /29	II _ out（二区外）

（2）路由配置

防火墙路由配置示意如表 5-6。

表 5-6 防火墙路由配置表示意

目的地址	子网掩码	下一跳 IP	通过端口	路由类型
防火墙工作在路由模式下				
* . * . * . *	* . * . * . *	* . * . * . *	II _ out	Default
* . * . * . *	* . * . * . *	* . * . * . *	管理	static

（3）包过滤规则

防火墙包过滤规则示意如表 5 - 7 所示。

表 5 - 7   防火墙过滤规则表示意

方向		源 IP	目标 IP	站内主机开放协议及端口	备注
II _ OUT	→ II _ IN	* . * . * . *（调度端地址）	* . * . * . *（站内地址）	TCP：1702～1703	电能量采集系统

（4）交换机配置修改

两台交换机均需增加两个 VLAN（VLAN50、VLAN60），其中 VLAN50 用于防火墙管理口和路由器互联的逻辑设备，VLAN60 用于防火墙二区外网口和路由器互联的逻辑设备。

（5）路由器配置修改

两台路由器的 G1/0/1 接口需划分为两个子接口，其中一个用于和防火墙管理口互联，另一个用于和防火墙二区外网口互联。子接口均启用 VRRP，其 VRRP 虚地址作为防火墙下一跳网关。路由器至内部主机网段指静态路由，下一跳地址为防火墙二区外网口 IP，同时需要在 BGP 中引入静态路由。

三、变电站常见防火墙配置操作示例

防火墙配置采用 NetEye 防火墙安全控制台。常见的配置操作主要有"包过滤规则配置"、"同步配置"、"备份防火墙配置"等。

1. 包过滤规则配置

打开 NetEye 防火墙安全控制台软件，设置远端防火墙管理 IP 地址之后登入，如图 5 - 20 所示。

连接防火墙主机后，点击"资源→包过滤规则"进入规则配置画面，如图 5 - 21 所示。进入配置画面后可以看到所有此防火墙的规则配置，如图 5 - 22 所示。以电量采集规则配置为例，图 5 - 23 中需要配置的重要条目有"访问源"、"访问目标"、"协议"，"访问源"即为调度端的 IP 设置，"访问目标"为站内电量采集装置 IP 设置，"协议"即为限定的网络通信协议及端口等。

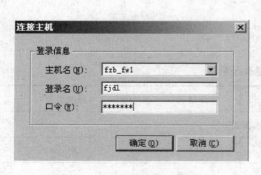

图 5 - 20　防火墙登入画面

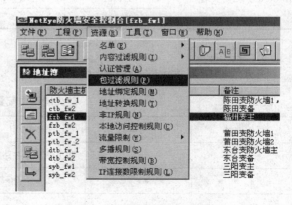

图 5 - 21　包过滤规则画面一

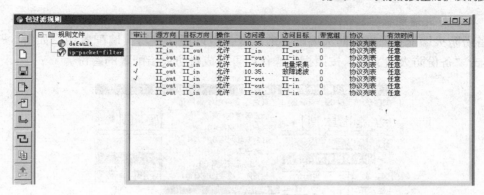

图 5-22 包过滤规则画面二

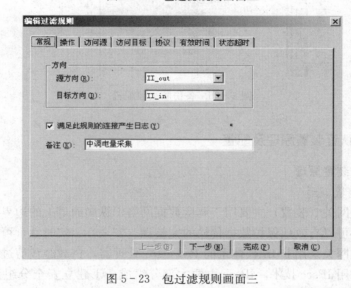

图 5-23 包过滤规则画面三

2. 同步配置

"同步配置"是为了同步配置另外一台防护墙配置的操作，此操作可以节省重复的配置工作，主要有"规则配置"、"路由配置"等如图 5-24 所示，进入"同步配置"画面。如图 5-25 所示，填入需要同步防火墙 IP 地址、登录名和口令后，即可同步另外一台防火墙配置。

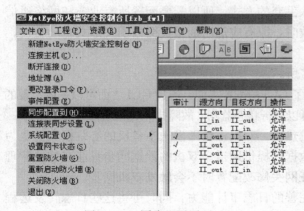

图 5-24 同步配置画面一

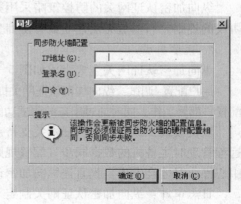

图 5-25 同步配置画面二

3. 备份防火墙配置

"备份防火墙配置"即对防火墙配置进行备份,以便恢复防火墙配置用。如图 5 - 26 所示,单击"备份防火墙文件"按照提示操作即可完成对防火墙配置的备份。

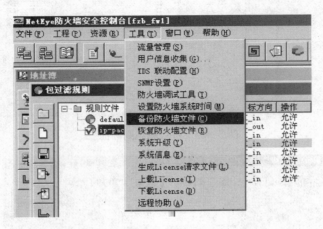

图 5 - 26 备份防火墙配置

5.6.2 加密认证装置原理及配置

一、加密认证装置原理

1. 加密认证装置概述

纵向加密认证网关(装置)主要用于调度数据网络中纵向通道上的边界防护。通过部署在网络出口处,其可以有效地保护数据传输的完整性、安全性、实时性、可靠性。

纵向加密认证网关采用非 Intel 体系的 PowerPC 处理器,搭载经裁剪过的 Linux 操作系统,业务逻辑上采用 IPsec 技术。IPsec 由两大部分组成:①建立安全分组流的密钥交换协议;②保护分组流的协议。前者为 Internet Key Exchange(IKE)协议,就是通常所说的隧道协商。后者包括加密分组流的封装安全载荷协议(ESP 协议)或认证头协议(AH 协议),用于保证数据的机密性、来源可靠性(认证)、无连接的完整性并提供抗重播服务,这是传输日常业务报文时采用的加密方式。

纵向加密认证网关的防控策略采用默认丢弃的方式,所以需要配置所有业务和网络通信协议的规则。当隧道无法建立或者协商失败时,原有应加密的报文会以明文形式自动转发。

2. 主要组成

纵向加密认证网关主要组成如图 5 - 27 所示。

用户配置/调试:纵向加密认证网关提供了 GUI 的配置界面,通过 GUI 界面可以完成装置的配置、部署工作。同时通过串口的调试功能可以进行状态监测、故障排除、程序升级等工作。

双机模块:纵向加密认证网关支持双机热备。双机模块即发送主备机的心跳报文,也为远程管理时主备机的数据同步(配置规则数据)提供通道。双机的数据同步只能在装置管理中心操作时才会发生,当直连纵向加密认证网关修改配置时不会触发双机同步。

日志审计:纵向加密认证网关制定了完善的日志审计能力,同时可将这些日志转发远程日志服务器。

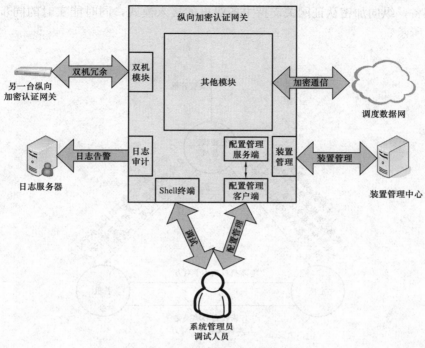

图 5 - 27 加密认证装置主要组成

远程装置管理：纵向加密认证网关提供了远程管理的能力并且采用数字签名保证管理报文的合法性。

加密通信：纵向加密认证网关提供数据加解密的功能。

3. 主要功能

身份认证：纵向加密认证网关提供智能 IC 卡作为操作员身份标识。

数据汇聚：纵向加密认证网关提供多个网口。可以配置成桥模式来汇聚多路数据。

远程管理：纵向加密认证网关支持远程管理。装置管理报文采用一问一答的形式，由装置管理中心发起请求，装置进行应答。当装置收到管理中心发来的 DMS 报文时，首先需要进行一系列的检查，所有的检查都通过后，装置就将根据 DMS 报文的请求类型给出相应的应答。

安全审计：通过对管理操作、业务通信的日志记录来保障，如图 5 - 28 所示。

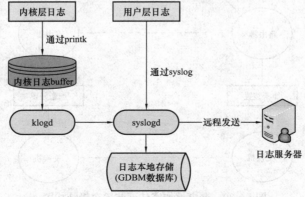

图 5 - 28 加密认证装置日志审计流程

　　双机热备：纵向加密认证网关支持主备双机的接入模式，同时能实时的同步双机数据，如图 5-29 所示。

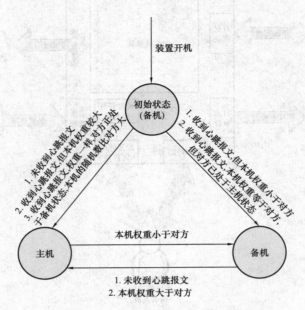

图 5-29　双机热备模式原理

　　GUI 配置：配置软件采用用户图形界面，方便配置。

二、加密认证装置配置

　　本书以 500kV 变电站常用的加密装置（NetKeeper-2000）为例，主要介绍其结构及配置方法。

　　1. 变电站加密认证装置系统结构

　　某 500kV 变电站加密认证装置系统结构如图 5-30 和图 5-31 所示。

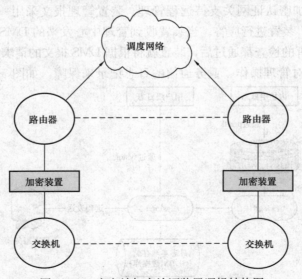

图 5-30　变电站加密认证装置逻辑结构图

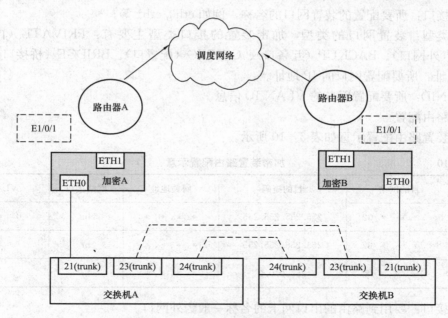

图 5－31　变电站加密认证装置接线图

2．变电站加密认证装置配置

（1）系统配置

加密装置系统配置示意如表 5－8 所示。

表 5－8　　　　　　　　　　　　　　加密装置系统配置示意

加密网关名称	加密网关地址	远程地址	系统类型	装置证书
调度管理	＊.＊.＊.＊	＊.＊.＊.＊	装置管理	＊.pem
调度日志审计	＊.＊.＊.＊	＊.＊.＊.＊	日志审计	＊.pem

网关地址：加密网关的外网地址或者外网卡上用于被管理或审计所设置的地址。

远程地址：远程的装置管理系统、日志审计系统或者远程调试计算机的网络地址，一般为调度端地址。

系统类型：包括装置管理、日志审计、远程调试。

证书：在系统类型配置为装置管理时必须配置相应的装置管理的证书名称。

（2）网络配置

加密装置网络配置示意如表 5－9 所示。

表 5－9　　　　　　　　　　　　　　加密装置网络配置示意

接口描述	网络接口	接口类型	IP 地址	子网掩码	VLANID
br	BRIDGE	BRIDGE	＊.＊.＊.＊	255.255.255.128	10
br	BRIDGE	BRIDGE	＊.＊.＊.＊	255.255.255.0	40

网络接口：所要配置的装置网口的名称，例如 eth0/eth1 等。

接口类型：装置网口的类型，加密装置的接口类型主要有：PRIVATE（内网口）、PUBLIC（外网口）、BACKUP（互备口）、CONFIG（配置口）、BRIDGE（桥接口）。

IP 地址：所要配置网口的 IP 地址。

VLANID：所要配置网口的 VLAN ID 信息。

（3）路由配置

加密装置路由配置示意如表 5-10 所示。

表 5-10　　　　　　　　　　　　加密装置路由配置示意

名称	目的网络	目的掩码	网关地址	网络接口	VLANID
man1	*.*.*.*/32	255.255.255.255	*.*.*.*	br	40
man2	*.*.*.*/32	255.255.255.255	*.*.*.*	br	40
out	*.*.*.*/8	255.0.0.0	*.*.*.*	br	10

网络接口：要用到路由的出口网卡的名称一般为外网口。

目的网络：要实现通信的外网侧的所在网段。

网关地址：加密网关的外网口通信地址。

（4）隧道配置

加密装置隧道配置示意如表 5-11 所示。

表 5-11　　　　　　　　　　　　加密装置隧道配置示意

隧道名称	ID	模式	本端装置地址	对端装置地址	对端装置证书	隧道周期	隧道容量
隧道名称 1	1	加密	*.*.*.*	*.*.*.*	*.pem	10000	5000000
隧道名称 2	2	加密	*.*.*.*	*.*.*.*	*.pem	10000	5000000

隧道 ID：隧道的标识，关联隧道的所有信息。

隧道模式：隧道模式分为两类：加密、明通。明通模式下，隧道两端装置不进行密钥协商，隧道中的所有数据只能通过明通方式进行传输；加密模式下，隧道中的数据报文会根据协商好的密钥将相关通信策略的数据报文进行封装和加密，保证数据传输的安全性。

隧道本端地址：本端隧道的地址，即本侧加密网关的外网虚拟 IP 地址。

隧道对端主地址：对端隧道的主地址，即对端加密网关（主机）的外网虚拟 IP 地址。

隧道对端备地址：对端隧道的备用地址，即对端加密网关（备机）的外网虚拟 IP 地址。

对端装置证书：对端备隧道的证书名称。对端加密网关的设备证书名称需与初始化导入的对端备加密网关证书名称一致。

隧道周期：隧道密钥的存活周期。超过设定的存活周期，装置会自动重新协商密钥。

隧道容量：为隧道内可加解密报文总字节数的最大值，在隧道内加解密报文的总字节数一旦超过此值，隧道密钥立刻失效，装置会自动重新协商密钥。

（5）策略配置

加密装置策略配置示意如表 5－12 所示。

表 5－12 加密装置策略配置示意

名称	ID	模式	内网地址范围	外网地址范围	协议	方向	内网端口范围	外网端口范围
RTU	2	加密	*.*.*.*.1～2	*.*.*.*.101～104	TCP	双向	2404	0～65535

隧道 ID：为隧道配置中设定的隧道 ID 信息。通过此信息，可以将策略关联到具体的隧道，以便对需要过滤的报文进行加解密处理。

工作模式：工作模式分为明通、加密或者选择性保护。

源起始地址和源目的地址（内网地址范围）：本端通信网段的起始和终止地址，如果为单一通信节点，则源起始地址和源目的地址设置为相同。

目的起始地址和目的终止地址（外网地址范围）：对端通信网段的起始和终止地址，如果为单一通信节点，则目的起始地址和目的终止地址设置为相同。如果对端网关启用地址转化功能，则目的地址为对端网关的外网虚拟 IP 地址。

协议：支持 TCP、UDP、ICMP 等通信协议。

传输方向：此配置字段可以控制数据通信的流向，分为内→外、外→内和双向。

源起始端口和源终止端口（内网端口范围）：通信端口配置范围在 0～65535 之间。

目的起始端口和目的终止端口（外网端口范围）：通信端口配置范围在 0～65535 之间。

（6）ARP 绑定

加密装置 ARP 配置示意如表 5－13 所示。

表 5－13 加密装置 ARP 配置示意

IP 地址	MAC 地址	网口	VLANID
..*.*	**：**：**：**：**：**	br	40
..*.*	**：**：**：**：**：**	br	40

在网络管理中，IP 地址盗用现象经常发生，不仅对网络的正常使用造成影响，同时由于被盗用的地址往往具有较高的权限，因而也对用户造成了大量的经济上的损失和潜在的安全隐患。为了防止 IP 地址被盗用，可以在代理服务器端分配 IP 地址时，把 IP 地址与网卡地址进行捆绑。

（7）网络设备配置修改

在主备两台路由器上各添加一条静态路由，使得到主加密装置的报文通过主路由直接转发，到备加密装置的报文通过备路由直接转发。

三、变电站加密认证装置常见操作

1. 策略配置

如图 5－32 所示，单击"规则配置"→"策略配置"菜单，弹出"策略配置"的页面，按要求填写相关参数后确认。然后单击该软件左侧的"上传配置"之后即可完成设置。

2. 路由配置

如图 5－33 所示，单击"规则配置"→"路由配置"菜单，弹出"路由配置"的页面，按要求填写相关参数后确认。然后单击该软件左侧的"上传配置"之后即可完成设置。

图 5-32　策略配置画面

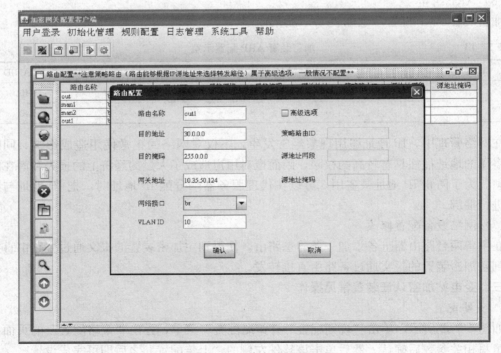

图 5-33　路由配置画面

3. 备份配置文件

如图 5-34 所示，单击"系统工具"→"规则包导出"，即可备份配置文件。该备份配置文件在系统需要还原配置时单击"规则包导入"可用。

加密网关配置客户端

用户登录　初始化管理　规则配置　日志管理　系统工具　帮助

规则包导出
规则包导入
重启网关
隧道管理
链路管理
系统诊断

策略配置

策略名称	策略ID...	隧道ID	策略模式	内网起...	...	外网终	协议	内网起	内网终	外网起	外网终
7	1	加密	10.35.50		10.35.20.20	10.35.20.21	TCP	8000	8005	0	65535
8	1	加密	10.35.50			10.35.20.21	TCP	2404	2414	0	65535
9	1	加密	10.35.50		...200	10.35.1.200	TCP	0	65535	1976	1976
10	2	加密	10.35.50.9	10.35.50.10	10.35.20.20	10.35.20.21	TCP	0	65535	9000	9005
11	2	加密	10.35.50.9	10.35.50.10	10.35.20.20	10.35.20.21	TCP	0	65535	8000	8005
12	2	明文	10.35.50.1	10.35.50.1	10.35.19	10.35.19	TCP	0	65535		
13	2	加密	10.35.50.9	10.35.50.10	10.35.20.20	10.35.20.21	TCP	9000	9005	0	65535
14	2	加密	10.35.50.9	10.35.50.10	10.35.20.20	10.35.20.21	TCP	8000	8005	0	65535
15	2	加密	10.35.50.1	10.35.50.2	10.35.20	10.35.20	TCP	2404	2414	0	65535
16	2	加密	10.35.50.1	10.35.50.1	10.35.1.200	10.35.1.200	TCP	1976	1976	0	65535
17	3	明文	10.35.50.9	10.35.50.10	10.30.16.1	10.30.16.1	TCP	9000	9005	0	65535
18	3	明文	10.35.50.9	10.35.50.10	10.30.16.1	10.30.16.1	TCP	8000	8005	0	65535
19	3	明文	10.35.50.9	10.35.50.10	10.30.16.1	10.30.16.1	TCP	0	65535	9000	9005
20	3	明文	10.35.50.9	10.35.50.10	10.30.16.1	10.30.16.1	TCP	0	65535	8000	8005
21	4	明文	10.35.50.9	10.35.50.10	10.30.16.2	10.30.16.2	TCP	9000	9005	0	65535
22	4	明文	10.35.50.9	10.35.50.10	10.30.16.2	10.30.16.2	TCP	8000	8005	0	65535
23	4	明文	10.35.50.9	10.35.50.10	10.30.16.2	10.30.16.2	TCP	0	65535	9000	9005
24	4	明文	10.35.50.9	10.35.50.10	10.30.16.2	10.30.16.2	TCP	0	65535	8000	8005
25	5	明文	10.35.50.1	10.35.50.2	10.30.17.1	10.30.17.10	TCP	2404	2404	0	65535
26	6	明文	10.35.50.1	10.35.50.2	10.30.17.1	10.30.17.10	TCP	2404	2404	0	65535
27	100	明文	10.35.167.1	10.35.167	10.35.167.1	10.35.167	TCP	0	65535	0	65535
28	1	明文	10.35.50.9	10.35.50.10	10.35.51.1	10.35.51	TCP	0	65535	0	65535
29	1	明文	10.35.50.9	10.35.50.10	10.30.16.1	10.30.16.2	TCP	20	23	0	65535
30	6	明文	10.35.50.1	10.35.50.2	30.10.11.1	30.10.11.10	TCP	2404	2414	0	65535
31	5	明文	10.35.50.1	10.35.50.2	10.30.13.1	10.30.13.10	TCP	2404	2404	0	65535
32	4	明文	10.35.50.9	10.35.50.10	10.30.110.1	10.30.110	TCP	0	65535	0	65535
33	1	明文	10.35.50.1	10.35.50.1	10.35.48.1	10.35.48.10	全部	0	65535	0	65535
0	1	加密	11.22.33.44	11.22.33.44	11.22.33.44	11.22.33.44	全部	0	65535	0	65535

图 5-34　备份配置文件画面

4. 证书请求制作

如图 5-35 所示，单击"初始化管理"，软件弹出初始化的一些选项，选择"加密卡"，然后单击"生成证书请求"即可完成证书请求制作。制作的证书请求文件需发给证书签发机构（调度端）签发。

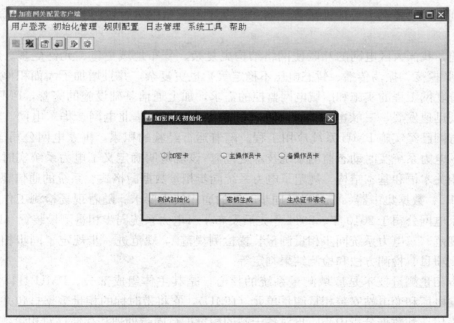

图 5-35　证书制作画面

第 6 章

变电站综合自动化相关系统

本章介绍了与实现变电站综合自动化相关的同步相量测量系统（PMU）、电能量采集系统和电压无功自动控制系统（AVQC），主要介绍三个系统的基本原理、结构组成以及调试维护方法。

6.1 同步相量测量（PMU）

6.1.1 同步相量测量产生背景与应用

相量测量单元（Phasor Measurement Unit，PMU）一般指相量测量单元子站，其主站一般称作广域测量系统（Wide Area Measurement System，WAMS）。同步相量测量是利用高精度的 GPS 卫星同步时钟实现对电网母线电压和线路电流相量的同步测量，通过通信系统传送到电网的控制中心或保护控制器中，用于实现全网运行监测控制或实现区域保护和控制。

目前，我国大区电网的互联使网络结构更复杂、分布地域更广、元件更多、动态行为（如超低频振荡、振荡传播、暂态电压不稳定等）也更复杂，并且增加了大面积停电的可能性。随着联网工程的实施和广域电网监控的需求，加上通信基础设施的完善，PMU 系统的应用得到迅速发展，三峡电网以及各大区网（东北电网、华北电网、华东电网、华中电网等）和省网已经实施 PMU 系统应用工程。随着运行经验的积累，国家电网公司于 2006 年发布了《电力系统实时动态监测系统技术规范》。该规范明确定义了电力系统实时动态监测系统的相关术语和基本结构，规定了电力系统同步相量数据的格式、系统的通信规约，提出了对 PMU、数据集中器、主站以及同步时钟的通用技术要求。随着现场检测工作的深入开展，国家电网公司于 2010 年、2011 年先后发布了《电力系统同步相量测量装置（PMU）测试技术规范》、《电力系统同步相量测量装置检测规范》，规范进一步规定了同步相量测量装置的检测项目、检测方法和检测结果判定等。

同步相量测量技术是广域测量系统的核心，是其主体组成部分。PMU 具体实现方式为：在发电厂和变电站安装相量测量单元（PMU），它将带时标的相量数据打包并通过高速通信网络传送到数据分析中心，再对各子站的相量进行同步处理和存储，对相量数据执行实时评估以动态监视电网的安全稳定性，或进行离线分析，为系统的优化运行提供依据，并进一步与控制结合起来，以提高电网的传输能力和安全稳定水平。国内同步相量测量装置随着技术的发展实现了商品化，代表产品有中国电力科学研究院的 PAC - 2000 同步相量测量装置、北京四方继保自动化股份有限公司的 CSS - 200 同步相量测量装置、南瑞科技股份有限公司的 SMU 同步相量测量装置等。PMU 的商品化推动了以 PMU 系统为基础的广域测量系统（WAMS）的发展，从而实现广域的阻尼控制、暂态稳定控制、电压稳定控制和频率稳定控制，进而形成全国范围的协调防御系统。

目前，同步相量测量技术的应用研究已涉及状态估计与动态监视、稳定预测与控制、模型验证、继电保护及故障定位等领域，如 PMU 在继电保护和故障定位的应用。同步相量测量技术能提高设备保护、系统保护等各类保护的效率，最显著的例子就是自适应失步保护。在智能电网应用中，国家电力调度通信中心于 2009 年颁布了《智能电网调度技术支持系统建设框架》，其中明确指出：智能电网调度技术支持系统应能实现实时监控与预警、安全校核、调度计划和调度管理等核心应用。其中实时监控与预警应用功能是指实现对电力系统稳态状态的监视分析和控制，对动态状态的监测和预警，保证特高压大电网安全经济运行。由此可见，电网实时动态监测系统是智能电网调度技术支持系统的重要系统之一。

6.1.2　同步相量测量技术基础

电力系统的交流电压、电流信号可以使用相量来表示，设正弦信号为

$$x(t) = \sqrt{2}X\cos(2\pi ft + \varphi) \tag{6-1}$$

采用相量表示为

$$\dot{X} = Xe^{j\varphi} = X\cos\varphi + jX\sin\varphi = X_R + jX_I \tag{6-2}$$

交流信号通过傅里叶变换，将输入的采样值转换为频域信号，得到相量值。式（6-1）用相量的形式表示为

$$\dot{X} = \frac{2}{N}\sum_{k=0}^{N-1}x_k e^{-j\frac{2\pi}{N}k} = X_R + jX_I \tag{6-3}$$

模拟信号 $u(t) = \sqrt{2}U\cos(\omega_0 t + \varphi)$ 的相量形式为 $U\varphi$。如图 6-1 所示，当 $u(t)$ 的最大值出现在卫星同步秒脉冲信号（PPS）时，相量的角度为 0°；当 $u(t)$ 正向过零点与秒脉冲同步时，相量的角度为 -90°。

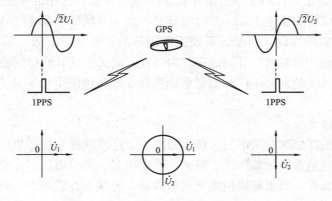

图 6-1　相量的角度定义

GPS为电力系统提供了全网统一的时钟信号，定时精度可达 ns 级。借助 GPS 时钟信号，可以在各厂站构造 $f_0 = 50\text{Hz}$ 参考相量，其他相量都与参考相量比较，得到"绝对"相角。经过通信系统传输，异地相量综合在一起，削去共同的参考相量就得到"相对"相角，如图 6-2 所示。

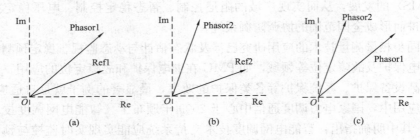

图 6-2　同步相量测量相量原理

6.1.3　广域测量系统关键技术

广域测量系统是在同步相量测量技术基础上发展起来的，对地域广阔的电力系统进行动态监测和分析的系统。

一、同步测量技术

基于 GPS 的同步测量原理为：由相量测量装置精度晶振 PPS 的振荡器经过分频 CPU，满足采样 1PPS 的时钟信号，它每隔 1s 与 GPS 的秒脉冲 PPS 信号同步一次，保证振荡器输出的脉冲信号的前沿与 GPS 时钟同步，A/D 计误差。同时通知采样 CPU，在新的 1PPS 作用下，采样点数重新清零。各 A/D 转换器都以计数器输出的经过同步的时钟信号作为开始转换的信号，控制各自的数据采集，因此采样是同步的。同时，GPS 接收机经标准串口将国际标准时间信息传送给数据采集装置，用于给采样数据加上"时间标签"。

同步测量需要有高精度的卫星时间同步技术，GPS 技术是当前比较成熟并在国际上广泛使用的卫星时间同步技术。GPS 时间同步技术具有精度高、可靠性好、成本较低的优点。但 GPS 受美国军方控制，其 P 码仅对美国军方和授权用户开放，民用 C/A 码的时间同步精度比 P 码低两个数量级。

2003 年，我国自主研发的北斗卫星导航系统正式开通，采用北斗卫星导航系统的授时定时型用户机，可以得到优于 100ns 的时间基准，北斗卫星导航系统的启用已逐步进入了实用性阶段。由于俄罗斯的 GLONASS 系统正常运转的卫星数量有限，稳定性和可靠性无法保障，而欧洲实施的"伽利略"计划进度较为缓慢，尚无正式开始组网的时间表。预计随着我国北斗卫星导航系统的发展，广域测量系统将逐步过渡到使用北斗卫星导航系统的同步时间信号。

二、实时通信技术

实时通信技术是广域测量系统的关键部分之一。广域测量系统的测量、决策及响应时间很大程度上依赖于通信系统的鲁棒性、带宽、低误码率、多点通信、冗余性等指标。通信系统需具备最大的可靠性，要求能够检测出通信故障，并具备容错能力。通信系统的技术要求主要包括：

（1）支持保护和控制的高速、实时通信。

（2）支持电力系统应用的宽带网。

（3）能够处理应用发展所需的最高速率。

（4）能够访问所有的地点，以支持监控和保护功能。

（5）在部分网络出现故障的情况下仍能连续工作。

为了可靠获得系统的动态响应，广域信息的提取、传输及处理周期需要在百毫秒级，以保证在失稳或崩溃之前实施紧急控制措施。因此，必须清楚地知道实时数据传输各个环节中存在的延时，并尽可能减少可避免的延时。通常而言，通信系统的延时 T_d 可表示为

$$T_d = T_m + T_t + T_c \qquad\qquad (6-4)$$

式中：T_m 为发送延时，取决于数据量和发送波特率；T_t 为传输延时，与传输距离和速度有关，通常情况下电信号或者光信号传输速度为 $3.3\sim5\mu s/km$；T_c 为网络阻塞造成的排队延时，与排队方案有关，而且呈随机分布。

对于广域测量系统而言，电压、电流在传送到主站数据处理中心之前，先后通过传感器（电流、电压传感器）、同步采样、相量计算和数据封装、子站通信模块、通信链路、主站通信前置机等环节，每一环节都会产生延时。传感器将实际的工频电量幅值变换成采样模块能接收的信号量程，其工频相移小于 $1°$，此延时记为 τ_1，为微秒级；数据同步采样装置在GPS 时钟标签下同步进行 A/D 采样，其延时很小，可以忽略不计。相量计算中采用较多的算法是离散傅里叶变换，实际应用改进的离散傅里叶变换使计算量大大降低，计算耗时间计为 τ_2，为微秒级；数据封装是 PMU 数据包报文构造和通信协议栈调用的过程。数据包采用IEEE C37.118 协议数据格式，在进行数据传输过程中，PMU 数据需要进行数据包重组，调用协议驱动模块并通过链路发送，这部分延时的大小决定于测量量的多少和数据处理单元的效率，记为 τ_3，为微秒级；实时数据在广域网络中传输均会产生分组延时，即一个数据分组从子站通信模块发送经过通信链路到达主站通信前置机所需时间，记为 τ_4。相邻节点及其之间的链路定义为一个中继段，在每个中继段内，分组延时包括串行化延时 α、传播延时 β和交换延时 γ。假定一个 PMU 数据包从子站通信模块传输到主站通信前置机，经 f 个节点和 k 条链路，则：

$$\tau_4 = \sum_{i=1}^{f}(\alpha_i + \beta_i) + \sum_{j=1}^{k}\gamma_j \qquad\qquad (6-5)$$

根据以上的分析，WAMS 总延时公式为 $T = \tau_1 + \tau_2 + \tau_3 + \tau_4$，与 τ_4 直接有关，τ_4 是延时抖动最重要的因素，直接反映延时的分布特征。同时还要考虑实时软件运行所造成的延时和由于概率分布带来的延时抖动。其中传感器、采样及相量计算中的延时属于固定延时，链路延时和子站与主站数据封装及协议栈调用延时为可变延时。因此，减少延时的主要手段是提高硬件处理速度、采用合适的网络拓扑和有效的阻塞管理。

同步光纤网（Synchronous Optical Network，SONET）和同步数字系列（Synchronous Digital Hierarchy，SDH）技术为测量系统提供了通信方式。SONET/SDH 的数据通信速度达到每秒兆比特以上，通过使用专用通道，通道延时大大减少。SONET 采用自愈混合环网，与数字交换系统结合使用，可使网络按预定方式重新组配，大大提高了通信的灵活性和可靠性。

TCP 协议（基于连接方式）和 UDP 协议（基于无连接方式）均可用来通过网络传输实时信息和数据。由于基于连接方式的通信协议必须保证可靠地传递数据，TCP 协议在一定程度上牺牲了快速性。除非在没有其他数据竞争带宽的专用信道中，数据传输基本不会出错外，在一般信道中，有时可能会出现传输错误。由于 TCP 层位于互联网参考模型的高层，由其进行数据重传，将有可能造成长时间延时。此时，后面的数据必然会被阻塞而无法传输，可能导致控制过程失败。UDP 协议不必考虑由于数据的重发或确认造成的额外延时，并且在干扰较小的 WAMS 专用网络中采用 UDP 协议基本不会出现数据丢失的情况。如在允许的范围内数据丢失，可以利用软件对数据进行补偿。在子站通信方案设计及工程实施过程中，需要对子站所需的通信带宽进行计算，以确定通信方案及通道配置。以下提供子站网络通信最低带宽计算方法，供设计、施工单位参考。

（1）实时监测数据流量（bps）＝实时监测数据的 IP 报文长度（BYTE）×8×每秒传送次数；

（2）离线文件数据流量（bps）＝离线文件数据的 IP 报文长度（BYTE）×8×每秒传送次数；

（3）最大数据流量＝实时监测数据流量＋离线文件数据流量；

（4）通道带宽＝最大数据流量×裕度系数 K 倍。

根据工程实际，上述表达式中的每秒传送次数按 50 次/s 计算，裕度系数 K 取 1.5。

6.1.4　PMU 基本组成结构

PMU 将电网各点的相量测量值送到控制中心的数据集中器，数据集中器将各个厂站的测量值同步到统一的时间坐标下，得到电网的同步相量。

PMU 一般包括卫星时钟同步电路、模拟信号输入、开关信号输入/输出、主控 CPU、存储设备及时通信接口，具有同步相量测量、时钟同步、运行参数监视、实时记录数据及暂态过程监录等功能，如图 6-3 所示。

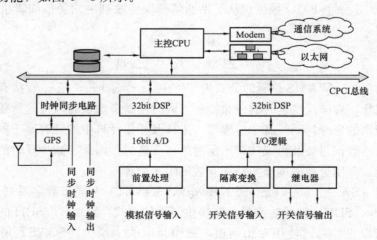

图 6-3　相量测量装置结构示意图

PMU分为集中式和分布式两种。相量测量集中于单个集控室的厂站，使用集中式PMU与主站通信；相量测量点分布较为分散的厂站，采用分布式PMU，使用数据集中器将各个PMU的数据集中打包后传送到主站。

6.1.5 CSS-200分布式同步相量测量装置

下面介绍北京四方继保自动化股份有限公司的CSS-200系列装置的PMU子站。

一、系统组成

某500kV变电站的PMU子站如图6-4所示，CSS-200系列PMU子站主要由同步相量采集装置、数据集中处理单元、GPS授时单元、以太网交换机等组成。

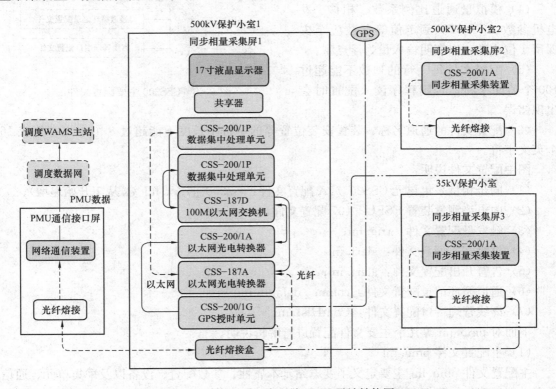

图6-4 某500kV变电站PMU子站结构图

（1）同步相量采集单元CSS-200/1A负责实时采集同步测量电压、电流和开关量，其同步源以GPS绝对时间信号虚拟的50Hz正弦波为基准。

（2）数据集中处理单元CSS-200/1P是CSS-200系统的核心处理单元，采用QNX4.25实时操作系统，其主要功能为数据采集、相量补偿、数据远传、扰动触发和数据记录。

（3）GPS授时单元CSS-200/1G提供统一的时钟基准，支持级联扩展。

二、CSS-200数据处理单元的配置

CSS-200配置PMU数据处理单元相对简单，一般情况下，CSS-200数据处理单元出厂时已经装好基本系统，并装好了以太网卡，具备了联网能力。调试时可借助于FlashFXP软件进行文件上传和下载，并借助于UltraEdit软件进行文件的编写和修改。CSS-200主要配置/css200/ini 目录下的相关文件（如图 6-5 所示），配置/css200/ini 下的文件要遵循以下规则：

（1）配置文件采用 ASCII 格式。

（2）英文"♯"开头的行为注释行，注释行的"♯"必须在行首。

（3）配置文件中禁止出现 Tab，只允许使用空格，建议利用 UltraEdit 软件的自动修剪行尾空格，自动转换功能将 Tab 转换为空格。

（4）模拟量通道比例系数、相移、发电机参数、TA/TV 额定值等参数应至少保留 1 位小数，以表明输入量为浮点型。

（5）配置文件每一行的列数不能超过 100 个英文字符，否则程序读入配置时会出现错误。

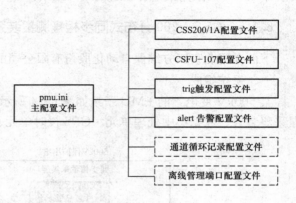

图 6-5　CSS200 主要配置文件

（6）配置文件的通道名称、装置安装位置等的字符串长度不能超过 8 个中文字符或 16 个英文字符。

图中配置文件说明：

（1）同步相量采集单元 CSS200/1A 配置文件：css200_1Ax.ini（x 从 1 开始递增）；

（2）内电势测量装置 CSFU-107 配置文件：csfu.ini；

（3）触发量配置文件：trig.ini；

（4）报警开出配置文件：alert.ini；

（5）告警开出配置文件：alert.ini；

（6）通道循环记录配置文件：comm_default.ini；

（7）离线管理端口配置文件：ComHist.ini。

下面对 pmu.ini 等几个主要文件配置进行解析说明。

（1）主配置文件 pmu.ini

主配置文件 pmu.ini 主要定义了变电站基本属性、参数配置、设备以及采集单元、通信通道、端口等。如下框所示，IDCODE 为子站编号、STNAME 为 PMU 站名代码；TYPE 定义 CSS-200/1A 装置的子型号，1～2 分别代表 CSS-200/1A1～CSS-200/1A2 装置；VIRATE＝100.0 1.0 表示一次 TV/TA 的低压侧额定值；PAIRCOMM 为备用通道编号，当该编号等于本通道编号时表示无备用通道（即单通道方式），华东网调采用双通信管理机，两台通信通道互为备用；数据端口、管理端口、离线端口分别统一规定为 8000、8001、8002。

```
#- - - - - - - - - - - - - - -pmu.ini- - - - - - - - - - - - - - - -
VERSION＝HD
IDCODE＝BSF00511
```

```
STNAME=＊＊变电站　00FPTB
FREQ=50
SAMPLE=4800
#--- 0 Amp/Angle  1 Real/Imag --
PHASORTYPE=0
NUM _ CSS200/1A=2
NUM _ CSFU－107=0
NUM _ COMM=2
TRIG _ BEFORE=2
TRIG _ AFTER=3
NUM _ EQUIP=19
NUM _ GEN=0
#--------- [EQUIP] -----------------
#-- name, type, (0-bus1, 1-bus2, 2-line, 3-bypass,), zone (0-20), DI0, DI1 ---
00　园莆Ⅰ线　　　　　进线　　01　　0 0　　　　05023
01　水莆线　　　　　　进线　　02　　0 0　　　　05053
#......
17　220kV 母线Ⅱ段　　母线1　18　　0 0　　　　002M2
18　220kV 母线Ⅲ段　　母线3　19　　0 0　　　　003M2
#-------- [CSS200/1A] -------------
#-- default, 1AD, 2DI (2X22), 8DIO
# 1=CSS200/1A1, 2=CSS200/1A2
TYPE=1
NAME=屏1下
IP=192.178.130.2
VIRATE=100.0  1.0
CFGFILE=css200 _ 1A1. ini
#-------- [CSS200/1A] -------------
#-- default, 1AD, 2DI (2X22), 8DIO
# 1=CSS200/1A1, 2=CSS200/1A2
TYPE=1
NAME=屏1上
IP=192.178.130.3
VIRATE=100.0  1.0
CFGFILE=css200 _ 1A2. ini
#---- [COMM/0] -------------------------
#-- srcIP, destIP destPort, interval --
NAME=福建省调主
PAIRCOMM=1
SRCIP=10.＊.＊.＊
DESIP=10.＊.＊.＊
#-------- 数据端口-- 管理端口----
DESPORT= 8000       8001
#---- [COMM/1] --------------------------
#-- srcIP, destIP destPort, interval --
```

```
NAME＝福建省调备
PAIRCOMM＝0
SRCIP＝10. *. *. *
DESIP＝10. *. *. *
#－－－－－－－数据端口－－管理端口－－－－
DESPORT＝  8000      8001
#－－－－［COMM/2］－－－－－－－－－－－－－－－－－－－－
#－－srcIP，destIP destPort，interval－－
NAME＝华东网调主
PAIRCOMM＝3
SRCIP＝10. *. *. *
DESIP＝10. *. *. *
#－－－－－－－数据端口－－管理端口－－－－
DESPORT＝  8000      8001
#－－－－［COMM/3］－－－－－－－－－－－－－－－－－－－
#－－srcIP，destIP destPort，interval－－
NAME＝华东网调备
PAIRCOMM＝2
SRCIP＝10. *. *. *
DESIP＝10. *. *. *
#－－－－－－－数据端口－－管理端口－－－－
DESPORT＝  8000      8001
#－－－－－［TRIG］－－－－－－－－－－－－－－－－－－－－
CFGFILE＝trig. ini
#－－－－－－［LoopRd 循环记录设置］－－－－－－－－－－－－－－－－
LOOP_DAY＝14
INTERVAL＝48
CFGFILE＝record1abc
#－－－－－－［ALARM PORT  报警端口］－－－－－－－－－－－－－
CFGFILE＝alert. ini
#－－－－－－［ComHist  离线端口］－－－－－－－－－－
ComHistPort＝8600
```

（2）同步相量采集单元配置文件 css200_1Ax. ini

css200_1Ax. ini 直接定了同步相量采集单元具体的采样线路、类型、变比等。如下框所示，Second_Ratio 为 CSS－200/1A 装置模拟量通道变比，该变比在制造部生产装置时利用基准源整定，保存在随装置附带的软盘中，以后一般不进行更改。如果现场有误差，可以通过修改系数进行校正；开入量通道名称规定 CSS－200/1A 装置每块开入插件的 0 号通道接入 PPS（GPS 秒脉冲），1 号通道接入复归信号，因此通道 0 和 24 的通道名称为"PPS"，1 和 25 的通道名称为"复归"。其他开入通道根据实际接入的信号量定义通道名称，如果未接入信号量，须将通道名称定义为"无效"。

```
#---------------- CSS200 _ 1A1. ini ----------------
#--- NO-- Equipment _ Name -- Type -- Phase -- Second _ Ratio -- Second _ Offset _ Angle
#-- First _ Rate（KV（L-L），A）
00  园莆 I 线      电压    C 相    8.25113e-008    1.10    500.00
01  园莆 I 线      电压    B 相    8.24402e-008    1.10    500.00
02  园莆 I 线      电压    A 相    8.24363e-008    1.10    500.00
03  水莆线        电压    C 相    8.24681e-008    1.10    500.00
04  水莆线        电压    B 相    8.23922e-008    1.10    500.00
05  水莆线        电压    A 相    8.23918e-008    1.10    500.00
#......
33  莆燃 II 线     电流    A 相    8.26721e-010    1.10    3000.0
34  莆燃 II 线     电流    B 相    8.26536e-010    1.10    3000.0
35  莆燃 II 线     电流    C 相    8.2645e-010     1.10    3000.0
#-- No-- Name -- NormalState(untrigstate)(0/1) --
00  PPS         0
01  复归         0
02  无效         0
03  无效         0
#......
```

（3）触发量配置文件 trig.ini

触发量配置文件 trig.ini 主要用于事件的触发，包括相角、频率、内电势、开入等方式。

```
#---------------- trig. ini ----------------
PHTRIGNUM=210
000    园莆 I 线    电压    A 相    317500.0    259500.0    14450.0
001    园莆 I 线    电压    B 相    317500.0    259500.0    14450.0
002    园莆 I 线    电压    C 相    317500.0    259500.0    14450.0
003    园莆 I 线    电压    正序    317500.0    259500.0    0.0
004    园莆 I 线    电压    负序    8650.0      0.0         0.0
005    园莆 I 线    电压    零序    5750.0      0.0         5750.0
006    园莆 I 线    电流    A 相    1650.0      0.0         150.0
007    园莆 I 线    电流    B 相    1650.0      0.0         150.0
008    园莆 I 线    电流    C 相    1650.0      0.0         150.0
009    园莆 I 线    电流    正序    1650.0      0.0         0.0
010    园莆 I 线    电流    负序    150.0       0.0         0.0
011    园莆 I 线    电流    零序    150.0       0.0         75.0
#......
#---- Frequency trig --------
FREQHI=0.0
FREQLOW=0.0
#-- 频率变化率 ----
FREQDELTA=0.1
#--- Gen Angle Trig ---------
GENTRIGNUM=000
#--- DI Trig --------------
DITRIGNUM=00
```

---

(4) 通道循环记录配置文件 comm_default.ini

"comm_default.ini" 在 PMU 监测软件运行后自动生成，不需要人工编辑。此文件中定义的是本地循环记录内容和 PMU 子站当前能够向主站上传的所有信息量。本处定义的本地循环记录内容是 PMU 子站当前能够向主站上传的所有信息量，实际上传主站的信息量由主站端的配置决定，可以与本地循环记录内容完全相同，也可以只选择其中的一部分。

```
#--------------- comm_default.ini ---------------
STNAME=000000000000FPTB
PHASORNUM=140
#---- Phasor ------------
#NO.    EUIPNAME      TYPE        CFG1NAME                RATIO (1.0e-5)
000     园莆I线       电压A相                  00FPTB-05023-UAV        880980
001     园莆I线       电压B相                  00FPTB-05023-UBV        880980
002     园莆I线       电压C相                  00FPTB-05023-UCV        880980
#......
#---- Analog ------------
ANANUM=070
000     园莆I线       频率                     00FPTB-05023-0DF        200
001     园莆I线       频率变化率               00FPTB-05023-DFT        100
002     园莆I线       有功                     00FPTB-05023-00P        30000
003     园莆I线       无功                     00FPTB-05023-00Q        30000
#......
#---- Digital ------------
DINUM=000
```

三、现场维护与常见故障

1. 现场维护操作

(1) CSS-200/1P 的常规操作

1) 退出监测程序

单击界面上"退出"一栏，选择"退出视窗"，系统将回到 QNX 操作系统界面。

2) 重启 QNX 系统

监测程序运行状态下：单击界面上"退出"一栏，选择"关闭系统"。

监测程序已经退出时：打开终端窗口，运行"shutdown-f"。

3) 启动 CSS-200/1P 监测程序

打开终端窗口，运行"/css200/bin/pmurun-m"。

4) ping 指令

打开终端窗口，运行"/usr/ucb/ping 目标地址"。如果目标地址可以 ping 通，屏幕上将出现数据包返回时间，通常为 ms 级。

注：CSS-200/1P 使用 QNX 操作系统，在操作系统中按"Ctrl+Esc"可以调出开始菜单，之后按下"s"键，将弹出终端窗口，QNX 的指令区分大小写，操作时请务必注意。

(2) 装置重新上电

1) 各台装置的电源通常使用独立的空气断路器分别控制，从屏图上可以检索到控制每台装置电源的空气断路器编号，分合空气断路器，即可完成装置重新上电。

2）CSS-200/1P 装置后背板上有一个电源开关，分合电源开关也可完成对 CSS-200/1P 的重新上电。

2. 常见故障及解决方法

（1）与主站通信中断

1）电力数据网通信方式：

依次 ping 子站网关、主站网关、主站通信前置 IP。

如果不能 ping 通子站网关：检查 CSS-200/1P 至通信机房通路上的通信装置工作是否正常，以太网双绞线、光纤的连接是否正确；

如果可以 ping 通子站网关，但不能 ping 通主站网关或主站通信前置机，则故障点在子站与主站间的通道上，联系自动化处的相关人员解决问题。

2）2M/64K 专网通信方式（专网方式下不存在网关的概念）：

在 CSS-200/1P 上 ping 主站通信前置 IP 地址，如果不能 ping 通，检查 CSS-200/1P 至通信机房通路上的通信装置工作是否正常，以太网双绞线、光纤、同轴电缆的连接是否正确。

（2）CSS-200/1A 通信中断，或 GPS 时间不更新，或 GPS 时间始终为 0

1）观察 CSS-200/1A 的指示灯状态，如指示灯状态不正常，将装置重新上电。

2）如重新上电后，故障未消失，继续以下步骤。

3）检查 CSS-200/1A 与 CSC-187D 间的以太网双绞线、光纤的连接是否正确。

4）将 CSC-187D 重新上电，如故障未消失，继续以下步骤。

5）检查 CSS-200/1G 的指示灯闪烁是否正常，CSS-200/1G 与 CSS-200/1A 之间的授时光纤是否有问题。

6）对 CSS-200/1G 重新上电，观察 PPS1～PPS6 经过多少时间开始闪烁，如果上电 10min 后，PPS1～PPS6 仍然熄灭，则应是 GPS 天线出现故障，检查 GPS 天线是否被其他障碍物遮挡，如位置无问题，则应更换 GPS 天线。

（3）CSS-200/1P 主界面报"写盘出错"，实时数据无法记录

处理过程如下：

1）需要重新初始化硬盘，通过 df 命令查看，见图 6-6 所示第三行数据硬盘为"hd0. 0t77"。

```
# df
//1/dev/hd1.0t77    247968   247640   -241443    6197   97%   /
//1/dev/hd0.0t77   38756592 38745525 30220051 8525473   77%   /data
#
```

图 6-6　查看硬盘命令

2）/css200/bin/killall　　　　　退出程序

3）dinit-h /dev/hd0.0t77　　　重新初始化硬盘数据分区

注意：CSS-200/1P-2、CSS-200/1P-3 硬盘挂在 IDE1 口上，参数应该是"hd0.0t77"，CSS-200/1P-1 硬盘挂在 IDE2 口上，参数应该是"hd1.0t77"，可以使用 df 命令提前确认一下。

4）mount/dev/hd0.0t77　/data　　　将分区映射为 data 目录

5）/css200/bin/mkdatadir　　　　　重新创建数据存储目录

6）/pmurun m　　　　　　　　　　回车执行 PMU 程序

（4）CSS-200/1P 无法启动到监视界面

Sysinit.1 为系统的启动文件，当 Sysinit.1 文件出现问题时会导致程序无法加载！启动时会停留在启动界面，无法进入到正常的监视界面。可以通过以下步骤逐步排查解决问题：

1）用 UltraEdit 编辑软件打开 Sysinit.1 文件，观察在"sysinit.1"的最后是否有一空行。因为最后一行的配置内容 QNX 系统认为无效，若最后不留有一空行则 QNX 系统认为启动程序无效。

2）通过"more/etc/config/sysinit.1"命令观察在"sysinit.1"的最后一命令行"/css200/bin/pmurun"的最前面是否有一"♯"把自带起监视界面的功能给注释掉。

目前现场同步相量采集装置大多工作在冗余数据记录模式下，同步相量采集单元和内电势测量装置应该按照组播的方式向主数据集中处理单元和备用数据集中处理单元同时上传数据。这时数据集中处理单元的启动方式应该按照组播的方式启动，即在"sysinit.1"的最后一命令行应为"/css200/bin/pmurun-m"。

（5）CSS200 GPS 对不上时，不能正常锁星

首先检查 GPS 天线放置是否正确，通常要求放在较空旷的地方，如楼顶、操场等。GPS 对上时后，CSS-200/1G 装置相应绿灯闪烁。锁星状态在 CSS-200/1 测试程序中的"AD 状态"一项中显示，正常情况下应该是 3FIXED。另外，本系统为达到 $1\mu s$ 的对时精度而配置了专门的 GPS 系统，一般情况下不接入端子硬接点对时（实际也不支持此种接口）。

（6）CSS-200/1A 采集单元 GPS 信号告警

内电势测量装置、同步相量采集单元 GPS 信号告警时，首先排查 GPS 卫星是否锁星正常、GPS 光纤跳线的连接是否正常、PPS 和 CLOCK 与 CSS-200/1G 授时单元的 PPS 和 CLOCK 是否一一对应；再者用手握住光纤跳线的接头观察是否有红光来排查光纤跳线。

（7）CSS-200/1P 运行工作异常的软件原因

DOS、QNX 两种操作系统下的文本文件格式存在差别，QNX 下只使用换行字符（0A）来表示换行，而 DOS 下同时使用换行和回车字符（0D 0A）表示换行。因此如果将 DOS 格式的文件直接复制到 QNX 下时，会碰到一些问题。

1）启动配置文件"sysinit.1"设置错误，注意观察系统启动时的错误提示信息；重新编辑"sysinit.1"修正错误，保存后重启系统。如果错误比较严重已无法进入 QNX 图形界面，则在启动时按下 Esc 进入 QNX 安全模式，利用 UltraEdit 编辑"sysinit.1"。更改sysinit.1 后必须重启系统才能生效。

2）系统文件损坏，或由于误操作被删除，如果 CSS-200/1P 网络连接仍然正常，可以利用 FTP 将文件上传，如果 CSS-200/1P 网络已经无法加载，可以使用 GHOST 恢复QNX 系统，恢复后所有的系统设置将恢复到初始状态。

3）CSS-200/1P 程序的 BUG 导致系统死机，程序中增强了硬件狗的功能，一旦系统死机或程序运行状态异常，会重启系统，系统一旦死机应能够自动恢复。

4）监测程序配置文件、CSS-200/IP 地址等设置错误，监测程序的可执行文件没有用"chmod 777"更改属性为可执行文件；配置文件错误可利用"/css200/bin"目录中的"inicheck"进行检查。更改配置文件后必须重启监测程序才能生效。

6.2　电能量采集系统

6.2.1　电能量采集系统结构

电能量采集系统主要由电能计量采集终端、电能表计、通信线路和电能计量系统主站组成。结构如图6-7所示。

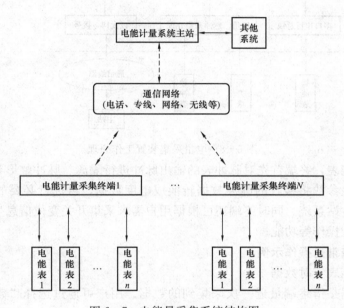

图6-7　电能量采集系统结构图

电能量采集系统主站是应用计算机通信和控制技术，实现电网电能量的远程自动采集、电量数据处理及电量统计分析的综合一体化数据处理平台。计量系统主站主要由通信系统、电量采集服务器、数据库服务器、应用服务器和应用工作站组成。其中采集服务器、数据库服务器、应用服务器一般采用冗余配置运行增强系统可靠性能。

电能计量采集终端安装在电厂、变电站内，把采集的电能表信息进行预处理、存储，经网络、拨号电话等方式传送给主站。同时，主站可以随时或定时召唤、抄取采集终端数据，进行处理，形成各类报表、曲线和历史数据库等，并且数据可与其他系统共享。

本书主要介绍厂站端电能计量采集装置。

6.2.2　iES-50电能量采集装置

目前我们常用的电量采集装置主要有兰吉尔、iES、ERTU2000等。本书主要介绍iES-E50电量采集装置。

一、装置工作原理

iES-E50电能量远方终端主要完成电能量数据的采集、预处理和存储，并通过多种通信线路将数据传送到主站，如图6-8所示。对于不同类型的智能电能表，终端通过调用相应的电表规约实现数据的读取，并对接收到的数据进行处理后带时标存储。

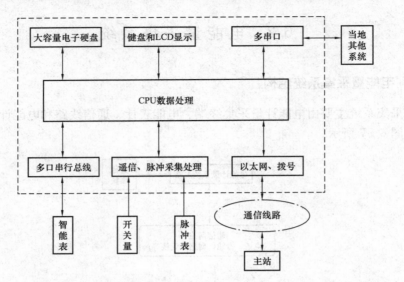

图 6-8　电量采集装置工作原理

对于脉冲电能表，终端首先对脉冲表的输出脉冲进行隔离、脉冲整形等处理，然后根据预先设置的电能表参数将接收的脉冲数据转换成电度数据，再进行必要的处理后带时标存储，最后传送给主站系统。同时终端还可根据用户需求采集开关变位信息生成相关事项或执行遥信输出、遥控操作等功能。

二、电量采集常见操作示例

（1）查询智能表实时数据

此处实时数据是指终端最近一次采集到的数据。用户可通过选择"数据查询"→"智能表"→"实时"进入，如图 6-9 所示。

当用户按确认键 Enter 确认后，终端会询问要查询的智能表。如果用户直接按确认键 Enter，终端会把所有智能表计列出，供用户选择。当用户选中要查询的表号或输入了正确的表号并按 Enter 键确认后，终端会询问用户要查询的数据种类，如图 6-10 所示。

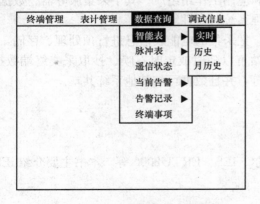

图 6-9　进入查询智能表实时数据

图 6-10　选择数据种类

用户选择要查询的数据种类并确认后，终端将在屏幕上显示最近采集的数据，以电能量为例，如图 6 - 11 所示。

用户可按 Func 功能键和 Del 删除键翻页，可按左右方向键查询上一表计或者下一表计的数据，可按 Esc 键退出到图 6 - 10 所示界面，选择查询其他数据种类。

（2）查询智能表计

用户可通过选择"表计管理"→"智能表"→"查询"进入查询智能表计界面，如图 6 - 12 所示。

图 6 - 11　电能量数据查看　　　　　　图 6 - 12　进入智能表参数查询

用户按 Enter 键确认后，终端会询问要查询的智能表号，如果用户直接按确认键 Enter，终端会把所有智能表计列出，供用户选择。当用户选中要查询的表号或输入了正确的表号并按 Enter 键确认后，终端会进入显示智能表计参数界面，如图 6 - 13 和图 6 - 14 所示，可按 Esc 键退出。各个参数选项的解释说明见添加智能表计部分。

图 6 - 13　查询智能表参数 1

图 6 - 14　查询智能表参数 2

（3）添加智能表计

二级、三级用户可选择"表计管理"→"智能表"→"添加"进入添加智能表计界面，如图 6 - 15 所示。

用户按 Enter 键确认后便进入智能表计参数配置界面，如图 6 - 16 和图 6 - 17 所示。

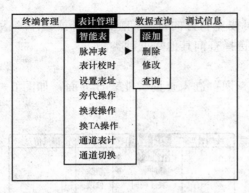

图 6-15 进入添加智能表计

图 6-16 智能表参数 1

图 6-17 智能表参数 2

　　功能键 Func 和删除键 Del 用于向下、向上翻页。用户在两页中都可以选中"保存"或"取消"选项，以确认或取消所做的修改。各项解释说明如表 6-1 所示。

表 6-1　　　　　　　　　　　　智 能 表 计 参 数

项目名称	解 释 说 明
智能表号	由终端自动生成
运行标识	可选择启用、停用；缺省为启用；当需要暂停采集表计数据时，应将该项设置为停用
用户编号	可用拼音（32 个字母）或数字表示，也可用维护软件输入汉字；仅作辅助说明，用户定义如资产号、用户号等；缺省为空
线路名称	可用拼音（32 个字母）或数字表示，也可用维护软件输入汉字；仅作辅助说明；缺省为空
抄表通道	根据通道参数中"通道功能—抄表"已定义通道类型选择（RS-485 抄表通道每路表计总数应≤32，电流环抄表通道每路表计总数应≤8）
电表规约	可选择 DL/T 645、威胜 645、浩宁达 645、金雀 645、华立 645、科能 645、华隆 645、豫林 645、鄂网 645、华隆 645 简、威胜 V4.0、浩宁达 HND、EDMI_MK3、EDMI_MK6、ABB、ABB 四线、ZB、ZC、ZD、ZU 等。同时体现表类型和规约
电表地址	由 16 位数字组成

170

续表

项目名称	解 释 说 明
通信速率	可选择 300、600、1200、2400、4800、9600bps 等
抄表方案	可选择方案一、方案二、方案三、方案四；具体定义见抄表方案设置
校时方式	可选择强制校时、越限校时、越限告警；缺省为越限告警
越限时间	缺省 30s
用户名	终端访问智能表计时的用户名，由字母或数字组成；应设为智能表计的最高级用户名；缺省为空
密码	终端访问智能表计时的密码，由字母或数字组成；应设为智能表计的最高级用户密码；缺省为空
表计类型	可选择多功能、正向有功、反向有功、正向无功、反向无功；仅作辅助说明；缺省为多功能
计量属性	可选择一次计量、二次计量；一次计量表示 ERTU 进行电能量计量，电能量＝测量值×TV×TA×自身倍率；缺省为二次计量
电压等级	可选择 220/380V、3、6、10、35、110、220、500kV；终端自动换算为 TV，二次计量时仅作辅助说明；默认为 220kV
TA 变比	二次计量时仅作辅助说明
自身倍率	二次计量时仅作辅助说明
旁路标识	可选择是、否；缺省为否
电能量单位	可选择 Wh/varh、kWh/kvarh、MWh/Mvarh；缺省为 kWh/kvarh（本项仅用作显示参考）
电能量小数位数	可设置为 0、1、2、3、4；缺省为 2（本项仅用作显示参考）
最大需量单位	可选择 W/var、kW/kvar、MW/Mvar；缺省为 kW/kvar（本项仅用作显示参考）
最大需量小数位数	可设置为 0、1、2、3、4；缺省为 2（本项仅用作显示参考）

当与主站通信规约采用 EDMI 规约时，用户编号项应设置序列号，线路名称项应设置用逗号分开的用户名和密码。

（4）修改智能表计

二级、三级用户可选择"表计管理"→"智能表"→"修改"进入修改智能表计界面，如图 6-18所示。

用户按 Enter 键确认后，终端会询问要修改的智能表号，如果用户直接按确认键 Enter，终端会把所有智能表计列出，供用户选择。当用户选中要修改的表号或输入了正确的表号并按 Enter 键确认后，终端会进入智能表计参数编辑修改界面，类似图 6-13 和图 6-14 所示。各个参数选项的解释说明见添加智能表计部分。

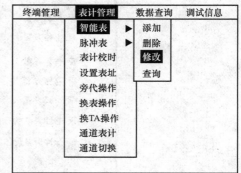

图 6-18　进入修改智能表计

三、电量采集维护软件使用

iES-E50 维护软件是专门为 iES-E50 电能量远方终端设计的一款维护软件。它能方便地对 iES-E50 电能量远方终端进行远程维护。它支持多种通信方式，包括串口、MODEM、网络、GPRS 等方式。

iES-E50 维护软件可以实现的功能有：①可以读取和设置 iES-E50 电能量远方终端的参数数据，如：运行参数、通道参数、脉冲表参数、智能表参数、抄表方案、告警方案、上传方案、存储方案、密码设置等。②可以读取 iES-E50 电能量远方终端的数据，如脉冲表电能量、智能表电能量、最大需量、瞬时量、电压合格率、事项记录、状态告警 SOE、采集统计数据、通道状态等。③可以读取 iES-E50 电能量远方终端的调试信息数据，如：通道数据、终端状态、产品版本、运行测试数据、单表测试数据等。

iES-E50 维护软件的使用比较简单，下面介绍常用的操作方法。

（1）通信连接设置

选择"端口设置"，出现如图 6-19 所示的对话框，根据需要设置连接 iES50 电量采集装置的方式。

（2）参数读取

连接上 iES50 电量采集装置后，单击工具栏上的"参数读取"后跳出画面（图 6-20），选择要读取的参数，确认后就可以看到 iES50 电量采集装置上的参数设置。

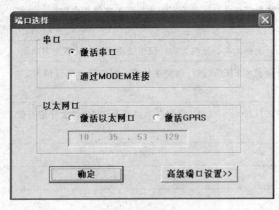

图 6-19　端口设置

图 6-20　参数读取

（3）新建智能表

如图 6-21 所示，在参数读写区域右键选择"智能表参数"来新建智能表。在右边区域填入智能表的相关信息，如表号、用户编号、线路名称、抄表通道、电表地址、通信速率、电表规约、抄表方案等。其中"线路名称"一栏因为现在版本的电量采集装置不支持中文输入，如果想用中文表示就得用此软件修改。参数修改完成之后，单击右下方的"回写终端"即可完成智能表的设置。

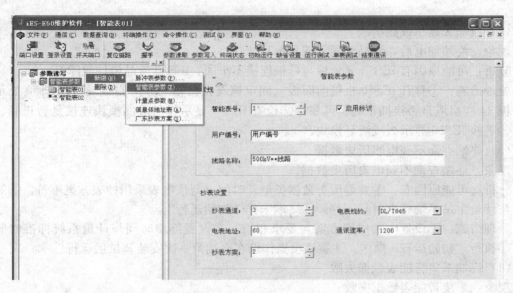

图 6-21　新建智能表

（4）参数写入

除了以上"回写终端"可以写入参数外，单击工具栏上的"参数写入"（如图 6-22 所示）也可以写入参数。不同的是，此"参数写入"是将读取的参数更改本地保存后，然后再将其写入终端。

6.2.3　现场维护与常见故障

一、新接入电能表维护

新接入的电能表维护比较简单，主要是确认好电能表的参数配置（如波特率、地址等）和链接方式（如 RS-485、RS-422 等），最后设置好采集器相对应的参数并调试即可。

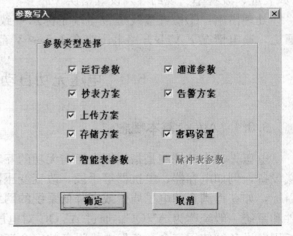

图 6-22　参数写入

二、电量采集装置常见故障排除

本书介绍目前电量采集常见的故障现象并且对其分析，指出有可能的原因及排除故障的入手点。

（1）终端不运行

现象：终端加电后，终端前面板"电源"灯不亮，终端不运行。

分析：可能原因有没有电源输入、电源没有加至终端、电压不在正常范围内、iES50 电源板安装错位或与母板接触不好、iES50 电源板故障等。

处理措施：检查电源是否有电并在正常范围内，检查终端电源接线是否正确、可靠，检查 iES50 电源板是否安装至母板"POWER"插槽且接插正确、可靠，更换 iES50 电源板。

（2）液晶无显示或显示乱

现象：终端加电后，液晶无显示或显示乱。

分析：可能原因有 iES50 显示板与母板连接不牢固、iES50 液晶模块故障等。

处理措施：①打开 iES50 机箱前面板（固定螺丝在机箱上方两侧），检查 iES50 显示板与母板 34 线扁缆是否接插正确、可靠。②检查 iES50 显示板与液晶模块连接是否正确、可靠。③更换 iES50 显示板或液晶模块。

（3）终端查询不到电表历史数据

现象：终端查询不到电表历史数据。

分析：可能原因有：①查询历史数据类型、时间点与该电表采用抄表方案不符。②终端时间与计量主站系统标准时间不符。③终端未作"初始运行"。

处理措施：①设置电表抄表方案与要求相符。②设置终端时间与计量系统标准时间相符。③执行"初始运行"操作。注意该项操作仅在终端第一次安装调试后运行。

（4）终端采集智能表数据失败

现象：采集智能表数据失败。

分析：可能原因有：①RS‑485 接口的 A、B 端接反、短路或断路、虚接。②表参数（如表址、波特率、规约等）设置错误。

处理措施：①检查接线是否与端子标示一致，接触是否良好，用万用表测量 RS‑485通道，通电情况下 Vab 开路电压应在 1.5～6V 范围内。②修改表参数与实际相符合。

6.3 电压无功自动控制（AVQC）

6.3.1 AVQC 基本概念

电压无功自动控制是指根据电压与无功的互动关系，通过调节变压分接头和投切无功补偿设备，例如电容器、电抗器等手段，改变变压器变比和无功补偿容量的分配，以满足某一目标，如获得满意的电压质量或者降低系统的网络损耗等。为达到这一目的所有的装置、软件和系统一般统称为 AVQC。通过 AVQC 对电压水平的调节，对于保证国民经济生产，延长用电设备的使用寿命，确保电力设备的安全运行和电力系统的安全稳定具有重要意义。通过 AVQC 实现无功功率的就地平衡，减少电网中无功功率的交换，可以达到降低电网网损的目的，从而提高供电部门的经济效益，同时也能提高系统的电压稳定。

6.3.2 AVQC 的实现

传统变电站的电压无功控制一般是通过对母线电压、无功功率和功率因数变化情况的监视，由变电站运行值班人员依据调度指令通过手动调节主变压器分接开关和投切无功补偿设备来实现的，工作量比较大。由于不具实时性且考虑的目标函数较为简单，从而其总体效果不理想。

随着社会对电能质量要求的提高，以及变电站微机监控系统的广泛应用，实现了变电站无人值班，因此传统的变电站人工调节电压与无功已不可能。变电站二次系统的微机化改造，实现了更大范围的信息采集、更高的信息采集精度和更快速的信息处理，同时，大量的网络信息技术应用于电力系统自动化，促使电压无功自动控制 AVQC 应运而生。

目前国际上 AVQC 应用比较多的电压分级控制方案包括三个层次：一级电压控制（Primary Voltage Control）、二级电压控制（Secondary Voltage Control）和三级电压控制（Tertiary Voltage Control）。

(1) 一级电压控制：面向变电站的控制，用到本站信息，反应速度最快，可靠，实简单，只能本站优化。

(2) 二级电压控制：面向局部区域电压的控制，用到无功灵敏度，反应速度较快，可靠，可以区域优化。

(3) 三级电压控制：面向全网的电压无功控制，用到无功优化算法、实时状态估计、调度潮流、负荷预测等应用软件，实现困难，要求最高速度最慢，可靠性受 EMS 软件可靠性影响，可以找到一个较优的运行点。

6.3.3 AVQC 的基本要求

(1) 根据采集的实时数据，按照预先给定的控制规律，得到分接头和无功补偿设备的最优配合关系，控制无功补偿设备的投切和分接头的调整。

(2) 控制判据以电压优先，有效保证电压质量并使主变压器分接头调整次数最少。

(3) 根据变电站接线方式，自动判断是否以并列方式进行调节。

(4) 根据系统的参数预测最优的结果进行控制，避免电压异常或轻载、空载的情况下对主变压器分接头的调节，以及电容器的频繁投切。

(5) 确保分接头调整分级进行，一次只能调节一挡，有效防止滑挡或拒动的行为。并列运行时防止两台主变压器挡位差大于整定值。

(6) 电容器若容量相同时实行循环投切，可以使开关的使用几率平均，延长设备的使用寿命。电容器容量不同时，按最优投切电容器。

(7) 可以定义各种闭锁条件，例如保护动作、遥测量越限、硬开入接点变位等作为闭锁条件。

(8) 确保电压无功控制顺序的正确性。在各界限的临界状态，设置防临界小震荡措施，以减少动作次数，提高可靠性。

(9) 用户界面友好。可以实时显示电压、电流、有功等遥测信号和一次接线的断路器、隔离开关位置的遥信信号，反映当前接线方式，并显示 AVQC 工作状态和各种闭锁信息。能自动生成日志文件，帮助调试人员分析动作原因。

(10) 参数设定方便。可在一天内根据峰谷时间设置多个时间段，每个时间段可分别设置不同定值。为避免闭环控制方式时频繁对设备进行调整，可设置每次调节最小时间间隔和日调节次数。

（11）为保证 AVQC 可靠投切电容器及调节主变压器分接头，应确保在系统发生故障或事故等情况下闭锁 AVQC。

AVQC 的闭锁条件主要有：系统发生故障或事故；变电站母线发生故障或事故；变压器发生异常、故障或事故；AVQC 采集的 TV 回路异常；电容器发生异常、故障或事故；变压器分接头及控制器异常；变压器或电容器正常操作；AVQC 本身软件、硬件异常。

6.3.4　AVQC 控制策略

对有载调压变压器分接头的调节，可使变压器低压母线电压控制在允许的范围，这个范围就在额定电压附近。在负荷比较中时，线路上的压降比较大，此时，应将母线电压适当调高；而当负荷较轻时，应将母线电压适当调低。总之，应保证用户获得合格的电压。然而，利用变压器调节不能改变无功功率，不能改善系统的功率因素，也无法降低损耗。因此，要在保证电压水平的前提下降低损耗，可采用变压器和电容器的联合控制策略。

通常，变电站无功控制只需保证本节点无功的需要，而不必考虑向系统侧送无功。可将变电站运行状态划分成 9 个区域，如图 6 - 23 所示。图中 U_0 是控制目标电压，$\pm\Delta U$ 是元件电压偏差，$+Q$ 表示系统向变电站输送无功，$-Q$ 表示变电站向系统输送无功，$Q_+ \sim Q_-$ 为变电站无功元件功率变化范围。图 6 - 23 中 9 个区域编号为 0 的区域是电压和无功均合格的区域。

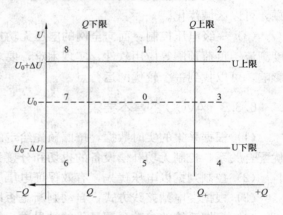

图 6 - 23　电压无功 9 区控制图

由图 6 - 23 可见，区域 1、5 无功合格，仅需调整电压，需分别对应将电压调低和调高；区域 3、7 电压合格，仅需调整无功，需分别对应投入和切除无功电源（电容器）；对于区域 2、4、6、8，电压和无功均需调整，则存在先调电压还是先调无功的问题，以下分述这些区域的控制策略。

（1）区域 2 电压越上限，无功越上限。从无功来看，这时投入电容可减少系统的无功供应，但这会使电压进一步升高，故应先降电压再投入电容。控制轨迹为区域 2→3→0。

（2）区域 4 电压越下限，无功越上限。投入电容既可减少系统的无功供应，又可升高电压，故应先投入电容，再调电压。控制轨迹为区域 4→5→0。

（3）区域 6 电压越下限，无功越下限。从无功来看，应先切除电容，但这会使电压进一步降低，所以应先升压，待电压合格后，再视无功状态切除电容。控制轨迹为区域 6→7→0。

（4）区域 8 电压越上限，无功越下限。切除电容一方面可以提高系统的无功供应，另一方面又可降低电压，故应先切除电容再调电压。控制轨迹为区域 8→1→0。

纵观区域 2、4、6、8 的控制策略，实际上就是"顺时针"的控制策略，即先将这些区域控制到顺时针方向的下一个区域，再从该区域控制到合格区域 0。运行区域的控制策略如表 6 - 2 所示。表中运行状态参数描述约定："0"表示状态参数合格；"1"表示状态参数不合格。

表 6-2   运行区域的控制策略表

区域	运行状态 $-Q$ $-U$ $+Q$ $+U$	越限状态	控制策略
0	0000	均不越限	不控制
1	0001	电压越上限	降压
2	0011	电压越上限，无功月上限	先降压，再投电容
3	0010	无功越上限	投入电容
4	0110	电压越下限，无功越上限	先投电容，后升压
5	0100	电压越下限	升压
6	1100	电压越下限，无功越下限	先升压，再投电容
7	1000	无功越下限	切除电容
8	1001	电压越上限，无功越下限	先投电容，再降压

在变电站内，并联电容器通常一组有多台，为了使电容器能得到平均利用，可采用先入先出的轮换方式投切电容器，即每次切除最早投入的电容器，而每次投入的应为最早切除下来的电容器。除此之外，在变压器、电容器联合控制中还需要考虑：①电容器因故障跳开后，未修复前不能再次投入；②电压太低（如低于 80%）时，应闭锁调压功能；③变压器过负荷时，应自动闭锁调压功能；④为使调压控制不致过于频繁，要求在控制动作一次之后，有一定的延时，在延时期不作控制操作。

6.3.5 全局电压无功优化方案简介

一、区域电网 AVQC 分层控制方案

（1）分层控制的概念

一级电压控制为本地控制（Local Control），只用到本地的信息。控制器由本区域内控制发电机的自动电压调节器（AVR）、有载调压分接头（OLTC）及可投切的电容器组成，控制时间常数一般为几秒钟。在这级控制中，控制设备通过保持输出变量尽可能地接近设定值来补偿电压快速和随机的变化。

二级电压控制的时间常数约为几十秒钟到分钟级，控制的主要目的是保证引导节点（Pilot Node）电压等于设定值，如果中枢母线的电压幅值产生偏差，二级电压控制器则按照预定的控制规律改变一级电压控制器的设定参考值。二级电压控制是一种区域控制（Region Control），只用到本区域内的信息。

三级电压控制是其中的最高层，它以全系统的经济运行为优化目标，并考虑稳定性指标，最后给出中枢母线电压幅值的设定参考值，供二级电压控制使用。在三级电压控制中要充分考虑到协调的因素，利用了整个系统（System-wide）的信息来进行优化计算，一般来说它的时间常数在十几分钟到小时级。

在上述电压分级控制系统中，每一层都有其各自的目的，低层控制接受上层的控制信号作为其控制目标，并向下一层发出控制信号。

这种三级电压控制的思想和原则主要用于省级环状电网的控制，对于地区辐射型电网同样具有指导意义。

（2）三级控制的比较

在这三级控制中，一级和二级控制在我国地区电网中已经得到了比较广泛的应用，其特点如下：

1）变电站 AVQC（一级电压控制）。在变电站内部，利用硬件或者软件，实现本站内的无功资源和电压调节设备的动作，所依据的原则一般是十七区域图。

优点：

① 功能简单，实现容易，可以保证单个厂站一定的电压合格率和功率因数。

② 快速、可靠。

不足：

① 难以实现全局的无功电压最优控制，即无法在全局性的安全与经济之间进行协调。无法进行上下级控制的协调，会出现电压频繁的调整。

·② 无法在同级厂站间协调（实际上同一子系统内，同级各站之间的电容器投切互相影响）。

③ 操作次数约束无法得到满足（各站的负荷组成不同，季节不同，负荷的变化规律不同）。十七区域图限值，无法合理整定，且一成不变。

④ 控制灵敏度不精确，且一成不变。

2）基于 SCADA 主站的集中式 AVQC（二级电压控制）。将母线处的无功和电压采集到主站系统，软件主要利用十七区域图原则，以子系统为单位，给出相应的动作方案，通过 SCADA 的遥控遥调功能执行方案。

优点：

① 充分利用了 SCADA 的现有功能，以子系统的电压合格和经济性为目标。

② 可以在子系统的上下级控制间进行协调。

③ 可以在同级厂站间协调。

不足：

① 不能实现全局的无功电压最优控制，即无法在全局性的安全与经济之间进行协调。

② 操作次数约束无法得到满足。

③ 十七区域图限值，无法合理整定，且一成不变。

④ 控制灵敏度不精确，且一成不变。

⑤ 速度、可靠性受通道影响。

3）基于 EMS 的全局无功优化控制（三级电压控制）。基于 EMS 的状态估计、在线潮流、灵敏度分析等网络分析软件。SCADA 将实时的数据断面发送给 EMS，在状态线潮流运行之后，EMS 利用优化算法求解整个电网的无功优化问题，并根据优化解给出控制方案，再通过 SCADA 系统的下行命令通道执行优化控制方案，完成闭环控制。三级电压控制的引入主要是为了克服一级和二级控制在全范围的无功电压最优控制的不足。

优点：

① 实现全局范围内电压无功的安全和经济的协调控制。

② 充分发挥现有调度自动化系统的功能。

③ 通过负荷潮流和电压的预报，保证操作次数约束得到满足。

④ 超前控制保证电压的动态品质。

⑤ 在线灵敏度分析结果用于指导一级和二级电压控制。

⑥ 通过控制裕度和控制约束的综合分析，可在线整定一级和二级控制的十七区域图限值。

不足：速度慢、可靠性受 SCADA 和 EMS 系统的影响。

二、面向地区电网的三级协调全局无功电压优化控制

面向地区电网的三级协调的无功电压控制原理源自法国 EDF 的三层电压控制模式。地区电网无功/电压控制问题和省网最大的区别就在于控制变量的不同，省网主要的控制手段是发电机的无功功率，是一个连续变量，而地区电网主要的控制手段是变压器分接头的调整和电容器的投切，是一些离散变量。

地区电网三级协调全局无功电压控制系统的基本思想是：

（1）变电站 VQC 作为第一级控制，利用本地信息，在通道故障的情况下仍可以保证本地电压和功率因数的合格，响应快速，可靠性高。

（2）子系统电压控制作为第二级控制，以子系统的电压合格和经济性为目标，实现子系统内上下级控制之间的协调，实现子系统内各站控制之间的协调。

对无站级 VQC 的变电站，可用软件实现站级 VQC。周期性地给出一级控制的十七区限的整定值和控制灵敏度；对负荷潮流和电压水平进行预测，对一级控制进行触发控制，保证操作次数满足约束要求，实现两个控制级之间的协调。

（3）全局无功优化作为第三级控制，以安全和经济协调的全局优化为主要目的，在线给出最优运行点，保证电网始终运行在最优运行点周围，偏离不大。周期性地给出二级控制的十七区限的整定值和控制灵敏度；对负荷潮流和电压水平进行预测，对二级控制进行触发控制，保证操作次数满足约束要求，实现两个控制级之间的协调。

上述三套系统在正常工作状态下有以下特点：

（1）三套系统保持相对的独立性，各级控制可以独立对控制设备进行控制，上级也可以通过对下级控制设定控制时间区段、十七区限和控制灵敏度来起作用。

（2）三套系统进行计算和作出判断所依据的原始数据来源是相同的（对于相同的设备）。

（3）三套系统最终的控制对象也是相同的（对于相同的设备）。

（4）从收到数据、进行计算到形成控制命令序列，三套系统所需的时间是不相同的。

由此，协调好本地 VQC、区域 VQC 和全局 VQC 三套的相互关系，以使每套系统能发挥其所长、弥补其他系统的不足，是三级协调的全局无功电压优化控制能正确运行的关键。协调的主要方面在于如何合理设置两个通信界面（三级与二级的通信界面、二级与一级的通信界面）和两个通道（三级直接进行控制的通道、二级直接进行控制的通道）。由于三级控制与一级控制不发生直接通信，故三级协调主要解决如下两个问题：

问题1：区域电压控制和 VQC 在时间上是同步的，如何协调这两种控制？

问题2：全局优化如何给出最优点？给出的最优运行点是否可以达到？通过何种途径达到？

三、区域无功电压控制与厂站 VQC 的协调

方案一：以区域无功电压控制为全网电压控制的主要手段，厂站 VQC 为辅助手段。区域无功电压控制通过计算，得出控制策略。如果只需通过调节上一级主变压器分接头，则发命令给 SCADA 执行；如果上一级母线电压合格，则确定需要动作的厂站 VQC，通知其工作（可以通过修改其区限整定值来实现）。

方案二：以厂站 VQC 为主要手段，区域无功电压控制为辅助手段。各厂站的 VQC 各自正常工作；区域无功电压控制通过计算，得出控制策略。如果不需要某些厂站 VQC 动作，而只需通过调节上一级主变压器分接头，则发信号闭锁相应的 VQC，同时 SCADA 执行遥控命令；如果某些厂站的 AVQC 不能正常工作，则区域无功电压控制可以直接通过 SCADA 进行工作。

对于厂站 AVQC 是由独立硬件实现的地区电网，可以采用方案二；而对于厂站 VQC 是由软件实现的地区电网，由于具有功能强大的网络通信，控制灵活（可以自行定义所有的系统参数，有多少内容和形式的闭锁条件，多个时段都可以灵活设置，可以进行部分或全部 VQC 闭锁的远程控制）等特点，建议采用方案一。此时二级控制与一级控制之间的通信信息有：

（1）二级控制下行至一级控制的是否闭锁整套 AVQC 装置的信号；

（2）二级控制下行至一级控制的新的区限整定值和控制灵敏度；

（3）一级控制上行至二级控制的 AVQC 装置的运行状态（能否正常运行等）。

四、全局无功优化与区域无功电压的协调

全局无功电压控制是在优化的基础上进行的控制，理论上效益必然是最优的，但在实际应用中，理论上的最优解可能会受到运行设备的一些限制而无法执行。

在西方等发达国家和地区，由于先进的设备制造技术，允许变压器分接头和断路器较频繁地动作，加之其负荷变化比较平缓，峰谷差比较小。针对各个时间断面的固定负荷分别进行优化计算，优化方案的变动较慢且较小，优化结果的实用性较强。

但是在我国由于存在较大的负荷峰谷差，对于不同的断面进行计算得出的优化方案相差较大，这样，对于同样的设备，可能一天之内需要频繁动作。由于受设备制造技术和水平所限，为了延长设备的使用年限，运行规程中对分接头和断路器在一定时限内的操作次数有明确的限制，所以频繁变化的优化方案没有可操作性，优化软件如果要投入实际运行就必须考虑负荷随时间变化的趋势。解决方法是通过预测得到负荷潮流曲线，根据积累的经验设定几个控制动作时间区段，定点启动优化算法。

全局优化与区域无功电压控制的算法基础、计算所需时间是不一样的。实际使用中，经过一段较长的时间间隔（如 1h）或根据负荷变化情况，执行一次全局优化，将优化的结果发给区域无功电压控制。通过改变区域无功电压控制的区限、控制灵敏度和时段来完成协调控制，把系统拉回到最优运行点。此外，也可以直接下行至 SCADA 进行遥控，在遥控时须闭锁一级和二级控制。

三级控制与二级控制之间通信的信息有：

（1）全局无功优化将最优解发送给二级电压控制，由二级电压控制将系统拉至最优运行点；

（2）更为合理安全的更小区域；

（3）全局无功优化发送给二级电压控制的闭锁信号、新的区限整定值和控制灵敏度；

（4）二级电压控制发送给全局无功优化的进行优化时的约束条件。

五、区域或全局 AVQC 的目标函数和求解

电压无功的优化目标是在保证电压合格的基础上降低损耗，提高电网安全性和稳定性。

为此，应尽量降低电网损耗，且电压不越限，同时调节成本较低，即：

$$MIN\left\{aP_{loss} + \Pi + \lambda\sum_{i=0}^{n}L_i\right\}$$

$$\Pi = \sum_{i=1}^{j}C_i + \sum_{i=1}^{k}T_i$$

式中　a——网损系数，如为 0 表示不考虑网损，仅仅考虑安全运行；

$\quad P_{loss}$——电网损耗；

$\quad\quad \Pi$——调节成本；

$\quad\quad C_i$——电容 i 的调节成本；

$\quad\quad T_i$——变压器抽头 i 的调节成本；

$\quad\quad \lambda$——罚系数。

如果母线 i 电压越限，则 $L_i=1$，否则 $L_i=0$。

同时考虑以下约束：

（1）多种调压方式，可以在不同时段指定不同的限值来满足多种调压方式；

（2）母线电压、变压器关口的无功限值约束；

（3）设备调节能力的约束；

（4）当前无功源配置；

（5）当前无功源状态。

由于电力系统无功优化具有非线性、约束的多样性、连续变量和离散变量混合性，无功补偿优化是一类复杂的优化问题。为了对此求解，目前已提出了很多的方法，归纳有线性规划、非线性规划、人工智能方法等。

6.3.6　典型 AVC 系统案例

图 6-24 显示了××省调 AVC 系统的基本结构。

1. 系统的特点

该 AVC 系统基于集中决策、多级协调的设计思想，由省调 AVC 主站、地调 AVC 子系统、电厂监控系统（或 AVQC 装置）、500kV 变电站监控系统（AVQC 功能）和相关通信通道组成，并实现省调主站与各子系统之间的分级协调控制。AVC 是 EMS 系统一个功能模块，利用 EMS 系统提供的网络分析功能和状态估计提供的熟数据进行优化计算，利用 EMS 系统提供的通信和控制功能进行数据通信和设备控制。

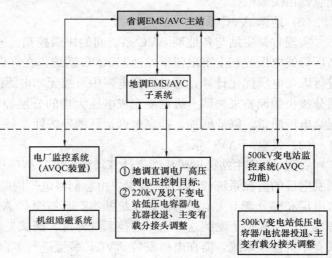

图 6-24　××省调 AVC 系统结构图

（1）全网分层协调、分区控制，省地级 AVC 主站集中决策及协调控制。

（2）具备在线闭环、开环运行两种控制方式及研究型无功电压分析功能。

（3）主站软件有三种算法的无功优化模块（浙江大学的分支定界加内点法、河海大学的改进遗传算法加内点法与北京科东公司的线性规划法），结合动态分区电压校正的核心算法提出控制方案，使连续变量及离散变量协调控制。

2. AVC 系统的主要组成部分

省调软件是全网无功电压协调控制的核心，它既考虑系统运行及控制的安全性，同时兼顾系统的经济性。该软件在省调 EMS 系统平台上开发应用，充分利用省调 SCADA/EMS 高级应用软件，并主要通过基于主网的无功电压优化及分区电压校正算法，结合考虑各种控制策略，提出合理的无功电压控制决策方案，并通过 SCADA/EMS 系统实现远方调整省调直调电厂机组的无功出力、投切 500kV 变电站低压无功补偿设备及主变分接头调整，以及通过地调 AVC 控制系统实现 220kV 及以下分区电容补偿装置的投切，达成省调主站与地调 AVC 系统之间的协调控制。

（1）省调 AVC 系统

省调控中心 AVC 系统作为三层控制的最高层，起着指挥协调其他两层工作的任务，同时控制 500kV 变电站主变分接头和 35kV 并联电容器和电抗器。省调控中心 AVC 系统的控制设备主要为发电机，其次为 500kV 变电站的 35kV 并联电容器和电抗器，由于安全上的考虑 500kV 主变较少参与控制。

AVC 软件提出的电压越限校正及无功优化方案为调度员的智能化调度提供依据。当考核点电压越限时，主站软件能快速给出合理的电压校正策略，提高了电网的安全稳定水平，可保证电网较高的电压合格率，调度员一般不需要对电压调整过多的干预，较大地减轻了值班人员调整无功电压的劳动强度。

实现主网网损在线计算及统计分析。无功电压及网损专业管理，过渡至基于在线控制及分析为主要手段的技术管理。通过后台无功电压的研究分析，可为全网无功补偿设备的优化配置提出决策依据。

（2）地调 AVC 系统

实现省调主站与各地调 AVC 系统间的协调控制。省调主站 AVC 系统将 220kV 变电站高压母线电压控制上下限值下发地调 AVC 系统，在保证功率因数和母线电压合格的条件下进行无功电压优化计算，通过改变电网中可控无功电源的出力、无功补偿设备的投切、变压器分接头的调整来协调上级调度完成电压无功的分层控制，在满足安全运行条件的前提下，提高电压质量，降低网损，提高电网运行的经济性。

（3）发电厂 AVC 系统

省调 AVC 主站通过优化潮流计算得到发电厂高压母线电压的优化值，将此优化值下发到发电厂的监控系统或 AVQC 装置，由它们对电厂内的多台机组进行协调控制达到优化值。水电厂和部分新上火电厂的监控系统基本都具有全厂 AVC 功能，只需将优化定值及母线的考核上、下限值下发到这些电厂监控系统即可，调试工作相对比较简单。但许多火电厂由于只有单机监控系统，需在电厂安装 AVQC 装置进行多台机组的无功电压协调控制。

电厂 AVC 系统或 AVQC 装置根据主站 EMS 系统下发的发电厂高压母线电压优化控制值和机组的运行状态，通过计算得到需注入高压母线的无功总量，然后根据一定的分配策略

（相似无功裕度、等功率因数控制、相似视在功率、相似调整裕度等），在各个机组间合理分配，并计算机端电压设定值，调整机组无功出力或机端电压，使高压母线电压达到系统给定值。在计算过程中应充分考虑到机组各种约束和限制条件。

（4）500kV 变电站系统

由于安全上的考虑对 500kV 变电站的设备没有直接的遥控和遥调，在当地监控系统内嵌入一个通信控制模块。省调主站软件提出的投入开环计算的 500kV 变电站 35kV 电容器（电抗器）组投退及联变分接头调整策略经省调调度员审核（联变分接头一次只调一档，一个变电站有多台联变的分接头挡位调整应一致，电容器、电抗器的投切不会造成电压越限等）确认后下令变电站运行人员执行。当它接收到省调下发的控制命令后立即声响提示并显示控制方案，值班员可根据现场情况确认或取消执行，并将执行状况反送省调。如无特殊情况，值班人员必须严格执行省调下发的控制方案。

3. 三层控制协调关系

由电厂组成的一级控制利用快速和安全的控制来保证全网的优化电压水平，使高压输电网近似在优化状态运行。地区 AVC 作为二级控制不但要提高地区电压水平和降低网损，同时通过控制功率因数保证一级控制有足够的备用容量保证全网的电压优化控制和电压稳定。三级控制通过全网的优化进行总体的协调控制，通过控制 500kV 主变分接头保证 220kV 和 500kV 的总体电压水平，通过投切 35kV 并联电容器和电抗器来保证 220kV 和 500kV 无功的分层平衡，通过对二级控制下发功率因数指标保证一级控制的顺利实施。

4. 需要注意事项

（1）VQC 功能闭锁问题。VQC 闭锁是指在系统异常的情况下，能及时停止自动调节。主要闭锁条件有：主变保护动作；电容器保护动作；电容器异常；电容器退出运行；电压互感器断线；系统电压异常；限值闭锁（如电压或无功越限，电容器断路器或主变分接开关一天动作次数达到最大值等）；目标对象拒动；变压器分接头滑挡；VQC 软件或 VQC 装置故障。

（2）与远方调度（监控中心）的关系。对于无人值班站，远方调度（监控中心）应能掌握 VQC 的当前运行状况，并能完成对 VQC 功能投入或退出的遥控操作。

第  章

变电站综合自动化调试与维护

本章全面介绍了变电站综合自动化调试和维护的知识，阐述了变电站综合自动化作业规范、作业实例、反事故措施、故障诊断与处理、典型事故案例以及四遥调试实践等。

7.1 变电站综合自动化标准化作业规范

7.1.1 现场作业的安全措施及要求

一、现场工作前的准备

现场工作前必须做好充分准备，其内容包括：了解工作地点一、二次设备运行情况，本工作与运行设备有无直接联系，与其他班组有无需要相互配合的工作；提前向调度中心上报停电申请、远动数据核对申请，对于电气第一种工作票要提前一天送到变电站；应具备与实际状况一致的图纸、上次检验的记录、空白检验的记录、最新整定通知单、说明书、检验规程、合格的仪器仪表、备品备件、工具和连接导线等。

对技改、年检以及一些危及运行设备安全的现场校验工作，应编制施工方案或者标准作业指导书，组织方案审查并履行审批手续。根据方案或作业指导书的需要，编制二次工作安全措施票。二次工作安全措施票必须按要求认真填写，"安全措施内容"包括应打开及恢复连接片、直流线、交流线、信号线、联锁线和联锁开关等。"安全措施内容"应逐项填写，应按照被解开端子的"保护屏号、保安措施、电缆号、端子号、回路号及功能"格式填写，如"在（19J）220kV 中浦线/中榕 Ⅱ 路测控屏右侧解除电缆编号为 1EB－133：1YK1（K101）、1YK21（K102）控制电源回路，并用红色绝缘胶布包好"。

现场作业前应组织工作班组学习图纸资料、施工方案等，并把工作内容、工作范围、进度要求、安全措施、危险点注意事项等向全体作业人员交底。

二、现场工作的安全措施要求

工作票许可时，工作负责人根据工作票与运行人员一起逐条核对运行人员所做的安全措施是否符合要求，包括：①应断开的断路器、隔离开关，应取下的熔丝，应断的空开，应解除的继电保护压板等。②应装接地线、应合接地开关。③应设遮拦、应挂标示牌、防止二次回路误碰的措施。

正式开工前，应召开班前会。全体现场作业人员要明确把工作内容、工作范围、安全措施、危险点注意事项以及同其他工作组的交叉作业注意事项等。

二次工作安全措施票的"执行"必须由2人进行，一人负责操作，工作负责人担任监护，并做好"执行"逐项记录。解开的二次回路必须解端子排上外部电缆芯线，不允许用解屏内线来代替。解开二次回路的连接片和外部电缆芯线时，应立即用红色绝缘胶布包扎好电缆头，并在红色胶布上用记号笔注明端子号。

在现场要带电工作时，必须站在绝缘垫上，戴线手套，使用带绝缘把手的工具（其外露导电部分不得过长，否则应包扎绝缘带），以保护人身安全。同时将邻近的带电部分和导体用绝缘器材隔离，防止造成短路或接地。因检验需要，临时短接或断开的端子应做好记录，以便于在试验结束后正确恢复。在清扫运行中的设备和二次回路时，应认真仔细，并使用绝缘工具（毛刷、吹风设备等），特别注意防止振动，防止误碰。测量绝缘电阻时，应断开相关的电源控制，拔出弱电开入插件。

试验人员至少2人，试验用隔离开关必须带罩，禁止从运行设备上直接取得试验电源。所使用的试验仪器外壳应与保护装置外壳在同一点可靠接地，以防止试验过程中损坏保护装置的组件。在进行试验接线工作完毕后，必须经第二人检查，方可通电。对交流二次电压回路通电时，必须可靠断开至电压互感器二次侧的回路，防止反充电。在电流互感器二次回路进行短路接线时，应用短路片或导线压接短路。运行中的电流互感器短路后，仍应有可靠的接地点，对于会造成失去接地点的接线应有临时接地线，但在一个回路中禁止有两个接地点。

现场工作应按图纸进行，严禁凭记忆作为工作的依据。如发现图纸与实际接线不符时，应查线核对，如有问题，应查明原因，并按正确接线修改更正，然后记录修改理由和日期。修改二次回路接线时，事先必须经过审核，拆动接线前先要与原图核对，接线修改后要与新图核对，并及时修改底图，修改后的图纸应及时报送相关归口部门。

现场作业必须按照《电力二次系统安全防护规定》的要求进行，严禁改变网络安全分区的连接方式或者直接连接因特网。因调试等原因需要接入变电站综合自动化系统设备的笔记本电脑，使用前先用最新版本的杀毒软件进行杀毒，经检查合格后方可使用。在变电站综合自动化系统上进行断路器设备遥控操作时，必须实行操作人和监护人双重确认的两名工作人员以上的操作，严禁一人独自操作。变电站综合自动化系统（如远动机、监控后台等）的修改严格按照遵循"先备份，再修改"的原则，以便异常时能快速恢复，对于2台冗余综合自动化设备必须遵循"先改动其中一台设备，待试验正确后再改另一台"的原则进行。

测控装置调试的定值，必须根据最新整定值通知单整定。断路器、隔离开关遥控传动试验前，应征得值班运行人员同意，确认一次设备具备传动条件方可进行，遥控操作必须由操作人和监护人两人进行。

三、现场工作结束的要求

现场工作结束前，工作负责人应会同工作人员检查试验记录有无漏试项目，整定值是否与定值通知单相符，试验结论、数据是否完整正确，经检查无误后，才能拆除试验接线。断路器、隔离开关传动试验后，必须紧固端子、进行图实相符检查，确保电缆接触可靠正确。

按照二次工作安全措施票"恢复"栏内容，一人操作，工作负责人担任监护并做好逐项记录。工作负责人必须根据二次工作安全措施票再进行一次全面核对，以确保接线的正确性。

测控装置定值要与运行人员在装置液晶显示上核对，并分别在定值单签字确认。

工作结束，全部设备及回路应恢复到工作开始前状态，并在监控后台查看是否有异常信号或者与现场不一致状态。工作票结束后，不得再进行任何工作。

7.1.2　标准化检验项目

一、综合自动化检验种类及周期

综合自动化检验分为新安装检验、首检、定检、补充检验四类。

新安装检验是指新安装的变电站综合自动化系统（装置）投入运行前进行的检验。变电站综合自动化装置投运一年内必须进行首检，首检应按有关变电站综合自动化系统检验规程的检验项目执行，且需进行二次回路核查及图实相符检查。首检之后，综合自动化装置每三年进行一次定检。定检尽可能配合在一次设备停电期间进行，或结合保护装置的年检进行。

补充检验主要是指：①对运行中的综合自动化装置进行较大的更改或增设新的回路时进行的检验；②综合自动化装置运行中发现异常后进行的检验；③事故后的检验；④已投运的综合自动化装置停运一年及以上，再次投入运行后的检验。补充检验的内容根据具体情况确定。

二、综合自动化标准化检验项目

1. TA、TV 检验

(1) 确认互感器安装位置、变比。

(2) TV 二次回路中金属氧化物避雷器的击穿电压检查。

(3) 多 TA 共回路的 N 一点接地检查和 TV 的 N 一点接地检查。

2. 外观检查及清扫

测控屏和各端子箱、插件、备板应清洁无尘，端子压接应紧固可靠，备用芯包扎符合规范化要求，出屏网络线应加防护套。

3. 二次回路检验

(1) 电缆及芯线的接线标识正确，所有单元、压板、导线接头、网络线、信号指示等应标示正确，确保图实相符。

(2) 测控装置及所有二次回路接地（含电缆屏蔽接地）检查。

(3) 测控装置和遥信电源的对应性及独立性检查。

4. 绝缘试验

确认被保护设备已停电，且隔离好有关插件，要求：

(1) 采用 1000V 绝缘电阻表，弱电信号回路宜用 500V 绝缘电阻表。

(2) 各回路绝缘大于 10MΩ，信号回路绝缘电阻大于 1MΩ，所有回路绝缘大于 1MΩ。

5. 装置上电检查

(1) 装置 GPS 对时功能检查、对时准确度测试。

(2) 拉合直流电源检查。

(3) 测控装置的软件版本核查。

6. 测控装置检验

测控装置定值按照运行单位定值单执行。

(1) 遥信试验：检验遥信光耦动作值以及遥信的对应性。

（2）遥测试验：采用虚负荷法，对电流、电压、功率、频率、温度的精度及对应性进行校验。

（3）遥控试验：从操作员站进行遥控操作，对断路器、隔离开关、主变分接头进行传动试验；对软压板进行投退试验；对操作箱等进行复归试验。

（4）同期试验：根据定值单，对测控装置进行压差、角差、频差、无压闭锁试验。

7. 远动通信检查

（1）遥信传输检查：同调度主站进行遥信值及其 SOE 信息核对。

（2）遥测传输检查：同调度主站进行遥测值核对。

（3）遥控功能检查：由集控或调度主站下发遥控令，对现场的断路器、软压板等进行遥控试验。

8. 操作员站

逐个对操作员工作站提供的功能进行测试，例如，调用、显示和拷贝各图形、曲线和报表；发出操作控制命令；查看历史数据；图形和报表的生成、修改；报警点的退出/恢复等。

9. 系统检查

新安装的综合自动化系统必须按照规程进行功能性检查，包括综合自动化系统综合功能与性能要求检查、监控后台功能及性能检查、远动机功能检查等。

三、标准化验收要求

1. 试验报告（原始记录）及技术资料

（1）试验原始数据记录报告（应为空表格式，且需手填试验数据）。

（2）应记录装置制造厂家、设备出厂日期、出厂编号、合格证等。

（3）应记录测试仪器、仪表的名称、型号；应使用经检验合格的测试仪器（合格有效期标签）。

（4）应记录试验类别、检验工况、检验项目名称、缺陷处理情况、检验日期等。

（5）应记录测控装置的软件版本号及校验码，并提供软件功能配置说明清单，具备监控后台软件版本和序列号。

（6）试验项目完整，符合变电站综合自动化系统检验规程的要求，试验数据合格（应有结论性文字表述），具备与调度主站联调的试验报告。

（7）应有试验负责人和试验人员及安装、调试单位主管签字并加盖调试单位公章的三级验收单，监理报告。

（8）应有与调控一体系统或调度自动化系统联调的遥信、遥测、遥控信息表，符合各级调度所需相关部门审核；主站与子站命名一致。

（9）应有正式下达的测控装置定值单，符合运行需求。

（10）应有厂商提供的使用维护说明书、系统平台/应用软件等光盘，备有一份施工图和项目设备清单。

（11）工作联系单问题已处理，设计修改通知单已全部执行。

（12）施工单位已完成图实的核对工作（对照施工图及设计变更通知单，核对屏柜接线是否与设计要求一致），并提交一套完整的已图实核对的施工图给运行维护单位验收（根据情况抽查部分间隔核对）。

（13）调试人员应认真完成现场电流互感器 TA 变比、极性的核对，并向运行维护单位提交电流互感器技术交底单。

2. 设备外观及回路绝缘检查

（1）综合自动化相关屏柜、断路器端子箱、电压互感器端子箱的安装

1）屏柜底座四边应用螺栓与基础型钢连接牢固。

2）屏柜门开、关灵活；漆层完好、清洁整齐；屏柜门应有 $4mm^2$ 以上的软铜导线与接地铜排相连。

3）屏柜内二次专用铜排接地检查：屏内铜排用不小于 $50mm^2$ 的铜缆接至地网铜排；端子箱内二次专用铜排应用不小于 $100mm^2$ 的铜缆接至地网。

4）箱内（屏内）每一根二次电缆屏蔽层应可靠连接至箱内（屏内）专用接地铜排上。

5）端子箱（屏柜）底座的电缆孔洞封堵良好（由运行人员认可）。

6）断路器端子箱体应与主地网明显、可靠连接，接地扁铁涂黄绿漆标识。

7）电压互感器端子箱内二次接地铜排应与箱体外壳接点共同接至临近的接地网（或经临近接地构架接地），二次电缆屏蔽层应可靠连接至柜内专用接地铜排上。

（2）端子排的安装

1）端子排应无损坏，固定良好。

2）端子排内外两侧都应有序号。

（3）二次回路接线检查

1）导线与端子排的连接牢固可靠，每段端子排抽查十个，发现有任何一个松动，可认定为不合格。

2）导线芯线应无损伤，且不得有中间接头。

3）电缆芯线和较长连接线所配导线的端部均应标明其回路编号，号头应有三重编号（本侧端子号、回路号、电缆号），且应正确，字迹清晰且不易脱色，不得采用手写。

4）配线应整齐、清晰、美观，符合创优施工工艺规范要求。

5）屏内电缆备用芯都应有号头（标明电缆号），且每芯应用二次电缆封堵头套好，不脱落。

6）交流回路接线号头应用黄色号头管打印，与其他回路区别开。

7）电缆的连接与图纸相符，压接可靠，导线无裸露现象，屏内布线整齐美观，出屏网络线应加防护套管等防护措施。

（4）二次回路绝缘

核查试验报告，本项试验数据应合格（在允许范围内）；应根据试验报告随意抽取不少于三个试验点加以验证。

（5）现场设备标识

1）各综合自动化相关屏柜、直流屏、端子箱的空气断路器标识应清晰明确、标准规范，并逐一拉合试验确认对应关系。

2）所有单元、压板、导线接头、网络线、电缆及其接头、信号指示等应有正确的标示，标示的字迹清晰。

3）各测控屏柜命名应符合命名规范。

（6）其他

1）屏内电缆悬挂电缆号牌，挂牌为硬塑号牌，悬线使用硬导线；应按规范标明其电缆

编号（含断路器编号）等，且不得采用手写。

2）不宜采用屏顶小母线方式；而对于采用屏顶小母线的工程，屏顶小母线应采用绝缘材料保护，防止小母线短路；屏顶小母线应屏间分断连接并悬挂标示牌。

3. 综合自动化主要反措内容检查

（1）电缆两端的屏蔽层应可靠连接于户外端子箱内及综合自动化相关屏的 $100mm^2$ 接地铜排上；由 TA、TV 本体引出二次电缆的屏蔽层可在就地端子箱内单端接地。

（2）跨设备区接入交换机的应采用光缆（光口）连接；电缆沟内的通信及网络线和不带铠装的光缆必须用 PVC 管等做护套；网络线采用国标中规定的线序；采用双网通信的 A、B 网不得共用一根光缆。

（3）交、直流以及强、弱电不得在同根电缆中（应核对二次图纸并现场检查）。

（4）正、负电源之间以及经常带电的正电源与合闸或跳闸回路之间，应至少以一个空端子隔开。

（5）直流空气断路器应上下级配合。

（6）TA 二次回路：

1）①各 TA 二次回路必须分别且只能有一个接地点；②独立的、电气回路上没有直接联系的每组 TA 二次回路接地点应独立配置，且接地点应置于户外端子箱；③对于电气回路上有直接联系的 TA 二次回路，应在和电流汇聚处一点接地。

2）应采用专用黄绿接地线（多股铜导线），截面不小于 $4 mm^2$；且必须用压接圆形铜鼻子与接地铜排连接（接地线的两端均应采用铜鼻子单独压接工艺），不得与电缆屏蔽层共用一个接地端子（螺栓）。

3）现场本体的 TA 变比设定情况及极性确认验收，应与提交的电流互感器交底单一致。

（7）遥信开入应采用强电光耦，动作电压均应满足 $55\%U_e \sim 70\%U_e$ 的要求。

（8）同一间隔的测控装置工作电源与其遥信开入电源应由屏上两个独立的空气断路器供电，回路设计上不得有电的联系，测控装置电源和遥信开入电源失电时应进行报警。

（9）禁止检同期和检无压模式自动切换，应具有同期电压回路断线报警和闭锁同期功能。

4. 综合自动化系统各功能模块验收项目（适用于新建变电站）

（1）综合自动化系统的功能和性能指标

1）具备调控一体站系统/操作员工作站/就地手动的控制切换功能，三种控制级别间应相互闭锁，同一时刻只允许一级控制，就地应具有最高控制级，调度控制主站的控制级最低。

2）当进入遥控功能后，超过设定的 20s 延时时间后自动取消该次遥控。

3）Windows 操作系统的计算机具有防病毒软件，具备最新病毒库，不得和互联网和管理信息系统相连。

4）系统内各装置时间应与授时时钟同步。

5）主、备远动机以及双网络切换检查，当出现单台远动或单网络故障时，综合自动化系统运行仍应正常，信号上送调度主站。

6）测控装置、远动机、交换机和双网络结构出现单网等故障报警在操作员工作站显示。

7）测控装置的定值修改及就地操作等应设置密码保护。

8）当测控装置故障或电源消失时，综合自动化系统自动诊断和告警，信号上送调度主站。

9）操作员工作站 CPU 正常负载率低于 30%。

10）现场遥信变化到操作员工作站显示所需时间不大于 1s。

11）现场遥测变化到操作员工作站显示所需时间不大于 2s。

12）动态画面响应时间不大于 2s。

13）从操作员工作站发出操作执行指令到现场设备状态变位信号返回总的时间不大于 2s。

14）站内 SOE 分辨率小于 2ms。

（2）操作员工作站功能

1）操作员工作站应能支持各种图形、表格、曲线、棒图、饼图等表达方式，应配置与各间隔层设备（含保护装置、测控装置）的通信状态一览表。

2）画面拷贝功能。

3）综合自动化系统应采用铃声报警，禁止采用语音报警，铃声报警根据三类事项采用不同的铃声。

4）综合自动化系统的遥控操作不允许在主界面进行。

5）遥控操作具有编号验证、操作人验证、监护人验证功能。

6）变电站主要设备动作次数统计记录检查；电压、有功、无功年月日最大、最小值记录功能检查；历史数据库内容查询功能检查；历史事件（操作事件、报警事件、SOE 事件等）内容查询功能检查；测控装置的遥控和遥调出口动作记录功能检查。

7）告警解除功能检查。

8）具有综合自动化系统网络拓扑图，并实时显示系统通信状态。

9）装置、间隔置检修功能。当间隔检修时，能屏蔽相关间隔信号的报警，从而不干扰运行人员监盘。

10）事故打印和 SOE 打印功能检查；操作打印功能检查；运行日报打印功能检查。

（3）远动系统检查。

1）支持 IEC 60870 - 5 - 104，IEC 60870 - 5 - 101 通信协议。

2）与主站通信的通道至少有两条独立的物理路由通道（核查设计资料并经通信核实）。

3）具有双机切换功能，主备机切换应可靠快速，符合要求。

4）具有通道切换功能，通道故障时能顺利切换和恢复。

5）装置时间应与授时时钟同步。

6）遥测死区设定符合要求，应以浮点数报文格式传送工程实际值。

7）全站事故总信号和主变挡位上送满足调度要求。

（4）逆变电源（或 UPS）检查

1）交流供电电源消失，逆变电源装置（或 UPS）应能自动切换到直流供电电源；交流供电电源恢复后，应能自动切换回交流供电电源；功能检查合格后，断开逆变电源（或UPS）交流电源供电空气断路器，并写入运行规程中备案。

2）所接负载和负载率检查，与变电站实时监控无关的设备（如：传真机、打印机、办公电脑、热水器、空调等办公设备）严禁接入逆变电源（或 UPS），以防止逆变电源（或

UPS）受到冲击或过载。

3）逆变电源（或 UPS）交流输出电压测试。

4）逆变电源（或 UPS）故障告警信号检查。

5）逆变电源（或 UPS）空气断路器对应性检查。

（5）AVC 功能检查

1）同调度 AVC 主站遥信核对正确。

2）AVC 信号核对：总投入压板、电容器、电抗器、主变挡位投入压板核对。

3）AVC 命令核对（电容器、电抗器、主变挡位）：①主站与监控系统命令核对；②控制到现场一次设备核对。

（6）厂站数据网检查

1）具有冗余的网络设备，电源冗余、链路冗余测试满足要求。

2）交换机应采用直流供电的工业级交换机，交换机断电重启后，系统应能恢复正常。

3）网络设备的各个连线具有明确的标识，接入交换机的应用系统网络线应有 IP、端口、应用系统名称等标识。

4）各应用系统连接正确，满足二次系统安全防护方案要求。

5）各应用系统业务通信正常，通道故障时能顺利切换和恢复。

6）应关闭各交换机备用的网络端口。

7）应有路由器、交换机、防火墙、纵向加密装置的配置电子文档。

8）纵向加密装置应具备网络旁路功能。

5. 监控后台（按间隔）调试验收

（1）遥信功能、保护软报文检查

1）信号分类符合调度控制中心监控系统信号规范。

2）根据设计遥信图纸，按照实际模拟从现场源头模拟硬接点开闭合进行验收所有信号应正确无误地在操作员工作站上反应，光字牌名称正确，闪烁正确，报警内容正确，响铃响笛正确，具备差动保护 TA 断线独立光字牌。

3）对保护装置实际加量模拟检查，操作员工作站对应软报文光字牌名称正确，闪烁正确，报警内容正确，响铃响笛正确。

（2）遥测准确性和精度检验

检查监控后台的遥测值（含线路潮流）误差：电压电流误差应不超过 0.2%，功率误差应不超过 0.5%，频率误差应不超过 0.01Hz，温度误差应不超过 0.5%，检查监控后台各遥测值点（含线路潮流）是否与现场一致。

（3）遥控操作

1）对测控装置软压板遥控，检查其正确性。

2）对现场隔离开关、断路器、挡位等设备进行实际操作，核对其接线图的标示正确、闪烁正确，报警内容正确，响铃响笛正确。

3）对保护装置的软压板投退的遥控操作，检查其正确性。

（4）报表、曲线检查。

操作员工作站日报表、月报表、年报表表格填写关联正确；实时曲线、历史曲线填写关联正确。

（5）报警功能

1）测量值越限报警。

2）保护装置及测控装置等通信接口故障和网络故障报警。

3）报警历史查询，可查询并掌握保护等智能设备通信时通时断问题。

（6）五防功能（外带五防主机）。

同微机五防的接口（串口方式）和联调。

6．远动（按间隔）调试验收

（1）核对断路器、隔离开关等遥信传输，要求调度主站与现场一致性；遥信变位从现场变位到主站时间不大于3s。

（2）核对线路潮流等遥测传输，要求调度主站与现场一致性；遥测信息从实际变化到反映到调度端的传送时间不大于4s。

（3）仅限于调控一体站，检测主站操作的正确性；从调控一体操作员工作站发出操作执行指令到现场设备状态变位信号返回总的时间不大于4s，断路器和隔离开关遥控功能检查，软压板和装置复归遥控功能检查；主变分接头升降检查。

（4）调度主站能正确接收到现场保护跳闸、保护重合闸遥信所产生的事故总信号。

（5）调度主站接收到SOE应与现场遥信SOE一致。

7．测控装置单体调试验收（以220kV线路测控为例）

220kV线路测控装置验收项目见表7-1。

表7-1　　　　　　　　　　220kV线路测控装置验收项目表

序号	验收项目	技术标准要求及方法
1	测控装置上电	直流屏空气断路器、测控装置电源空气断路器、遥信电源空气断路器对应性核对，级差配合检查
		① 装置上电自检正常，无异常信号； ② 拉合直流电源，装置无异常； ③ 测控装置的参数设置检查
2	软件版本号检查	从测控装置的液晶屏幕上读取软件版本号、装置地址与试验报告填写要一致
3	时钟核对及整定值失电保护功能检查	① 时钟整定好后，通过断、合装置电源的方法，检验在直流失电一段时间的情况下，走时仍准确，整定值不发生变化。断、合装置电源至少有5min时间的间隔； ② 用综合自动化测试仪测对时准确度
4	密码检查	测控装置的定值修改及就地操作等应设置密码保护
5	遥信开入光耦动作电压检查	每个测控装置抽取3路遥信进行光耦动作电压和返回电压测试，动作电压应在额定电压的55%～70%之间
6	遥测精度检验	从现场测控装置实际通流通压，检查测控装置液晶面板上的遥测值误差：电压电流误差应不超过0.2%，功率误差不超过0.5%，频率误差不超过0.01Hz，温度误差不超过0.5%
7	同期及定值检查	① 检无压闭锁试验； ② 压差定值试验； ③ 频差定值试验； ④ 角差定值试验

续表

序号	验收项目	技术标准要求及方法
8	同期切换模式检查	① 禁止检同期和检无压模式自动切换； ② 同期电压回路断线报警和闭锁同期功能
9	就地操作断路器功能检查	在测控屏处检查"断路器远方/就地把手"、"同期把手"以及断路器操作正确性，且优先等级高于其他切换方式，该功能可结合同期功能检查进行，并检查在测控屏上就地操作必须经该间隔"五防"闭锁
10	转换把手、五防锁和压板检查	转换把手、五防锁、压板标示应规范、完整（双重编号、专用标签带），并与图纸一致
		在测控装置屏处，转换把手、五防锁验证可结合同期定值检查时验证，遥控断路器和隔离开关的压板对应性验证，可结合一次设备实际遥控时进行

8. 启动前及启动期间验收

（1）要求在测控装置上直接核对定值，定值必须与设备运行管理单位下达正式测控定值整定单（含说明内容）逐项核对正确一致，变比与现场实际确认一致。具体定值核对工作需经专业技术人员确认无误，对于委托外单位调试的工程，应由业主运行维护单位的专业人员核对确认无误。

（2）由运行维护单位保护人员逐个回路、电缆芯确认正确后，施工调试人员负责接入运行设备，运行维护单位专业人员全程参与监督完成接火工作（适用于变电站二次设备技改、二期扩建等）。

（3）投产前所有 TA、TV 二次回路及一点接地检查，防止 TA 二次开路和 TV 二次短路；投产前所有二次回路被拆除的及临时接入的连接线是否全部恢复正常检查；所有二次回路的压板、连接线、螺丝检查。

（4）对于外委工程，业主运行维护单位的专业技术人员应参与相量测试分析工作，确保相量正确无误；相量测试必须进行电流变比、极性判别和电压电流相序、相位判别；现场实测相量值应与后台遥测量一致。

四、测控装置定值整定原则

对于测控装置的定值，推荐采用下列定值，具体应查阅厂家说明书，并与现场实际要求相符（以 RCS9700 系列为例）。

（1）监控参数定值。

遥跳保持时间：0.12s；

遥合保持时间：0.12s；

循环上送周期：10s；

死区定值（越阀值传送）：0.2%。

（2）遥信参数定值。

遥信参数定值防抖时间：短延时 20～40ms、长延时 2～15s；

检无压的电压闭锁值：30%额定电压；

检同期的电压闭锁值：85%～90%额定电压同期；

复归时间：10s；

频率加速度：1Hz/s。

（3）挡位参数定值挡位参数定值防抖时间：2s。

（4）同期定值包括频差、压差、角差的定值。

1）频差整定为 0.2Hz。

2）500kV 系统电压差整定为同期电压额定值的 10%，220kV 系统电压差整定为同期电压额定值的 20%。

3）进行系统的合环操作时，500kV 系统同期装置整定角差为 20°，220kV 系统同期装置整定角差为 30°。

五、相量测试分析

带负荷试验的目的是通过对二次电流回路的大小和相位的测量，判断二次电流回路是否正确，TA 变比及极性使用是否正确；核相的目的是通过二次电压回路的大小和相位的测量，判断二次电压回路是否正确，TV 变比及极性使用是否正确。

1. 线路带负荷测试分析

线路测控的 TA 极性端在母线侧，TA 变比为 3000/1，TV 变比为 500/0.1。当时该线路潮流为：$P=+747MW$，$Q=-150Mvar$（母线向线路送出为"＋"；线路向母线送入为"－"）,；这是从监控后台得到的数据。对于新建间隔受电，可以从母线上的所有间隔有 $\sum P=0$、$\sum Q=0$、$\sum I=0$ 判断测控系统数据是否准确；对于全站新受电，可以通过调度从线路对侧已投运变电站的数据分析判断本侧数据是否准确。

功率因素 $\cos\varphi=\dfrac{P}{\sqrt{P^2+Q^2}}=\dfrac{747}{\sqrt{747^2+150^2}}=0.98$

电流一次值：$I=\dfrac{P}{\sqrt{3}U\cos\varphi}=\dfrac{747000}{\sqrt{3}\times500\times0.98}A=880A$

电流二次值：$I=\dfrac{电流一次值}{TA\,变比}=\dfrac{880}{3000}A=0.29A$

电压电流夹角：$\varphi=\arccos0.98=11°$

因有功功率 P 为正，无功功率 Q 为负，因此电压超前电流的角度 $=360°-11°=349°$，或者是电流超前电压 11°。

（1）相量测试

相量测试时，为了保证测试的精度，应合理安排负荷，若负荷太小无法保证正确性时，应向调度提出，创造条件相量测试。以下说明测试的主要步骤。

1）冲击线路时，测量二次电压幅值和相位是否正确，判断 TV 变比是否正确；对同一 TV 不同组别进行核相及同期回路的同源核相。

2）线路带足够的负荷，记录一次潮流的状态，主要为 P、Q、U_A、U_B、U_C、$U_{同期}$、I_A、I_B、I_C；记录定值单上的 TA、TV 变比；计算相位。

3）使用相位表测试屏后或就地端子箱中的二次 U_A、U_B、U_C、$U_{同期}$、I_A、I_B、I_C 幅值和相位，相位测试可统一以 U_A 为基准；记录装置的采样量显示。

4）实际测试数据和记录装置采样的数据进行比较，确保一致，一般误差不超过 5%。

（2）相量分析

1）变比、幅值分析。通过一次潮流及 TA、TV 变比，确认二次幅值是否正确。如二次电流测试数据不对，则可能为一次 TA 串、并联接错；TA 二次绕组组别接错；TA 二次回路存在多点接地；或者 TA 二次电缆绝缘破损分流等原因。

2）相位分析。确认三相电流之间和三相电压之间的角差均约为 120°，同期电压之间的相位同源核相时应该接近于 0°。电压与电流之间的相位应该与根据一次潮流计算的相位角接近。

主变带负荷测试的方法同上，区别是由于变压器的接线方式不同导致高压侧、低压侧之间相位不同。主变压器高低压侧电流的相位应为星形侧超前三角形侧 150°，高低压侧的电压相位应为三角形侧超前星形侧 30°。

2. TA、TV 极性测试及分析

（1）TA 极性测试

传统的 TA 极性测试，一般采用直流法进行，如图 7 - 1 所示。通常将指针式万用表（最好为 μA 级别，灵敏度高）接在电流互感器的二次输出绕组上，用 9V 大容量的干电池的正极性接于互感器的一次线圈 L1、负极性接于 L2（一次线圈外壳上一般都有 L1、L2 的一次极性标识）。若 K 合上时，μA 表指针正偏，拉开后指针反偏，说明互感器接在电池正极性上的端头与接在 μA 表正端头为同极性，即 L1、K1 为"减极性"同极性端，否则为反极性。目前电流互感器的极性一般都为减极性，即一次 L1、L2 与二次 K1、K2（或者为 S1、S2）对应。进行极性测试时，应特别注意 TA 的一次极性的安装朝向。对于穿心式电流互感器，可以通过图 7 - 2 进行极性测试，蓄电池的正负极导线沿一次极性 L1、L2 从 TA 中间穿过（TA 本体上标有一次极性 L1、L2 的位置），测试及判断方法同图 7 - 1。

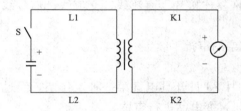

图 7 - 1　直流法测 TA 极性　　　　　图 7 - 2　直流法测 TA 极性

（2）TV 极性测试

因 TV 有电磁式电压互感器和电容式电压互感器。对于电磁式电压互感器，测试极性的方法类似于 TA 极性测试，如图 7 - 3 所示。通常将指针式万用表（最好为 mV 级别，灵敏度高）接在电压互感器的二次输出绕组上，用 9V 大容量的干电池的正极性接于互感器的一次线圈 A、负极性接于 X。若 S 合上时，mV 表指针正偏，说明 A、a 为"减极性"同极性端，所测试 TV 极性正确。

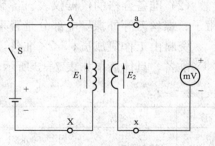

图 7 - 3　直流法测 TV 极性

对于电容式电压互感器，因 TV 一次侧接有电容，且电容与一次线圈不易分开，不能用上述方法进行极性测试。在 TV 一次侧 A、X 之间用绝缘电阻表测试绝缘电阻（相当于给电容器充电），二次侧 a、x 端子上接一块指针式万用表

（mV 级别）。当绝缘电阻表指示绝缘约 30MΩ 时，移开 A 端子上的绝缘电阻表火线，然后用一个导线对电容器进行放电（短接 A、X 端子），在放电瞬间，注意观察 mV 表指针是否正偏（向右摆动），若向右摆动，则说明被测试 TV 的极性正确。

7.2 现场作业实例

2012 年 9 月 25 日至 27 日进行 500kV××变电站 220kV 中浦线综合自动化首检。测控装置为 CSI - 200EA 型测控装置；监控后台为 CSC 2000（V2）监控系统；远动机为 CSM - 320EP 型远动机。

7.2.1 作业前准备

一、上报申请

工作班成员李××于 9 月 19 日在调度管理系统向调度上报远动数据核对申请。

二、编写标准化作业卡及安全措施票

（1）了解工作地点一、二次设备运行情况，本工作与运行设备有无直接联系，与其他班组有无需要相互配合的工作。

（2）工作班成员林××根据工作内容编写标准化作业卡。

（3）工作负责人陈××根据竣工图纸编制二次工作安全措施票。二次工作安全措施票按要求认真填写，"安全措施内容"包括应打开及恢复连接片、直流线、交流线、信号线、联锁线和联锁开关等。

（4）履行标准化作业卡及二次工作安全措施票的审批手续。

三、开具工作票

工作班成员李××根据工作内容需要，于 9 月 23 日开具电气第一种工作票，经过工作负责人陈××审核后，于 9 月 24 日送到 500kV××变电站进行审核。

四、准备资料及仪器等

（1）准备与实际状况一致的竣工图纸、上次检验的记录、空白的检验记录表、最新整定通知单、说明书、检验规程、厂家图纸等。

（2）准备合格的仪器仪表、备品备件、工具和连接导线等。检查低压带电作业工具，如钳子、螺丝刀等外裸导电部分是否采取绝缘包扎，绝缘部分不应有破损。

资料由工作班成员林××准备，具体清单如表 7-2 所示；仪器及耗材由工作班成员李××准备，具体清单如表 7-3 所示。

表 7-2	资 料 清 单	
序号	名称	内 容
1	竣工图纸	500kV××变电站 220kV 浦口Ⅰ线、白花Ⅲ线线路保护原理及安装图（35-B289Z-R0008）、220kV 线路二次线（35-B289Z-D0214）
2	检验规程	《变电站综合自动化系统检验规程》
3	最新整定通知单	福超综〔2009〕YZB-06 号 220kV 中浦线测控装置定值单
4	上次检验的记录	500kV××变 220kV 中浦线综合自动化基建试验报告

序号	名称	内 容
5	空白的检验记录表	CSI－200EA 测控装置原始试验记录表
6	说明书	CSI200EA 型测控装置技术说明书
7	厂家图纸	ABB 断路器机构二次接线原理图

表 7－3 仪 器 及 耗 材 清 单

序号	名 称	单位	数量
1	综合自动化系统测试仪（带 GPS 时钟）	台	1
2	笔记本电脑（已用最新杀毒软件杀毒）	台	1
3	绝缘电阻表	台	1
4	万用表	块	2
5	直流信号发生器	台	1
6	线包	套	1
7	工具箱（螺丝刀、剥线钳、斜口钳、插针、夹子、电流短接片、电话线、小手电筒）	套	1
8	电源盘	个	1
9	绝缘胶布（红、黑、黄）	卷	若干
10	记号笔	支	若干

五、组织作业人员学习

（1）工作负责人陈××在 9 月 24 日组织工作班组学习图纸资料、标准化作业卡、二次工作安全措施票、危险点及防范措施等。

（2）工作负责人陈××在 9 月 25 日第一天现场作业前把工作内容、工作范围、进度要求、安全措施、危险点注意事项等向全体作业人员交底，工作班成员林××和李××在安全措施栏签名确认。

六、人员分工

工作负责人陈××，负责试验监护；工作班成员林××，负责测控装置试验；工作班成员李××负责监控及远动系统联调。

7.2.2 作业中控制

一、工作票许可

运行值班长张××进行工作票许可时，工作负责人陈××根据工作票与张××一起到现场逐条核对运行人员所做的安全措施是否符合要求，包括：①应断开的断路器、隔离开关，应取下的熔丝，应断开的空气断路器，应解除的压板等。②应装接地线、应合接地开关。③应设遮拦、应挂标示牌、防止二次回路误碰的措施。

二、二次工作安全措施票执行

二次工作安全措施票的"执行"由两人进行，林××负责操作，陈××担任监护并做好"执行"逐项记录。解开的二次回路必须解端子排外部电缆芯线，不允许用解屏内线来代替。解开二次回路的连接片和外部电缆芯线时，应立即用红色绝缘胶布包扎好电缆头，并在红色胶布上用记号笔注明端子号。

由李××记录试验前测控装置等设备的原始状态（含压板、切换开关、测控定值），手工记录在标准化作业卡。

三、现场试验

（1）试验前李××电话联系调度，将故障信息系统和调度自动化系统主站中的停电检修间隔置于检修状态。完毕后，工作班开始根据综合自动化系统检验规程进行相关项目试验。

（2）陈××和林××进行绝缘检测试验。断开直流电源空气断路器，用万用表确认无直流电源和交流电源（这里指隔离开关操作回路），并确认现场无其他工作班在二次回路上工作之后，根据综合自动化检验规程中绝缘检测具体项目进行试验，结果记录在原始试验记录表上。

（3）绝缘试验完毕后，进行试验接线。李××从保护小室的试验电源屏引电源线，并把综合自动化系统测试仪和直流信号发生器试验仪器外壳可靠接地，以防止试验过程中损坏测控装置的组件。

由陈××监护，林××临时解除从直流屏过来的电源（电缆编号 1EZ - CM），＋CM（GD1）、CM（GD7），并用黄色绝缘胶布包扎好并做好标记，手工记录在标准化作业卡。在端子 GD1、GD7 对应接入直流信号发生器的正负直流电源线。

林××在 1YC1、1YC2、1YC3、1YC9 端子排内侧接入综合自动化系统测试仪电流试验线，在 1YC11、1YC12、1YC13、1YC14 和 1YC17、1YC16 端子排内侧接入综合自动化系统测试仪电压试验线。用导线短接去 PMU 装置的电流回路内部端子 1YC4、1YC5、1YC6。

由陈××认真检查，确认正确无误后，通电试验。

（4）由李××进行测控装置通电自检、铭牌参数、外观及接线检查，结果记录在原始试验记录表上。

（5）由林××进行遥测校验，李××在监控后台查看数据，结果记录在原始试验记录表上。发现 A 相电压的精度不满足要求，于是进行精度校正。

采用"通道校正"方式进行调整。调整时先断开测控装置电源，打开测控装置前面板，对交流插件进行跳线（插件最上端跳线 J3 的最高位跳到 H），重新上电。用精度为 0.05 级的综合自动化系统测试仪加入基准电压 50V，然后同时按住测控装置"quit"和"set"键，输入用户密码，进入选择"通道校正"进行刻度的调整。如图 7 - 4 所示，对交流 1 板的 U1a（对应 A 相电压）进行刻度调节：进入菜单＼通道校正＼调整

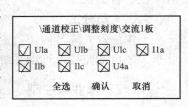

图 7-4　通道校正示意图

刻度＼交流 1 板，按键盘的"左"、"右"、"上"、"下"选择通道，按"set"键选中通道，则 U1a 通道前的标记符号变为"☑"（一次可以选择多个通道），选完后按"quit"键将光标切换到命令行，按"确认"项进行刻度调整。再进行零漂调整，停止综合自动化系统测试仪的电压输出，短接 Ua 和 Un，零漂调整方法类似刻度调整。

A 相电压通道校正完毕后，断开测控装置电源，恢复交流插件进行跳线。重新进行遥测校验。

（6）由林××进行断路器同期试验，陈××监护。

采用就地遥控法进行断路器同期试验，即在 CSI - 200EA 测控装置液晶面板上进行键盘

合闸操作，测控装置判断满足合闸条件时就会出口，闭合（n7-c6、n7-c8）和（n7-a2、n7-a4）两对接点，如图7-5所示。

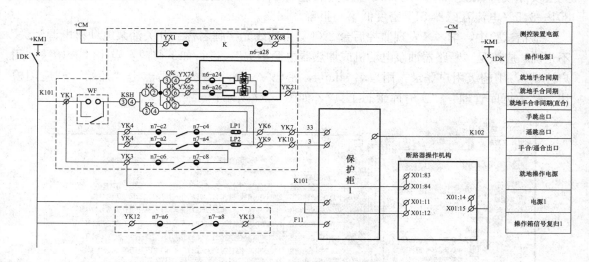

图7-5 220kV中浦线控制回路二次线

同期合闸要满足以下条件：①要先解除"同期电压回路断线闭锁同期功能"对应开入的接线（电缆编号1E-157，回路号861（1YX61）），由林××执行并手工记录在标准化作业卡。②要投入"控制逻辑投入压板"、"同期功能压板"、"同期节点固定方式压板"。③根据检验项目内容投入"同期压板（检同期、检无压、准同期三选一）"。④依照测控装置定值，综合自动化系统测试仪所加两组同期电压满足压差/频差/角差的要求。⑤断路器的"远方/就地"把手打在"远方"。

陈××解除断路器出口压板LP1、LP2，用万用表通断性测试挡监视YK3和LP1-1（压板下端头）之间的导通情况（即合闸出口），林××投退软压板、给测控装置加电压、测控装置液晶面板合闸操作，完成断路器同期试验，结果记录在原始试验记录表上。结合同期试验进行断路器TV断线闭锁同期功能试验，接入"同期电压回路断线闭锁同期功能"对应开入的接线时，无法进行断路器同期（测控装置液晶面板没有任何反应，万用表也没有任何滴滴声），表示测控装置具有断路器TV断线闭锁同期功能。

测控装置液晶面板合闸操作方法：①按下测控装置上的"远方/就地"键进入就地状态，液晶显示如图7-6所示。选择"进入就地状态"，输入密码****并确认，即进入就地状态。②按下测控装置上的"显示切换"键，选择进入间隔主接线图。③按下测控装置上的"元件选择"键，选择断路器。④按下测控装置上的"合闸"键，

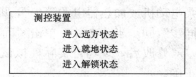

图7-6 远方/就地选择示意图

再按下"确认"键就完成断路器就地合闸操作。等待同期条件判定，如果满足同期条件则万用表"嘀嘀"响起，表示断路器合闸。⑤同期试验全部结束后，按照同样方法返回到"远方"状态。

（7）根据竣工图纸，由工作班3人共同完成遥信试验。李××在监控后台核对，陈××和林××在现场进行信号的实际模拟试验，机构箱遥信参看"ABB断路器机构二次接线原

理图"进行模拟试验,对于"SF$_6$ 或 N$_2$ 泄漏"、"电流互感器 SF$_6$ 密度低第一报警"等一些无法实际模拟试验的,采用直接短接接点进行试验,即短接 801—827(SF$_6$ 或 N$_2$ 泄漏)、801—845(电流互感器 SF$_6$ 密度低第一报警)回路。

遥信试验中,李××发现监控后台 220kV 中浦线光字牌名称"开关油泵电动机电源消失"不正确,应该是"断路器油泵电动机或加热器电源消失",进行如下修改:点击"开始"→"用户注销",用超级用户登录,用户名 sifang,密码 * * * *。登录后点击"开始"→"应用模块"→"数据库管理"→"实时库组态工具",如图 7-7 所示:

图 7-7 实时库组态工具

单击"变电站"→"××变"→"220kV 中浦线测控"→"遥信量"进入遥信数据库,将编辑打勾进入编辑状态,把遥信名称"断路器油泵电动机电源消失"改为"断路器油泵电动机或加热器电源消失",单击"刷新"、"发布"后,退出实时库组态工具,会提示是否保存到数据库,单击"是"确认后完成数据库的修改。

单击"开始"→"应用模块"→"图形系统"→"图形编辑",打开"220kV 中浦线光字牌"图形,双击光字牌"断路器油泵电动机电源消失",重新选择关联已经改动过的"断路器油泵电动机或加热器电源消失",即完成图形编辑。单击"保存"后,右击鼠标,选择"文件同步"同步当前文件,单击"确定"。

修改后,现场再实际模拟试验,李××在监控后台确认"事件告警"和"光字牌"均正确。

(8)由工作班 3 人共同完成同调度端遥测传输检测、遥信传输检测。李××在监控后台同调度主站电话核对数据,结果记录在原始试验记录表上。陈××和李××在现场遥测加量和遥信短接模拟。按照图纸,完成全部遥信和遥测核对。在此过程中,李××发现调度端电流遥测数据不正确,而监控后台显示的电流数据正确。

林××严格按照《电力二次系统安全防护规定》的要求进行,使用经过最新版本的杀毒软件杀毒过的专用调试笔记本电脑进行远动机远动点表修改。将笔记本电脑的 IP 地址修改成中浦线测控装置 IP 地址 192.168.1.45,拔掉测控装置 A 网网络线,接入笔记本电脑。

利用 UltraEdit 软件进行远动点表的在线修改，如图 7-8 所示。单击"文件"→"ftp 文件"→"从 ftp 打开"。在"ftp 打开"界面单击"账号"进行远动机账号设置，填写远动机IP：192.168.1.244，用户名：root，密码＊＊＊。设置完毕后，单击"站点浏览"远程登录远动机。

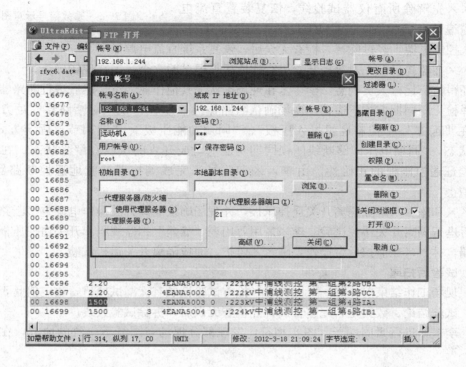

图 7-8　远动点表在线修改

打开＼300e＼config 文件夹下的所有 zfyc.dat 文件，按照遵循"先备份，再修改"的原则先把数据另存到笔记本电脑。重新登录远动机，在线打开所有 zfyc.dat 文件，发现220kV 中浦线电流遥测变比错误，将变比 1500 改成 2000 后，单击"保存"，完成远动点表的修改。

电话联系调度准备重启一台远动机。单击笔记本电脑（Windows 系统）"开始"→"运行"，输入"telnet 192.168.1.244"远程登录远动机，在 login 处输入用户名 root，在 password 处输入密码＊＊＊，登录上远动机。输入命令 shutdown-f 完成远动的重启。待通信正常后，联系调度切到已修改过的远动机重新进行 220kV 中浦线电流数据核对，核对正确后，再修改另外一台远动机，方法一样。

（9）事故总核对：林××采用直接短接事故信号的开入进行模拟事故信号上送，依照图纸共有"（开入 31）RCS-931AM 保护跳闸、（开入 43）断路器不一致或非全相运行、（开入 44）操作箱出口跳闸、（开入 57）PSL-603G 保护跳闸、（开入 58）PSL-603G 重合闸动作"四个事故信号。林××发现短接"（开入 43）断路器不一致或非全相运行"信号时，调度收不到事故总信号。

进入 CSI - 200EA 测控装置的"定值"→"开入定值"界面，发现开入 43 的电笛位置为"×"，如图 7 - 9 所示。将其改成"√"并保存，重新试验结果正确。

（10）由工作班 3 人共同完成遥控试验。林××在监控后台操作，陈××监护，李××在现场查看状态。

\定值\开入定值								
第八组	41	42	43	44	45	46	47	48
SOE	√	√	√	√	×	×	×	×
长延时	×	×	×	×	×	×	×	×
电铃	×	×	×	×	×	×	×	×
电笛	×	×	×	√	×	×	×	×

图 7 - 9　事故信号示意图

林××先解除所有仪器试验线，恢复装置直流电源（电缆编号 1EZ - CM）＋CM(GD1)、－CM(GD7)，同时接入控制电源，经过陈××检查无误后，恢复系统直流电源供电。

林××在监控后台先对测控装置进行软压板投退试验，李××在现场确认。

在征得值班运行人员同意，李××在现场确认无其他作业人员，然后进行断路器遥控试验。选择检无压同期方式下遥控，现场确认断路器遥控压板已投入，断路器"远方/就地"把手打在"远方"，"控制逻辑投入压板"、"同期功能压板"、"同期节点固定方式压板"在投入状态，"同期电压回路断线闭锁同期功能"对应开入的接线在解除状态。在遥控过程一并验证遥控压板的正确性。由李××和陈××完成测控屏处就地遥控断路器操作，方法类似。

李××和陈××解除隔离开关遥控压板，并现场确认隔离开关操作电源空气断路器已断开，然后进行隔离开关遥控试验。李××用万用表"嘀嘀"挡监视隔离开关遥控压板下端头和公共端，林××在监控后台操作，陈××监护，完成隔离开关遥控试验。

四、试验后扫尾

（1）现场工作结束前，陈××同林××检查试验记录有无漏试项目，整定值是否与定值单相符，试验结论、数据是否完整正确，经检查无误后，拆除试验接线。

（2）李××进行紧固端子、图实相符，发现部分现场与图纸不一致的地方，在图纸上修改。

（3）按照二次工作安全措施票"恢复"栏内容，林××操作，陈××担任监护并做好逐项记录。工作负责人根据二次工作安全措施票再进行一次全面核对，以确保接线的正确性。根据标准化作业卡，全部设备及回路应恢复到工作开始前状态。

（4）工作结束前李××联系调度主站，将停电检修间隔置于正常运行状态。

（5）工作结束前李××和林××清理工作现场，检查现场是否有遗留物，回收、清点工器具和材料并清扫、整理现场。

（6）陈××陪同运行人员张××在测控装置液晶显示上核对测控装置定值，并分别在定值单复印件上签字确认。

（7）陈××陪同运行人员张××进行检后验收，同时在生产管理系统上填写相关的试验记录。检查屏柜设备是否有异常现象，并在监控后台查看是否有异常信号或者与现场不一致状态。

7.2.3　作业后小结

（1）陈××组织召开班后会，对工作内容进行总结点评。

（2）林××编写试验报告，并经陈××审核后上传到生产管理系统，进入审核流程。对检修中发现和解决的问题做详细记录，供总结参考。

（3）李××完成上传自动化系统信息核对标准作业卡到调度管理系统，并完成审核流程。

（4）李××进行定值单存档，资料存档，并将班前会和班后会录音上传至录音系统，做好登记。

（5）李××完成电子图档修改，完成电子图档审批流程。

7.3 反事故措施内容和要求

变电站综合自动化系统相关的反事故措施和保护有一定的差别，根据相关的文件，对于变电站综合自动化系统现行的反事故措施主要有以下几个方面：

1. 对于电缆屏蔽线、专用接地铜排的要求

电缆两端的屏蔽层应可靠连接于户外端子箱内及综合自动化相关屏的 $100mm^2$ 接地铜排上；由 TA、TV 本体引出二次电缆的屏蔽层可在就地端子箱内单端接地。

2. 对于通信及网络线、光缆的要求

跨设备区接入交换机的应采用光缆（光口）连接；电缆沟内的通信线（如网络线、RS485 线）和不带铠装的光缆必须用 PVC 管等做护套；网络线采用国标中规定的线序；采用双网通信的 A、B 网不得共用一根光缆。

3. 对于电缆的要求

交、直流以及强、弱电回路不得在同一根电缆中。

4. 对于端子排的要求

正、负电源之间以及经常带电的正电源与合闸或跳闸回路之间，应至少以一个空端子隔开。

5. 对于直流空开的要求

直流空气断路器应上下级配合，应能满足级差配合的要求。

6. 对 TA 二次回路的要求

（1）各 TA 二次回路必须分别且只能有一个接地点。

（2）独立的、电气回路上没有直接联系的每组 TA 二次回路接地点应独立配置，且接地点应置于户外端子箱。

（3）对于电气回路上有直接联系的 TA 二次回路，应在和电流汇聚处一点接地。

（4）应采用专用黄绿接地线（多股铜导线），截面不小于 $4mm^2$，且必须用压接圆形铜鼻子与接地铜排连接（接地线的两端均应采用铜鼻子单独压接工艺），不得与电缆屏蔽层共用一个接地端子（螺栓）。

7. 遥信开入光耦动作值和动作电压

遥信开入应采用强电光耦，动作电压均应满足 $55\%U_e \sim 70\%U_e$ 的要求。

8. 遥信开入电源与测控装置工作电源的供电方式

同一间隔的测控装置工作电源与其遥信开入电源应由屏上两个独立的空气断路器供电，回路设计上不得有电的联系，测控装置电源和遥信开入电源失电时应进行报警。

9. 电气防误闭锁

断路器电气防误闭锁回路不应同时对就地/远方操作实施闭锁，应仅对断路器就地操作

实施有效闭锁。

10. 对于同期功能的要求

(1) 测控装置应具有同期电压回路断线闭锁同期功能；

(2) 检无压和检同期模式不得自动切换；

(3) 应具有低电压闭锁同期的功能，且低电压闭锁值宜在 $85\%U_n\sim90\%U_n$；

(4) 同期电压推荐采用相电压（57.7V）、同期电压的选择（线电压或相电压）不能采用自适应方式，应由控制字进行整定。

11. 测控装置、网络设备、远动机

综合自动化系统的测控装置、网络设备、远动机采用220V直流供电，遥信输入采用直流220V光电隔离。

12. 报警系统

综合自动化系统宜采用铃声报警，不采用语音报警。铃声报警根据不同事件类型采用不同的铃声。

7.4　自动化设备故障分析要点

变电站综合自动化系统常见的故障按专业技术分为监控系统和保护系统两大类，鉴于断路器操作回路在厂站二次系统中的重要作用，也将其单分为一类叙述。当然，在实际工作中，这种分类界限是模糊的，在变电站综合自动化系统中，各专业分工互相交叉和渗透，甚至有些装置本身就是监控、保护、操作回路合一的。快速诊断出系统的故障点及故障原因并及时采取合理的处理措施，对提高系统的可用性、保证厂站一次设备的安全稳定运行的重要性不言而喻。同时，对常见故障的深入了解有助于我们采取针对性措施预防同类故障再次发生。

7.4.1　变电站综合自动化系统故障的处理原则

(1) 某测控装置通信网络发生故障时，监控后台不能对其进行操作，此时如有调度的操作命令，运行人员应在测控屏进行就地手动操作。同时立即汇报相关部门通知专业人员进行检查处理。

(2) 微机监控系统中发生设备故障不能恢复时应将该设备从监控网络中退出，并汇报相关部门。

(3) 双机系统需要对监控主机或服务器进行处理时，需要先处理一套设备，确认运行正常后再处理另一套。

(4) 任何情况下发现监控应用程序异常，都可在满足必需的监视、控制能力的前提下，可重新启动异常计算机。

(5) 两台监控后台正常运行时以主/备机方式互为热备用，"当地监控1"作为主机运行时，应在切换柜中将操作开关置在"当地监控1"，这样遥控操作定义在"当地监控1"上，"当地监控2"（备用机）上就不能进行遥控操作。当"当地监控1"发生故障时，"当地监拉2"自动升为主机，同时应在切换柜中将操作开关置在"当地监控2"。

7.4.2　故障的查找方法

电力系统连续性和安全性的要求，以及无人值班站的运行要求，一旦自动化系统发生故障，须及时迅速排除，使之尽快恢复正常运行。变电站综合自动化系统是一个综合的系统，维护人员要准确及时地处理系统出现的故障，首先，是要能明确判断出故障原因；其次，才是消除故障，这就涉及人员技术素质问题。作为技术人员，应了解每一部分发生故障后给整个系统带来的后果，利用系统工程的相关性和综合性原理分析判断自动化系统的故障。此外，应该熟悉各种芯片的功能以及相应引脚的电平、波形等相关技术参数；再者就是工作人员的经验，当运行设备出现故障时，能够及时处理和消除，关系到系统的稳定性，当然，有些故障比较明显，仅从表面现象看就不难判断出故障所在。然而，作为集成度较高的 IED（智能电子设备）装置，故障原因大多不明显，这就需要掌握一些故障处理的方法和技术，IED 装置在运行过程中，会出现各种不同的故障，故障的检查和判定归纳起来一般有测量法、排除法、替换法、跟踪法、理论分析法、综合法等。

（1）测量法。这种方法比较简单、直接，针对故障现象，一般能够判断故障所在，借助一些测量工具，能进一步确定故障的原因，有助于分析和解决故障，例如，调度端的显示器上同步传输的 A 变电站报故障。打电话到 A 变电站，得知当地显示正常，于是可以怀疑主站端的调制解调器有问题。在远动机房 A 变电站信号的调制解调器端子上用示波器测量模拟信号输入波形完好，在调制解调器的时钟输出端测不到时钟方波，表明调制解调器无时钟输出，主站 RTU 解释不出 A 变电站数据，所以报故障。更换 A 变电站调制解调器，故障消除。

（2）排除法。排除法是常见的发现问题确定问题的方法，可以快速找到问题的大致范围，单元采用的一般是背插件式设计，而且插件的通用性强，排除法（整个插件替换或某些通用元件的替换）解决或查找问题就非常实用和方便。在多数情况下，我们不能很好地判断 IED 装置故障的原因在哪一方面，用排除法可以确定故障所在的部分，然后具体进行检查并排除。由于自动化系统比较复杂，它涉及变电站一、二次设备，远动终端，传输通道，计算机系统。应从各个部分之间的联系点分段分析，缩小故障范围，快速准确地判断出自动化设备还是相关的其他设备故障。例如：某 IED 装置不能正常工作，对断路器遥控时，主站断路器信号不变位。应首先与站内值班人员核对断路器实际是否动作，若动作则为遥信拒动，检查测控装置遥信处理及信号电缆，若断路器未动作，应令站内操作断路器是否动作，若不动作则故障原因在站内断路器控制回路及断路器机构；若站内操作正常，则为自动化系统故障，应认真检查通道及测控装置各功能板、执行继电器等相关部分。例如对断路器进行遥控操作时位置信号不变问题：如操作员在对某台断路器进行遥控操作时，屏幕显示遥控返校正确但始终未能反映该断路器变位。对于这种情况，可先利用系统分析法，先检查该断路器在当地操作合分闸时其位置触点是否正确，如果断路器无论在合闸或分闸时，其位置触点状态始终不变，则证明问题出在位置触点上，而自动化系统无问题，可以排除。如位置触点状态正确且相关电缆完好，则可以认为问题出在遥信方面，其他可以排除。此例是对于自动化系统中自动化设备与相关设备以及自动化设备内部的排除判断法。排除法也不能绝对化，因为事情也可能存在"此"和"彼"同时发生，这就需要多积累经验。

（3）电源检查法。一般来说，运用一段时间以后的自动化系统已进入稳定期，设备本身发生故障的情况会比较少，但往往又产生了设备故障。遇到这种情况首先应检查电源电压是否正常，如有熔断器熔断、线路板接触不良等都会造成工作电源不正常，因而导致设备故障。

（4）替换法。替换法在多数情况下，在现场无法确定故障的原因，使用替换法更换那些可疑的芯片，有助于诊断故障的所在，排除故障原因；但这种方法需要工作人员了解各种芯片在电路中所起的作用，才能有目的地更换，否则也只能是盲目地更换，延长故障处理的时间，并不能找出故障的真正的原因，应及时的排除故障。如：远动终端开机后，显示提示正常，但是自恢复电路不断的重新启动，装置不能进入正常的工作，或是工作的时间不长又重新启动，根据这一现象进行分析：开机后出现提示符说明总线系统正常，原因可能在与中断信息相关的器件上，用替换法更换一些相关的芯片，以便查出故障的原因；此时最简单的方法就是将中断部分相关的芯片全部都换掉，若机器恢复正常运行，则确定该故障就出在这部分。这时可以用更换下来的芯片去替换那些正常的芯片，当某芯片换回时故障新出现，则确定故障就是出在这个芯片上，这种做法，有利于迅速排除故障恢复测控正常运行，同时也可以降低芯片不必要的浪费。

（5）跟踪法。跟踪法顾名思义就是监测特定信号的流程过程，查找到信号的异常位置从而找出问题。自动化系统是靠数据通信来完成其功能的，而数据通信是看不见、摸不着的，但可以借助示波器、毫伏表等设备检查出来。通过示波器、毫伏表追踪信号是否是正常，也是判断故障点的一种有效方法。跟踪法的应用要求对信号的物理过程有一定的了解。例如某单元查出一路开出量没有的原因是继电器插件的问题，解决方法是：要会看继电器板的原理图或者控制回路的原理图。先用延伸板将继电器插件延伸出来，利用单元的调试选单/信道测试/开出信道对有问题的一路开出量不断分合，使用万用表跟踪观察对应继电器线圈有无带电，触点有无分合等。最后一路跟踪到某继电器，虽然它的线圈正常带电，分合正确，但是有一路触点闭合不良。

（6）理论分析法。理论分析法就是利用有关的理论知识直接得出可能的结论。系统作为相互作用要素的组合体，它具有集合性、相关性、综合性、目的性、适应性和优化功能等特征。系统的构成要素和要素的功能，要素间的相互作用要服从系统总的目标和要求，服从系统的综合性功能。为此，我们首先应对自动化系统有一个清晰的了解：系统由哪些子系统组成，每个子系统作用原理如何，每个子系统由哪些主要设备组成，每台设备的功用如何等。利用系统工程的相关性和综合性原理，分析判断自动化系统的故障。理论分析法实际上是一种逻辑推断法。如果知道了系统中某设备的功用，就会知道如果该设备失效将会给系统带来什么后果，那么反过来，就可以判断系统发生什么样的故障就可能是哪台（哪些）设备的原因。例如某改造站，断路器使用老式的电磁式开关。现场单元的手动分合、遥控分合完全正常，保护跳闸出口正常，保护合闸却不正常，现象是单元发出了命令，继电器板也动作正确，断路器有时候可以合上，但是大多数时候合不上。处理上述问题更换了插件后现象不变，说明不是插件的问题；手合手分也正常则说明现场的断路器也是好的。那么问题只能是现场的断路器和装置的配合上存在问题，注意现场使用的是电磁式机构，电磁式机构的特点是合闸电流大，动作慢。分析遥控合闸可以成功，而保护合闸大部分不能成功，最有可能的原因是合闸继电器不能保持或遥控和保护合闸程序对相应遥控和保护合闸继电器的保持延时不一样导致上述现象。检查发现，现场线圈的电阻都达到400Ω以上，则通过的电流小。因为现场的线圈现场没有条件更换，只能重新设置继电器电流大小。

（7）综合法。综合法就是把测量法、排除法和替换法统一起来进行分析处理故障。这种方法对一些比较复杂的故障，能及时准确地找出故障的原因并排除掉。例如，A变电站某遥信在合位，但调度端显示时合时分。到达现场发现当地遥信显示也是这个现象。首先用万用表测量该遥信输入端子，发现有稳定的+24V电压输入，说明与外部回路无关，排除外部的干扰，那么就可能是遥信板故障。很容易想到可能是该遥信输入回路中的光耦损坏，替换掉该光耦，现象不变，排除掉光耦后，会不会是遥信采集芯片有问题等。

7.5　常见故障诊断与处理

监控系统的主要任务包括，开关量信号采集、脉冲量信号采集、模拟量采集、控制命令的发出、调节命令的发出，以及这些信号或命令的远方传送等，下面我们就这些方面阐述常见故障的分析要点。

7.5.1　遥信故障诊断与处理

遥信采集与传送过程中的各环节如图7-10所示。

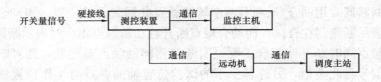

图7-10　遥信采集与传送环节

遥信故障多表现为信号采集不到、信号位置相反或时有时无等。通常在测控装置遥信输入端子上对该遥信输入采用回路短接法、回路断开法进行遥信分合模拟试验。如测控装置反应正确，可诊断为遥信二次回路故障。如测控装置不反应，一般为测控装置故障。如测控装置反应正确，而监控后台反应不正确，则可能是网络故障或监控后台故障。确定了开关量信号的故障位置后，可对相应环节可能引起遥信故障的原因进行分析排查。

一、二次回路遥信故障排查

（1）在测控装置输入端子处检查遥信电源是否正常、电缆及接线是否正确、是否紧固、接触是否良好；如果是相邻的多个信号没有位置，应检查遥信开入的负电源是否正常。

（2）在遥信采集处（如保护屏、断路器端子箱等），用电位检测法检查遥信回路电位是否正常。

电位异常：故障原因一般为电缆错误、芯线错误、电缆断线或电缆绝缘不良等，应根据具体情况进行相应处理。

电位正常：在遥信采集端子上对该遥信输出回路采用回路短接法、回路断开法进行遥信分合模拟试验，如测控装置反应正确，可诊断为遥信输出故障（如遥信接点拒动、断路器辅助接点不到位等），应根据具体情况进行相应处理。如测控装置反应不正确，可诊断为接线错误，应认真核对遥信回路两端电缆编号、电缆芯线、回路号等。

二、测控装置遥信故障排查

(1) 检查检修压板是否投入，如压板误投可能引起装置信息无法正确上传到监控后台。

(2) 检查测控装置遥信电源是否正常。

(3) 检查测控装置遥信防抖时间是否设置过长。

(4) 检查测控装置对应遥信的类型设置是否正确，如将普通遥信开入定义成挡位遥信等，会导致后台显示的遥信不正确。

(5) 检查遥信输入板相关跳线是否正确。

(6) 在排除外围电源、接线、软件设置不当的可能性后，若装置本身仍不能正确反映外部信号位置，则可推断装置硬件出现问题，更换相应的开入插件。

三、监控后台遥信故障排查

(1) 画面关联错误。监控界面上的遥信图元和实时数据库中定义的遥信不对应，导致画面上看到的遥信和实际不一致。

(2) 实时数据库配置错误。实时数据库上配置的遥信和测控装置实际遥信输入不对应；其他遥信参数配置错误，如遥信取反、遥信封锁参数置位。

(3) 单/双输入设置错误。双信号输入有利于提高信号的可信度并可以反映出设备中间状态。例如，断路器常用动合/动断共两个辅助触点共同表示其位置，当动合触点闭合且动断触点断开时表示断路器在合位，而动合触点断开且动断触点闭合时表示断路器在分位，若断路器两辅助触点同时断开或闭合，则说明断路器辅助触点有问题，此对断路器位置不可信。手车位置信号与此类似，另外若手车的试验位置辅助触点与工作位置辅助触点都未闭合，则说明手车在检修位置，这是一个有意义的中间位置。一般可用作双信号输入的两个输入端也可当作两个普通的单信号输入使用，调试中要注意此类信号的输入在装置相应的输入端的设置。有关单/双信号输入属性的设置不只在采集中有，在通信前置机转发库或人机对话机（后台机）信息库中都可能有相应项目，调试中应注意逐点核对。

(4) 虚遥信错误。为了实现特定的功能，变电站综合自动化系统中常会使用虚遥信，如电流遥测越限信号、事故总信号等，前者有监控系统根据测量值的大小自动作出判断，满足条件时发出一个信号；后者则由全站某些开关量信号经"或"门合成。虚遥信出现错误时要根据虚遥信的形成机制，对虚遥信形成的各个环节进行排查。

7.5.2 遥测故障诊断与处理

遥测的采集和传送的各环节如图7-11所示。

变电站综合自动化系统中遥测的采集既有交流采样，也有直流采样。通过交流采样测量的模拟量通常包括电流、电压、有功、无功、视在功率及功率因素等，通过直流采样的模拟量通常包括温度、直流电源电压等，直流采样是通过变送器及直流采样装置实现的。

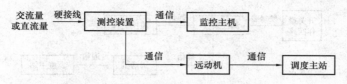

图7-11 遥测采集及传送各环节

遥测故障的诊断。应首先检查并确认测控装置遥测输入端子上连接片及接线解除良好、紧固，不存在开路现象。可用万用表、钳形表等工具对输入量进行测量（或在采取相应安全措施后，用综合自动化测试仪对测控装置进行加量），如电流、电压输入值与测控装置采样值一致，可诊断为遥测二次回路故障。如测控装置采样值和输入值不一致则可诊断为测控装置故障。如测控装置显示正常，而监控后台显示不正确，则可诊断为监控后台故障。

一、二次回路遥测故障排查

（1）如测控装置显示电压、电流遥测值正确，有无功遥测值异常，应为电压或电流输入相序错误，应用相序表确认电压、电流相序并检查输入端子内外线接线是否正确，根据具体情况进行调整。

（2）如测控装置遥测输入端子处测得电压、电流值异常，应在二次电压、电流采集处（如公用测控屏、断路器端子箱等处），首先检查并确认电压、电流输出端子上连接片及接线接触良好、紧固，不存在开路现象，然后万用表、钳形表等工具对二次电压、电流进行测量。

电压、电流测量值异常：应为一次设备（如TA、TV）故障，应请相关班组进行处理。

电压、电流测量值正常：故障原因一般为电缆错误、芯线错误、电缆断线或电缆绝缘不良，应根据具体情况进行相应处理。

二、测控装置遥测故障排查

（1）遥测不准可以先通过校准方法进行处理，例如调整零漂和刻度等。

（2）精度校准后仍不正确或遥测值差异较大则检查遥测相关的参数设置是否正确，如TA额定电流、TV额定电压、是否两倍上送等；直流信号检查信号类型（如直流电流、直流电压）、量程等相关参数配置是否正确。

（3）直流插件检查板件上的跳线是否正确，通常直流插件通过跳线可以测量对不同的信号源进行测量（如直流电压、直流电流信号）；如果跳线正确则检查相应的参数配置是否正确。

（4）上述方法仍然不能解决的，更换相应板件。

三、监控后台遥测故障排查

（1）测控后台显示异常，检查画面上对应测点的数据源关联是否正确。

（2）检查实时数据库中，对应数据的相关参数配置是否正确，如变比系数、偏移量是否正确，数据是否置位，是否取绝对值，检查数据是否"屏蔽"等。

（3）检查后台数据库中对应装置的相应参数是否正确，如装置类型、地址等。

7.5.3 遥控故障诊断与处理

综合自动化系统中，断路器、隔离开关等设备的远方控制过程如图7-12所示。

图 7 - 12 遥控传送各环节

遥控故障的诊断：检查测控装置的"操作报告"，如已收到后台遥控命令而没有出口报告，可诊断为测控装置异常；如未收到后台命令则可诊断为监控后台或网络异常；如控制命令已发出，而一次设备没有动作，可诊断为遥控二次回路故障。

一、遥控二次回路故障排查

（1）在测控装置遥控输出端子处检查遥控电位是否正常。

（2）电位异常：检查控制电源是否正常，回路两端电缆编号、电缆芯线、回路号、接入位置是否正确、接触是否良好。

（3）电位正常：在确认测控装置遥控输出回路接线位置无误后，用回路短接法分别对分、合闸回路进行短接，确认是否因分、合闸回路接反造成遥控拒动。如断路器依然拒动，到回路对侧的保护操作箱或断路器端子箱的遥控输入回路上进行短接试验。如断路器拒动，应为保护操作箱或断路器机构故障；如断路器正确动作，故障原因一般为接线错误。

二、测控装置故障排查

（1）检查被操作设备的远方控制是否已闭锁，若远方控制闭锁，应将"远方/就地"选择转换开关切至"远方"。

（2）检查测控装置收到的监控后台的命令，如果已收到"遥控选择"命令，而未收到"遥控执行"命令。检查测控装置同期相关设置是否正确、现场是否满足相应同期条件。如果同期压板、参数正确，同期条件满足，则检查有无其他的闭锁条件或其他的闭锁逻辑是否满足。如确认测控装置的"出口保持时间"、装置的 PLC 逻辑等。

（3）如果测控装置已收到"遥控执行"命令，而"操作报告"中未显示"遥控执行"相关事项，检查测控装置同期相关设置是否正确、现场是否满足相应同期条件。

（4）如果测控装置中"操作报告"显示"遥控已出口"，而实际出口接点未闭合，检查出口压板是否投入，如已投入，更换出口板。

三、监控系统故障排查

（1）遥控选择不成功。检查通信是否正常，如通信正常则检查监控后台相应装置的地址、装置类型等配置是否正确，"禁止遥控"等标记是否选上。

（2）检查画面上控制命令关联是否正确。

（3）检查五防应用程序及五防服务程序运行是否正常，必要时可重新启动五防计算机并重新执行五防程序。

7.5.4 远动装置故障诊断与处理

一、远动装置与远方通信中断

诊断：用监控软件无法看到远动装置与远方通信的报文，一般为远动装置或通道故障。

处理：

（1）网络通道异常：①检查网线水晶头制作工艺是否合格、接触是否良好、检查是否因通信通道链路异常引起；②检查加密认证装置是否故障，可关掉加密认证装置电源，对加密认证装置进行旁路，检查网络是否恢复正常；③检查原远动机对应 IEC 104 通道中的 IP 地址、子网掩码是否设置正确；④确认主站端 IP 地址、子网掩码是否设置正确；⑤确认对应板件上网卡是否正常，运行灯是否闪烁，如异常则更换相应板件。

（2）模拟通道异常：①检查 MODEM 板上的跳线设置是否正确、MODEM 板上灯是否闪烁正常；②用通道自环的方法，检查主站下发报文是否能自环回主站端，以检查是否因模拟通道异常引起；③如自环法证明通道正常，则与主站端核对通信口设置的波特率、线路模式、数据位、停止位、奇偶校验等设置是否一致，IEC 60870 - 5 - 101 规约还应核对链路地址、应用层地址等设置是否正确；④更换相应板件。

二、主站端遥信异常

诊断：如监控后台遥信正常，而主站端遥信异常，一般为远动装置遥信转发设置或主站端遥信设置问题。

处理：检查远动机遥信相关参数设置是否正确，并与主站端核对转发遥信号是否一致；如果是虚信号（如事故总等），则检查虚信号逻辑配置是否正确。

三、主站端遥测异常

诊断：如监控后台遥测正常，而主站端遥测异常，一般为远动装置遥测转发设置或主站端遥测设置问题。

处理：①远动机遥测相关参数设置是否正确，如用浮点数上送，应认真检查遥测系数是否正确；如用码值上送，主站端需核对遥测系数是否正确。②与主站端核对转发遥测号是否一致。

四、主站端遥控异常

诊断：如监控后台遥控正常，而主站端遥控异常，一般为远动装置遥控转发设置或主站端遥控设置问题。

处理：①检查远动屏上的"禁止远方遥控"把手是否打在禁止位置、远动机的"禁止远方遥控"开入是否为 1。②检查远动机遥控设置是否正确，并与主站端核对转发遥控号是否一致。

7.5.5 通信网络及其他智能设备异常处理

一、通信网络异常的诊断与处理

（1）根据监控后台的"通信一览表"，确认已中断通信的是哪一装置。

（2）检查各计算机的网卡运行是否正常。如网卡工作不正常，重新安装网卡驱动，如不能解决则更换网卡。

（3）检查网线是否正常。如网线不正常，更换网线或重新压接水晶头。

（4）检查光缆是否正常。如光缆中断，则更换备用芯。

（5）检查光电转换器是否已损坏。如损坏，则更换备品

（6）检查交换机是否正常，通过查看交换机指示灯确认对应间隔交换机工作情况。如交换机异常，重新启动交换机，如不能解决考虑更换备品。

（7）检查中断通信的装置是否仍在运行状态，运行是否正常。

（8）检查监控机 IP 地址、子网掩码设置是否正确。

（9）检查监控及组态软件中对应间隔的通信参数配置是否正确。

（10）检查测控装置上 IP 地址、子网掩码及通信地址等通信相关的参数设置是否正确。

二、其他智能设备通信异常处理

诊断：监控后台及主站端同时报与某智能装置通信异常，一般为智能装置接入规约转换器故障引起。

处理：①重启规约转换器，如有条件直接重启智能装置；②检查规约转换器通信设置、与智能装置的连接线。

7.5.6　GPS 故障诊断与处理

一、天线故障

诊断：GPS 失步灯亮，可诊断为天线故障。

处理：（1）检查 GPS 天线接口处连接，看连接是否正常。

（2）测量 GPS 天线阻抗，天线阻抗是否正常，如不正常，更换同轴电缆。

（3）检查 GPS 天线设置位置是否能够至少三面见天。保证 GPS 安装位置可以同时接收到 4 颗卫星信号。

二、接线故障或装置参数设置错误

诊断：GPS 装置正常，个别测控装置对时不正确

处理：（1）对于使用空接点或有源接点对时的测控装置，用电位检测法检查无源侧电位是否正常。

（2）如电位异常，故障原因一般为电缆错误、芯线错误、电缆断线或电缆绝缘不良，应根据具体情况进行相应处理。

（3）如果电位正常，检查测控装置的对时开入变位是否正常，装置对应的参数设置是否正确（例如：分、秒脉冲设置和实际收到的脉冲是否一致等），检查 GPS 装置的参数设置是否正确。

（4）如果是 B 码对时，检查 B 码线，是否接触良好，并用万用表测量 B 码对时线是否接反。

三、后台机相应设置问题

诊断：GPS 装置正常，后台机对时不正确。

处理方法：检查后台机相关对时参数设置是否正确，如对时源、对时规约等。

7.6　典型故障案例

7.6.1　IEC 101 通信中断

一、故障简况

××年××月××日，调通中心发现某 500kV 变电站 IEC 60870-5-101 通信中断，

IEC 60870 - 5 - 104 通信正常，数据上传正常。

二、故障处理和分析

该变电站远动机为北京四方继保自动化有限公司的 CSM - 320E，调制解调器为南京康海公司的 KHCS-2A。经查，发现 KHCS-2A 上的接收数据指示灯 RD 闪烁，发送数据指示灯 TD 不亮，其他指示灯正常，初步判断调通中心下发数据没有问题。利用笔记本电脑通过 Ultraedit 编辑软件，打开远动机内部文件\300e\config\ser.cfg，查到调通中心的 IEC 60870-5-101 为第 5 通道。利用笔记本电脑上的 watchbug2.0 软件，查看第 5 通道的 IEC 60870-5-101 报文，发现可以收到调通中心下发的报文。故障基本可以定位在远动机和调制解调器上了。

在远动机上键盘操作：输入用户名及密码，登入后输入命令 ps，查看进程。发现第 5 通道的 IEC 60870-5-101 进程不见了，通过笔记本电脑 Ultraedit 编辑软件（也可直接在远动机上用 vedit 命令），打开远动机内部文件\300e\bin\runrtu，查找第 5 通道（-n5）的 IEC 101 进程名称：

```
echo 17. run 101n fjzd
./q101nsm-n5 &
sleep 2
echo
```

在远动机上，输入命令 ./q101nsm - n5，手动启动第 5 通道的 IEC 60870 - 5 - 101 进程后，发现 KHCS-2A 上的发送数据指示灯 TD 闪烁，调通中心 IEC 60870 - 5 - 101 远动数据恢复正常。

研发人员没有找出 IEC 60870 - 5 - 101 进程退出的原因，可能属于软件上的偶然性，后续 1 年多的运行中再也没有发现 IEC 60870 - 5 - 101 进程的退出。

7.6.2 监控后台无法遥控

一、故障简况

××年××月××日，某 500kV 变电站 50231/50232 隔离开关汇控箱改造之后，进行遥控验收时发现 502327 接地开关无法在监控后台进行遥分操作。

二、故障处理和分析

在 5023 断路器测控装置（型号为 CSI - 200E）处进行故障查找。监控后台遥控操作时，测控装置可以收到后台遥分命令，液晶显示"接收远方跳闸命令，遥控对象号为 8"。在 5023 断路器测控装置对应端子排上，用万用表"嘀嘀"挡测量 502327 的遥分开出回路 881—887，再从监控后台遥分，发现万用表显示闪了一下，却没有听到"嘀嘀"的声音（正常情况下会有响声），初步确认是测控装置的问题。进一步确认：短接测控端子排 881—887 回路，现场 502327 接地开关分开，从而确认是测控装置问题。

断开测控装置电源，检查开出插件，发现开出插件有烧毁的痕迹，如图 7 - 13 所示。经过分析白板图，该烧毁的 PCB 线路即为 502327 遥分开出回路。重新对 881 和 887 二次回路进行绝缘等检查，结果正常，更换开出插件，更改插件上的跳线，故障恢复正常。事故原因可能在汇控箱接线调试过程中，发生短路现象，造成开出插件的烧毁。

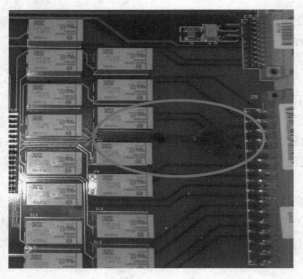

图 7 - 13　开出插件

7.6.3　主站端无法进行主变降挡遥控

一、故障简况

××年××月××日，调通中心发现某 110kV 变电站主变压器遥控调挡升挡正常，降挡反校正确，执行不成功。

二、故障处理和分析

该变电站测控装置为北京四方继保自动化有限公司的 CSI－200E。现场检查，监控后台遥控操作时，主变压器升、降挡均正常，排除测控装置及主变压器调挡装置故障可能。检查远动机（型号为 CSM－320E）及转发表设置均正常，切换远动机后，故障依然存在。后检查发现主站端下发主变压器降挡命令时，测控装置液晶显示"跳闸失败"，查看主站下发遥控报文，发现主站端下发主变压器升挡为遥控合闸令，降挡为遥控分闸命令。因四方系统主变压器升降遥控调挡分别对应两个遥控号，升、降命令均要为合闸令才能正确动作，故主站端遥控主变压器降挡反校正确，执行不成功。经主站端更改命令类型后，故障消除。

7.6.4　全站数据不刷新

一、故障简况

××年××月××日，调通中心发现主站与某 220kV 变电站远动机之间通信正常，但全站数据不刷新。

二、故障处理和分析

该变电站综合自动化系统为北京四方继保自动化有限公司 CSC2000 系统，综合自动化系统测控装置为 CSI－200E。现场检查，监控后台全站数据也不刷新，与全站测控装置通信中断；全站测控装置液晶显示"通信等待"。因全站测控装置均出现异常，采用排除法，故障应在交换机上。后将交换机逐一退出运行，观察测控装置运行情况，后发现将某台交换机退出运行后故障消除。

CSI－200E 测控装置为单 CPU、双网卡系统，理论上单网故障不影响全网正常运行。但该站交换机故障后，会向全网发布大量的垃圾报文，全站所有 CSI－200E 测控装置的 CPU 全部负载均用来处理垃圾报文，装置进入"通信等待"状态，造成测控装置与系统通信中断。经更换交换机后系统恢复正常。

7.6.5　变电站监控系统数据库中数据剧增

一、故障简况

××年××月××日，220kV 某变电站监控系统（RCS9700 变电站监控系统）弹出"存储已满"的报警窗，此时监控系统运行及双机切换均正常，而系统中 DATA 数据情存储异常（单个文件大于 60GB，远远超过监控系统产生的数据量），数据库服务器中备用商业数据库连接失败。

二、故障处理和分析

经现场检查发现主备机检测数据源存在问题，具体查看数据 rcstempstring 和 rcstempfile 表中存在大量缓冲数据。将在主备机的 2 个数据库中应该选择一个数据库进行处理。具体处理方法：利用 SQL 语句对这 2 个表进行清空操作。"delete from"语句的执行效率很低，除非进行选择性删除，否则不予考虑。常用的是"truncate table rcstempstring"或"truncate table rcstempfile"语句，可以单击 Windows 操作系统的"开始"→"程序"→"Microsoft SQL Server"→"查询分析器"，执行这 2 个语句。进入查询分析器后将该语句拷贝到窗口空白区域，下拉框选择"RCS9700"，然后单击绿色箭头图标执行即可。可以对清空的数据库进行收缩操作：单击"开始"→"程序"→"Microsoft SQL Server"→"企业管理器"，在数据库"RCS9700"上右击"所有任务"→"收缩数据库"，在弹出对话框中点下方的"文件"按钮，下拉框选择 rcs9700_data，收缩操作选项选择"从文件结尾截断可用空间"。同样，日志库 rcs9700_log 也可以依照此方法收缩。主机的数据库经过上述处理后就可以备份用于还原备机的数据库。

经过上述处理，解决了主备库无法进行数据同步或同步缓慢造成 SQLSERVER 数据库中数据剧增的缺陷。

7.6.6　隔离开关遥控无返校

一、故障简况

2011 年 9 月 16 日，某 220kV 变电站 110kV Ⅱ 母 TV 隔离开关改造完成后进行遥控试验时发现 11M4 隔离开关在远方遥控操作没有返校。

二、故障处理和分析

（1）检查远动通道以及远动机工作正常。

（2）检查 11M4 隔离开关遥控是由 110kV 母线公用测控装置（型号为 NSD263）出口的。

现场检查测控装置电源指示以及以太网卡通信正常。远方遥控操作时，现场检查测控装置 CPU 插件启动灯亮，但 YKZ 遥控中间插件启动灯不亮。结合 NSD263 测控装置遥控原理（遥控返校时 CPU 插件以及遥控中间插件启动灯应该均亮）初步判断测控装置硬件问题导致远方遥控 11M4 隔离开关时没有返校。

断开测控装置电源，检查遥控中间插件没有发现问题。更换 YKZ 遥控中间插件后远方试验故障现象依旧；更换 CPU 插件重新配置装置地址后，远方试验返校以及执行均正确。

7.7 变电站综合自动化四遥调试的实践

7.7.1 概述

变电站综合自动化的现场调试经常涉及"四遥"调试，CSC2000 变电站综合自动化信息校对系统软件可以有效地解决"四遥"调试问题。该软件可以模拟全站运行中的所有保护测控装置进行遥测、遥信、软报文的数据上送；同时也可模拟全站运行中的所有测控装置进行遥控（遥调）联调，从而达到 CSC2000 综合自动化变电站的"四遥"调试目的。软件可以在不影响一次设备正常运行情况下调试，调试方法便捷、快速、有效且无安全隐患，避免了一次设备需要停电进行调试，从而大大节约时间、人力、物力。软件可广泛应用于基建、扩建、年检、消缺及调控一体化的四遥调试，也可以应用于站内监控后台或远动机软升级或硬件更换所需的配合调试。

CSC2000 变电站综合自动化信息校对系统软件支持导入监控后台或远动机数据库，通过网络进行与站控层通信，模拟保护测控装置报文收发，达到对站控层监控后台、远动主机、远方调控主站等进行"四遥"调试的目的。

CSC2000 变电站综合自动化信息校对系统软件主要有以下功能：

（1）支持导入 CSC2000 监控后台数据（＊.txt）、CSC2000V2 监控后台数据（＊.xml）、CSM 远动点表数据（＊.dat 文件）；

（2）能够模拟遥信对点；

（3）能够模拟遥测对点；

（4）能够模拟遥控对点；

（5）能够模拟保护事件和告警对点；

（6）具备 SOE 上送功能；

（7）具备自动对点和手动对点功能。

7.7.2 调试方案

CSC2000 变电站综合自动化信息校对系统软件可以解决以下几种调试方案。

一、调控一体化解决方案

问题描述：省调控中心调控一体化系统新增的主站系统（如 CC2000A），站内远动机也需要新增调控通道及远动点表，由于变电站设备在运行，无法或者难以停电进行同调控主站四遥调试。

解决方案：如图 7-14 所示，数据库采用监控后台数据。调度端运行业务切换到远动机 A 进行运行，腾出远动机 B（断开其到站控层 AB 网接线，转接到调试笔记本），利用 CSC2000 变电站综合自动化信息校对系统软件进行"四遥"调试。远动机 A 调试方法一样。

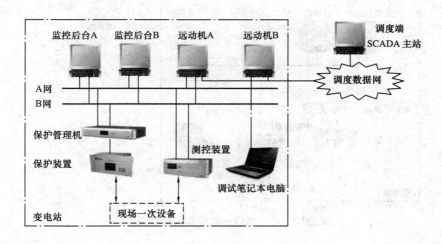

图 7-14　调控一体化调试示意图

二、监控后台或远动机软升级或硬件更换解决方案

问题描述：站内监控后台（或远动机）软件升级或者硬件更换，需要四遥调试检验核对。

解决方案：如图 7-15 所示，如果监控后台 B 升级或硬件更换，数据库可以采用监控后台 A 数据或者远动机数据，接线如图中虚线所示。如果远动机升级或更换，接线如图中点划线所示，调试方案同"调控一体化"方案。

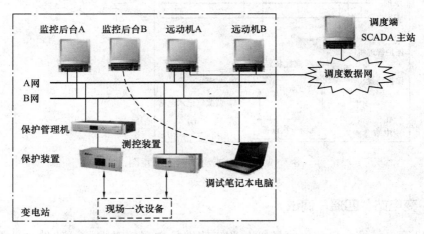

图 7-15　软硬件升级或更换调试示意图

三、基建或扩建解决方案

问题描述：基建或扩建时，现场与监控后台调试完毕，但远动未与调度端进行四遥校对。

解决方案：如图 7-16 所示，调试笔记本可以直接接在 AB 网或者远动机下端。利用 CSC2000 变电站综合自动化信息校对系统软件进行四遥调试。

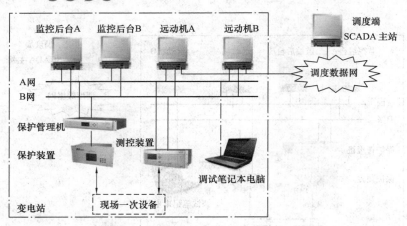

图 7-16 基建或扩建调试示意图

四、年检或消缺解决方案

问题描述：间隔年检时与调度端进行信息校对；或者运行中间隔信号与调度端不一致。

解决方案：如图 7-17 所示，断开间隔测控装置全部网络线，转接到调试笔记本，利用 CSC2000 变电站综合自动化信息校对系统软件进行四遥调试。

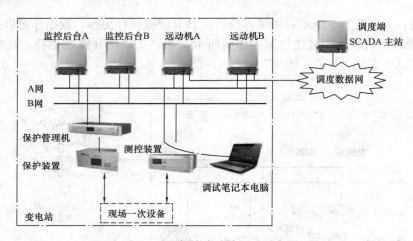

图 7-17 年检或消缺调试示意图

7.7.3 变电站"四遥"调试

CSC2000 变电站综合自动化信息校对系统软件是数据校对性调试软件，只需要安装在调试电脑就可以完成调试，调试电脑可以直接或间接接在站控层网络交换机。使用前要注意以下安全措施。

（1）调试笔记本要用最新版本的软件进行杀毒；

（2）遵循电力二次安全防护规定；

（3）调试期间，要把运行中的保护测控装置完全隔离（如拔掉其去站控层网络线），遥控调试要做好防止误控到现场设备的措施。

（4）调试前要征得调度主站的同意。

一、数据导入

单击"信号设置"进行调试数据导入，如图7-18所示，软件支持导入CSC2000监控后台数据（*.txt）、CSC2000V2监控后台数据（*.xml）、CSM远动点表数据（*.dat文件）；具备SOE上送功能；具备自动对点和手动对点功能。

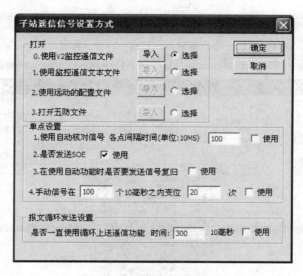

图7-18　数据导入对话窗

二、遥信调试

先导入变电站监控后台CSC2000V2的遥信数据库digital.xml（或者CSC2000的遥信数据库Eledig.txt、运动机的遥信数据库zfyxx.dat）。

用鼠标单击所要核对的条目，就可以模拟遥信的动作和复归的报文发出，如图7-19所示。

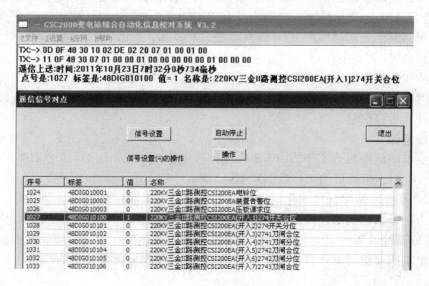

图7-19　遥信调试对话窗

三、遥测调试

先导入变电站监控后台 CSC2000V2 的遥测数据库 analog. xml（或者 CSC2000 的遥测数据库 Eleana. txt、运动机的遥测数据库 zfycx. dat）。

输入手动发送的值（二次值），用鼠标单击所要核对的条目，就可以模拟遥测数据的报文发出，如图 7 - 20 所示。

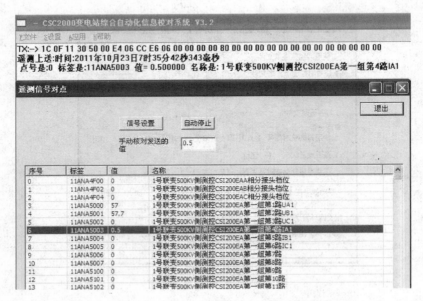

图 7 - 20　遥测调试对话窗

四、保护事件和告警调试

由于保护装置事件和告警信息占全站自动化信息一半以上，对保护事件和告警进行组包发送会大大减少全站遥信的信息量。保护事件和告警组包方法就是对通过远动机 IEC 60870-5-104 规约进行 ASDU 部分扩展，扩展出符合 IEC 60870-5-103 规约格式进行上送保护事件和告警的专用 ASDU，即 ASDU 的具体内容按 IEC 60870-5-104 规约的规定组包，发送时套上 IEC 60870-5-104 规约的信息头。

调试前从运动机导出 IEC 60870-5-103 保护模板文件，如 RCS931A. siyao。如图 7 - 21 所示，调试时先打开导入该文件，配上内网地址，就可以模拟该地址所对应的间隔保护装置上送保护事件和告警信息。

五、遥控调试

先导入变电站监控后台 CSC2000V2 的遥控数据库 control. xml（或者 CSC2000 的遥控数据库 Electrl. txt、运动机的遥控数据库 zfykx. dat）。

用 CSC2000 变电站综合自动化信息校对系统软件模拟测控装置接收遥控令，通过校验遥控信息是否正确来达到遥控调试的目的。由于遥控信息是采用点对点的方式，需要将笔记本电脑 IP 改成测控装置的 IP，CSC2000 变电站综合自动化信息校对系统软件通过导入遥控文本文件，单击所要核对的条目，笔记本电脑 IP 自动被改为所要核对的测控装置 IP，同时遥控校验信息也转到该间隔。

遥控分遥控返校确认和遥控执行确认两个步骤进行校对，当调控主站（或站内监控后台）下发遥控选择命令时 CSC2000 变电站综合自动化信息校对系统软件就会接收到命令，自动弹出如图 7 - 22 的对话框。

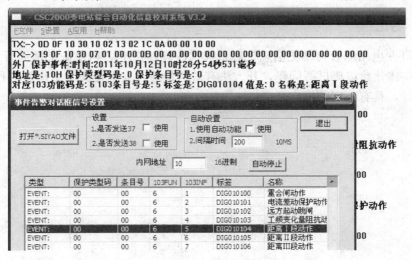

图 7 - 21　保护事件和告警调试对话窗

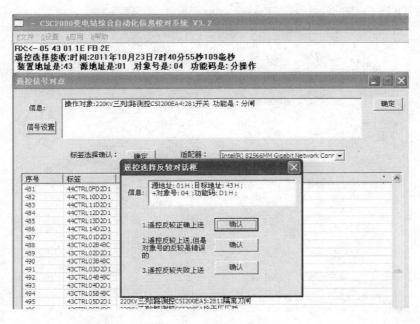

图 7 - 22　遥控调试对话窗

核对信息正确后可以单击"遥控返校正确上送"的确认键，调控主站（或站内监控后台）接收到返校正确信息后，进一步下发遥控执行命令时，CSC2000 变电站综合自动化信息校对系统软件同样会弹出遥控执行对话框，单击"确认"后，调控主站（或站内监控后台）就会收到该信息后等待控制对象的变位，如果这时采用 CSC2000 变电站综合自动化信息校对系统软件的遥信校对模块来模拟该控制对象的变位，调控主站（或站内监控后台）就会完成遥控成功的全部过程。如果遥控对象不对应或者返校出错等都会导致遥控的失败，利用该校对方法来完成遥控调试。

7.7.4　结论

CSC2000 变电站综合自动化信息校对系统软件可以在不影响设备正常运行情况下调试，解决了调控一体化难以调试等问题，其方法有效、快捷，大大提高了工作效率和现场设备安全，效果良好，具有一定的推广意义。

第8章

典型变电站综合自动化系统

本章主要介绍三个常见的典型变电站综合自动化系统：CSC2000（V2）、RCS9700和NS2000变电站综合自动化系统。简要介绍了系统结构和基本功能，并以"基本操作"和"间隔扩建"为主线，重点介绍了测控装置、计算机监控系统、远动机及其组态工具的使用、维护等相关知识。

8.1　CSC2000（V2）变电站综合自动化系统

8.1.1　系统结构和基本功能

一、基本功能

CSC2000（V2）变电站综合自动化系统通过变电站综合自动化系统内各设备间相互交换信息、数据共享，完成对变电站全部设备的运行情况执行监视、测量、控制和协调的任务。主要实现变电站的监控功能和远动功能，具体为数据采集功能、操作控制功能、事件顺序记录功能、监控后台人机功能、打印功能、数据处理和记录以及远程测量、远程信号、远程控制、远程调节的远动功能等。

二、典型系统结构

CSC2000（V2）系统有两种典型配置方案，分别为全分布式方式和高集成化方式。以某500kV变电站分层分布式方式为例说明CSC2000（V2）系统结构，如图8-1所示。

CSC2000（V2）变电站自动化系统是基于监控A网、监控B网为信息交互平台的网络结构体系，监控功能、远动功能都是通过监控网络信息交互实现的，具体特点为：

（1）采用分层分布式的结构，系统分两层——站控层和间隔层。

（2）双网络架构。监控A网、监控B网独立运行，可自动切换。

（3）利用保护管理机，兼容各厂家的保护软报文。

（4）远动主机获取GPS时钟，借助于监控A网、监控B网对保护管理机、保护装置、测控装置面板插件进行网络对时。测控装置开入插件可以通过IRIG-B/秒脉冲进行对时，保护装置可以利用分脉冲/秒脉冲进行精确对时。

（5）主（备）服务器和五防主机通过网络进行信息交换，实现五防功能，通信方式一般是通过串口进行的。

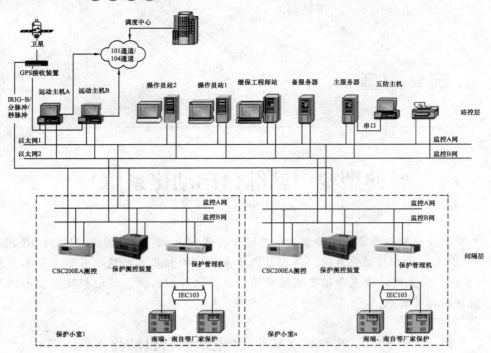

图 8-1　四方 CSC2000（V2）综合自动化系统结构示意图

（6）监控后台从监控 A 网、监控 B 网获取全站遥测、遥信、软报文等信息实现监测功能，同时通过监控 A 网、监控 B 网下发遥控、修改定值等命令给测控装置、保护装置实现控制功能。

（7）远动主机从监控 A 网、监控 B 网获取遥测、遥信等信息，上送至调度主站；同时调度主站下发遥控令给远动主机，同样通过监控 A 网、监控 B 网控制到现场的一次设备。

三、高级应用

CSC2000（V2）在监控系统数据平台基础上，集成电压无功控制（VQC）功能；监控系统集成一体化五防功能，并实现了完整的操作票专家系统功能；采用图库一体化设计，支持拓扑分析动态着色；监控系统支持 IEC 61850 标准；支持数据库、图形的在线修改、同步修改。

8.1.2　CSI-200E 测控装置

一、主要功能

（1）间隔主接线图显示：装置采用全中文大屏幕液晶显示，可显示本间隔线路主接线图，可进行遥控操作。

（2）遥信：每组开入可以定义成多种输入类型，如状态输入（重要信号可双位置输入）、告警输入、事件顺序记录（SOE）、脉冲累积输入、主变压器分接头输入（BCD 或 BIN）等，具有防抖动功能。

（3）遥控：可接受主站下发的遥控命令，完成控制断路器及其周围隔离开关，复归收发信机、操作箱等操作。

(4) 交流量采集：根据不同电压等级要求能上送本间隔三相电压有效值、三相电流有效值、有功、无功、频率等。

(5) 直流、温度采集：装置可采集多种直流量，如 DC 0～5V、DC 4～20mA 等，还能完成主变压器温度的采集上送。

(6) 电能量采集：能完成脉冲电度量采集功能。

(7) 有载调压：本装置可采集上送主变压器分接头挡位（BCD 码或十六进制码），能响应监控后台、远动机发出的遥控命令（升、降、停），调节变压器分接头位置。

(8) 同期功能：可根据需要选择检无压、检同期或自动捕捉同期方式，完成同期功能。

二、装置内部结构

CSI-200E 测控装置的内部机构如图 8-2 所示，管理主模块通过内部总线与各测量板通信，采集各类测量和信号数据，经以太网上送给后台主机，实现测量功能；同时后台主机下发遥控命令，管理主模块通过内部总线传送给开出插件，借助二次回路对设备进行控制操作，实现遥控功能。

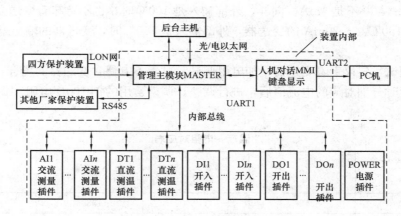

图 8-2　CSI-200E 测控装置内部结构示意图

三、CSI-200E 测控装置常用调试

1. 零漂、刻度的调整

零漂和刻度的调整有两种方法。一种是通道校正，一种是遥测校正。通道校正的作用：分插件分通道地对交流和直流插件自动调整零点漂移和刻度设置。遥测校正的作用：用广播命令对装置中所有遥测插件自动调整零点漂移和刻度设置。

调整时要先对插件进行跳线（否则禁止调整），用精准仪器加入基准电源，然后同时按住测控装置"quit"和"set"键，输入用户密码，进入选择"通道校正"或"遥测校正"进行零漂和刻度的调整。如图 8-3 所示，对直流 1 板的 DC2 进行零漂调节：进入菜单\通道校正\调整零漂\直流 1 板，按键盘的"左"、"右"、"上"、"下"选择通道，按"set"键选中通道，则 DC2 通道前的标记符号变为"☑"（一次可以选择多个通道），选完后按"quit"键将光标切换到命令行，按"确认"项就可以进行零漂调节了。其他的调整方法类似。

```
\通道校正\调整零漂\直流1板
☒DC1 ☑DC2 ☒T1 ☒T2
☒T3

       全选      确认      取消
```

图 8-3 通道校正示意图

(1) 交流板调整：电压电流零漂调整时，要将电流回路开路，电压回路短路。刻度调整时，要加 50V/1A。显示操作成功后，进入有效值/运行值/交流板菜单，所调通道的数据显示为 50V/1A。

(2) 直流温度调整：若配置是 0～150℃，则在外部输入 0℃时调整零漂，150℃时调整刻度。配置是 0～100℃时同理。

需要注意的是：外部输入是 0℃时，并不意味着变送器的输出是最小值（一般变送器输出的最小值是 4mA）。如：−50～100℃/4～20mA 的变送器，外部输入是 0℃时，变送器的输出是 9.33mA，并不是 4mA。同样，外部输入是 100℃时，也不意味着变送器的输出是最大值。如 0～150℃/4～20mA 的变送器，外部输入是 100℃时，变送器的输出是 14.666mA，并不是 20mA。

在现场调试，建议带着变送器，加电阻调试。对于不方便含变送器的场合，算好调整零漂和调整刻度时分别对应的电流值后，进行调整。调整常用的铂 100Ω 电阻和铜 50Ω 电阻的分度见表 8-1。

表 8-1　　　　　　　　　　　　　温度—电阻对应表

温度（℃） 电阻（Ω）	0	50	100	150
Pt100	100	119.4	138.5	157.3
Cu50	50	60.7	71.4	82.1

2. 同期功能的实现

(1) 同期条件。同期方式有检无压、检同期、准同期三种。检同期应用于同频系统，对应实际应用中的"合环操作"；准同期应用于差频系统，对应实际应用中的"并网操作"。

检无压判断条件：一侧或两侧的电压均小于 $0.3U_N$；

检同期判断条件：

1) 两侧的电压均大于 $0.9U_N$；

2) 两侧的压差和角度差均小于定值。

准同期判断条件：

1) 两侧电压均大于 $0.7U_N$；

2) 两侧电压差小于定值；

3) 频率差小于定值；

4) 滑差小于定值。

在以上条件均满足的情况下，装置将自动捕捉 0°合闸角度，并在 0°合闸角度时发合闸

令，其中合闸角度的计算公式为

$$\left| \Delta\delta - \left(360 \cdot \Delta f \cdot Tdq + 180 \cdot \frac{\mathrm{d}\Delta f}{\mathrm{d}t} \cdot Tdq^2 \right) \right|$$

式中　$\Delta\delta$——两侧电压角度差；

　　　Δf——两侧电压频率差；

　　　$\dfrac{\mathrm{d}\Delta f}{\mathrm{d}t}$——频差变化率；

　　　Tdq——提前时间。

（2）同期功能实现过程。测控装置的同期功能由 AI 交流插件和管理主模块 MASTER 插件、DO 开出插件配合共同完成。同期功能原理由 PLC 编程实现，PLC 逻辑的实现需要测控装置软压板、开入节点、同期逻辑判断和开出节点等配合完成。几个测控装置软压板介绍：

1 个同期功能压板：此压板投入，装置具有同期功能；退出，装置没有同期功能。

3 个同期方式压板：检无压压板、检同期压板、准同期压板。三个压板只能投其一，任何一个压板投入，其余两个压板自动退出。反措要求：禁止检同期和检无压模式自动切换。

1 个控制逻辑投入压板：此压板投入，装置具有遥控功能；退出，装置可以进行下载 PLC 逻辑（用 PC 通过串口下载到测控装置）。

同期电压方式压板：检无压、检同期、准同期在 220kV 及以下线路同期时，都要投固定电压方式压板。因为 220kV 及以下的抽取电压就一个，固定接在 U_4 上。每次合闸时，都和同一个电压（母线）进行比较，所以要投入固定电压方式压板；在 500kV 的 3/2 接线方式下，断路器合闸时比较的同期电压是不固定的。有可能是 U_1 和 U_2，U_1 和 U_3，U_1 和 U_4，U_2 和 U_3，U_2 和 U_4，U_3 和 U_4。需要根据实际的断路器和隔离开关状态，来决定用哪种同期电压方式压板。所以电压压板不能固定投入，在断路器合闸后，会自动退出，因为下次比较的可能不再是这两组电压。

下面以 220kV 线路断路器遥控检同期方式进行说明同期功能实现过程，如图 8-4 所示。

1）测控屏上的断路器控制把手要求打在远方，"开关控制把手远方 52"开入 52 取动断触点。

2）收到监控后台的遥控命令"遥合命令 4 有"。

3）测控屏上的同期把手方式要求打在远方，"同期把手远方"开入 56 取动合触点。

4）同期功能软压板要求投入，不投入则无同期功能，相当于直合。

5）判断没有 TV 断线现象，"TV 断线"开入 23 取动断触点。

6）启动同期继电器 4 逻辑判断，同期继电器 4 判断过程为：按照 PLC 输出一个同期继电器，此时装置管理板 MASTER 向交流测量 AI 交流板发出同期令，AI 交流板收到同期令后开始根据定值判断是否具备同期条件，如果符合，输出开出端子。此种方式相当于检同期合闸，需要满足检同期条件，同时需要投入检同期软压板、同期节点固定方式软压板。

7）启动同期继电器满足条件，驱动"开出 2"和"开出 3"，通过二次回路接线，合上断路器一次设备。

8）断路器合上后，返回"遥合命令 4"。

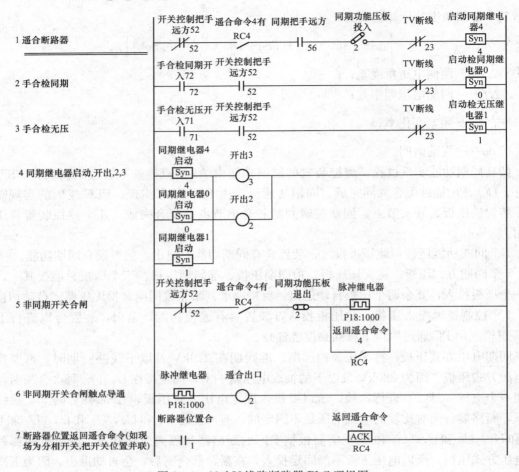

图 8-4　220kV 线路断路器 PLC 逻辑图

上述就是整个遥合同期的具体实现过程，同期功能的判断在 AI 交流板上完成，整个 PLC 功能实现的前提条件是"控制逻辑投入压板"要投入。其他的手合同期、手合无压、非同期断路器合闸原理类似，可以自行分析。

（3）"TV 断线"的 PLC 实现。220kV 断路器的 TV 断线直接取 TV 端子箱同期电压空气断路器的辅助触点，PLC 逻辑直接取断路器测控装置"TV 断线"开入信号的动断触点，这里不做介绍。

500kV 断路器的"TV 断线"开入信号是接到线路测控装置，而不是接到断路器测控装置，不能直接取到。所以必须通过网络获取该节点，就是在线路测控 PLC 配置闭锁装置地址，在断路器测控 PLC 加入"网络节点"实现闭锁。网络节点的通信是通过 A 网广播方式来实现的，若 A 网通信异常，相应的接收测控装置会告警通信中断，配置如图 8-5 和图 8-6 所示。

3. 中心挡位与滑挡

（1）中心挡位的概念。简单说，中心挡位就是调压机构不能停住的挡位。一般 9、11 是中心挡位，表示从 8 挡升挡时直接停到 10 挡，从 10 挡升挡直接升到 12 挡，中间 9 挡和 11 挡调压机构停不住。反过来，降挡也是不停 9 挡和 11 挡。

图8-5　线路测控 PLC 配置闭锁装置地址

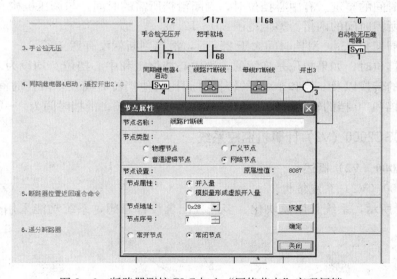

图8-6　断路器测控 PLC 加入"网络节点"实现闭锁

（2）中心挡位的产生。调压机构的9挡一般分为9A、9B、9C三挡。

当9A、9B、9C三挡的引线分别接至挡位变送器的三个挡位输入时，9A挡即是9挡，9B挡即是10挡，9C挡即是11挡。在实际的调压过程中，9A和9C两挡又是不停的，所以就出现从8挡直接升到10挡的现象，也就产生了9这个中心挡位。同理也就有了中心挡位11挡。有中心挡位时最高挡位是19挡。

当9A、9B、9C三挡的引线同时接至挡位变送器的一个挡位输入时，即9A、9B、9C三个挡位反映到挡位变送器上是一个挡位，就是9挡，这样接线的话，就相当于没有中心挡位。因为8挡升到9B挡，从挡位变送器看就是8挡升到9挡。9B挡升到10挡，从挡位变送器看就是9挡升到10挡。没有中心挡位的最高挡位是17挡。

实际上，主要看 9A 和 9C 是否引线至挡位变送器的不同输入端。当分别接至不同的输入端时，就有了中心挡位 9 挡和 11 挡。当和 9B 挡接至同一个输入端时，就没有中心挡位了。

（3）中心挡位的整定。

中心挡位 1：00009；

中心挡位 2：00011。

没有中心挡位时，整定为：

中心挡位 1：00000；

中心挡位 2：00000。

（4）滑挡的概念。正常调压时，一次调压命令对应一次调压机构的转动，挡位变化一挡。滑挡时，调压机构失去控制，会连续转动，造成挡位的连续变化，对变压器、系统都带来严重影响。滑挡时，通过人为发令停止是来不及的，所以都是由程序自动判断的。当判断是滑挡后，直接驱动急停出口，将调压机构电源断开。

（5）滑挡的判断。在调压命令发出，滑挡时间到后，采到的挡位不是预期的挡位，则判断为滑挡。若挡位没有发生变化，则判断为失败。

（6）滑挡时间的整定。有中心挡位时，判断滑挡所需的时间，与调压机构有关，一般设置为调节一挡所需时间的两倍。整定范围：0～12.5s。

一个调压周期是 25s，滑挡时间大于 25s 后，滑挡判断就没有意义了。

没有中心挡位时，如果挡位是连续的，则中心挡位 1 和中心挡位 2 均设为 00000。考虑到 8 挡和 9 挡的转换以及 9 挡和 10 挡的转换时间比其他挡位时间长，滑挡时间要考虑 8 挡和 9 挡以及 9 挡和 10 挡的转换时间并延长一倍或者适当延长。滑挡时间为 0～25s。

8.1.3 CSC2000（V2）计算机监控系统

一、CSC2000（V2）概述

1. CSC2000（V2）系统结构

如图 8-7 所示，系统采用模块化、多进程配合设计思想，系统功能采用分布式设计，

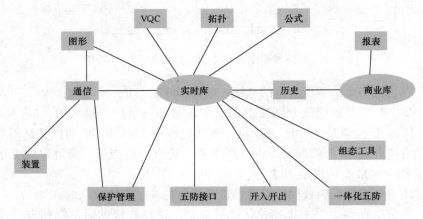

图 8-7 CSC2000（V2）系统结构图

系统平台和应用进行分离。功能模块包括通信、VQC、五防等采用组件式设计统一实现。实时库为整个系统核心部分，支持在线修改方式，支持同步发布。系统采用图库一体化设计，支持拓扑分析动态着色功能。系统支持 Windows/UNIX 混合平台，可以在监控后台中采用 Windows 系统，而在服务器中采用 UNIX 操作系统。

2. 监控系统的启停

监控系统在 UNIX 和 Windows 下启动不尽相同，但都可以通过如下方法进行启动。

启动主机后，等待约 1min 的时间，待后台商业数据库启动完毕后，新建控制台。运行命令：localm，启动监控后台服务，约 1min 后，再新建控制台，运行命令：desk，启动监控界面程序。待主服务器启动完毕后，依次启动其他主机。切不可在一台主机还没启动完毕的情况下启动另外一台主机。scadaexit，退出监控系统后台服务，此时监控系统功能完全退出。

由于数据库的表结构与原来的结构发生了变化（主要是增加表列），需要对数据库重新建立新的表结构。所以这种情况下的升级需要重新安装监控系统（不需要重新安装数据库）。安装前需要将原有数据备份，具体步骤如下。

1）数据库表结构改变情况下的备份和升级。由于数据库的表结构与原来的结构发生了变化（主要是增加表列），需要对数据库重新建立新的表结构。所以这种情况下的升级需要重新安装监控系统（不需要重新安装数据库）。安装前需要将原有数据备份，具体步骤如下（早期版本为 V3.02 及以前的版本升级到 V3.21 及以后的版本）。

① 将商业库备份到文件，注意检查导出中间是否有报告文件数据有不符合项。如果有，则先要检查原因；如果没有，进行下一步。

② 将原 csc2100_home 目录整个备份。假设备份为 csc2100_home_bak（不是改名）。

③ 确定上一步无误后，将原 csc2100_home 目录下除了 dbfile 目录和 project 目录外的所有目录和文件删除。

④ 将新的发行包里 csc2100_home 下的目录和文件（不包括 dbfile 目录和 project 目录），复制到原 csc2100_home 目录。

⑤ 将第 2 步里备份的目录 csc2100_home_bak\config 下的 config.sys 和 hisconfig.ini 复制到 csc2100_home\config 目录下（覆盖已有文件）。

⑥ 将新的发行包里 csc2100_home\project\系统配置目录下的所有文件复制到 csc2100_home\project\系统配置目录下（覆盖已有文件）。

⑦ 打开一个控制台（或 Dos 窗口），运行 install 程序，安装监控系统。安装过程中将出现一些提示数据库已建立和用户已存在等错误信息，不用理会，继续安装。

⑧ 安装成功后，将第①步里备份的文件用 inout 命令导入到商业库里。

⑨ 重新启动监控系统，升级结束。

注意：原 csc2100_home 目录从始至终都不要有删除、移动、改名等操作。

2）数据库表结构不改变情况下的备份和升级。由于表结构没有变化，无须重新安装，升级步骤如下（为 V3.21 及以后的版本升级到更高的监控版本）：

① 将原 csc2100_home 目录整个备份（不是改名）。

② 确定上一步无误后，将原 csc2100_home 目录下的 bin、lib、javalib 目录删除。

③ 将新的发行包里 csc2100_home 下的 bin、lib、javalib 目录复制到原 csc2100_home 目录。

④ 将新的发行包里 csc2100_home\project\系统配置目录下的所有文件复制到 csc2100_home\project\系统配置目录下（覆盖已有文件）。

⑤ 重新启动监控系统，升级结束。

注意：原 csc2100 _ home 目录从始至终都不要有删除、移动、改名等操作。

上述为监控系统备份和升级步骤，如果仅仅进行监控系统的备份和恢复，只需要 csc2100 _ home 目录整个备份，恢复也只需要将备份 csc2100 _ home 复制到原 csc2100 _ home 目录就可以。

3. 用户增加和修改

单击"应用模块"→"系统管理"→"用户管理"，将启动用户管理如图 8-8 所示。用户管理用于管理用户并设置 UNIX 系统的各个用户组的操作权限，操作权限分四个等级，分别是超级用户、维护人员、操作人员和浏览人员。需要指出，必须以超级用户的身份进入，才能进行以下的用户管理操作，如增加、删除用户，或者修改已有用户的权限。

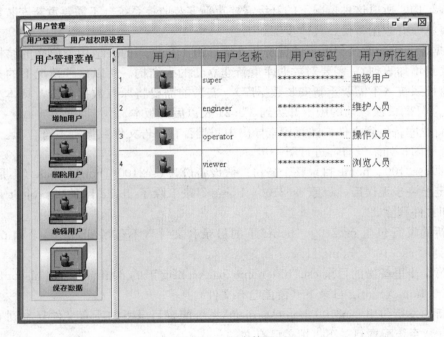

图 8-8　用户管理

如图 8-8 所示，用户管理有两个标签页面：用户管理和用户组权限设置。增加用户时，单击增加用户，在用户名称内输入新的用户名称，在用户密码内输入其密码，并选择其权限，然后单击"确定"，最后还需要单击"保存数据"将结果保存到数据库，单击"是"就可以了。修改、删除用户的方法同增加用户类似。

二、CSC2000（V2）图形编辑

1. 图形编辑概述

图形编辑主要负责主接线图、各间隔分图的制作。在图形编辑中，图元是最基本的元素。主要有两种类型：基本图元、动态图元。基本图元是不需要配置测点，在运行时不会发生变化的。动态图元就是需要配置各种信息，在运行时可以动态变化形状或者可以提供各种操作。

在图形编辑中实现图库一体化，即在画面画设备图元时，同时也会往实时库中增加一个与图元同类型的设备。反之删除一个设备图元，也会从实时库中删除一个设备。因此，当在画面上有设备图元的增加、删除或属性修改时，除了需要保存图形，还应该对实时库做数据备份。

图形编辑制图的同时，还会建立图形的连接关系，最后会建立设备的连接关系，即拓扑着色。图形都必须定义属性，包括图类型、图大小、所属变电站等。

单击"开始"→"应用模块"→"图形系统"→"图形编辑"，运行图形编辑。

2. 图形制作原则

图形制作是指利用各种图元按各种形式进行组合，并对图元进行属性设置的一个过程。尽量按照如下的原则进行图形制作。

原则一：先建库后做图。特别是应避免出现在多个计算机上同时作图和建库或修改库等情况。

原则二：在一个计算机上作图。始终保持此计算机上的图形是最新的，由它向其他计算机同步。

原则三：在图形制作工程中，对设备图元有增加、删除、修改操作时，在系统退出前，要做数据备份，即把实时库数据保存到商业库，否则增加、删除、修改的设备及其信息会丢失。

原则四：对典型间隔而言，先制作好一个间隔，特别是属性设置完毕后，使用间隔匹配会极大地加快制图速度，而且能保证图形制作的正确性。

3. 图形制作

（1）动态标记属性

动态标记是一个比较特殊的图元，它可以以各种形式来显示遥测、遥脉、遥信的数据，支持的类型有遥测、遥脉、遥信、光字牌、光字牌容器。

光字牌和遥测的动态标记，分别如图 8-9 和图 8-10 所示，名称后面有个选择按钮，

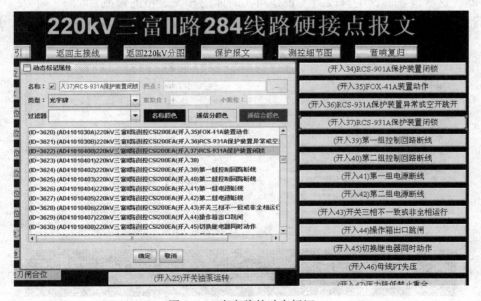

图 8-9　光字牌的动态标记

当被选中后，名称会自动填写，原则是所选择的测点名称去除装置名称。没有选中，则名称不会变化，但是可以手工修改。

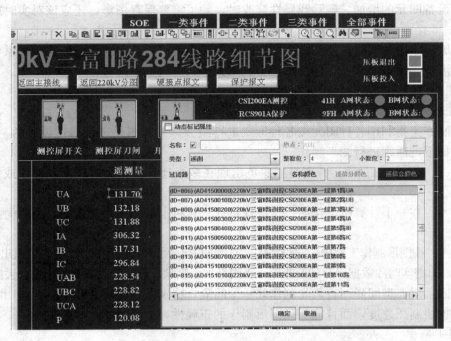

图 8-10　遥测的动态标记

（2）设备属性标记

在画面画一个设备图元过程中，除了虚设备、五防设备、电力连接线、线路以外，还会自动向实时库设备表增加一个设备，删除设备图元也会同时将其对应的设备从实时库中删除。因此，这些设备属性的修改其实也是对实时库的相关表格的修改。

断路器的属性标记对话框分为两部分：电力属性和数据定义，如图 8-11 所示。电力属

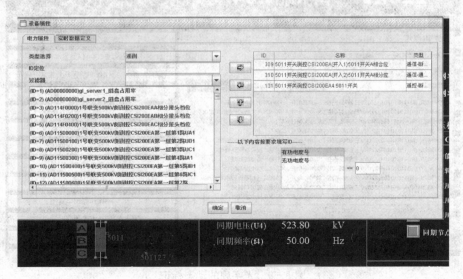

图 8-11　断路器属性标记

性是一些具体的电力参数，数据定义是给设备匹配上测点。

线路的属性标记对话框中数据定义类似于断路器的数据定义，但是只支持匹配遥测。当线路匹配的遥测的类型为有功或无功时，会自动在线路首端增加箭头来表示潮流方向。如果和实际流向相反，可以通过线路的"是否取反"的属性设置来调整，如图 8-12 所示。

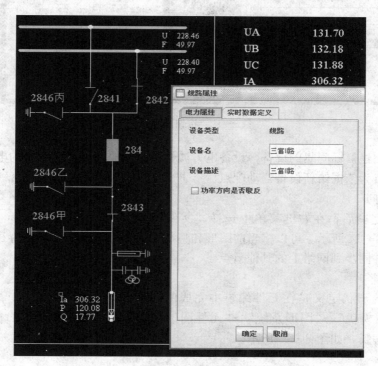

图 8-12　线路属性标记

（3）按钮属性

按钮属性有基本属性和功能属性两个对话框。按钮的名称在基本属性按钮文字中定义。基本属性的三种模式含义分别如下。

1）单色模式：即常规意义上的按钮，外观有立体效果。颜色可以通过属性工具条的填充颜色进行设置。

2）位图模式：以"位图选择"按钮选出的位图，作为背景。

3）文本模式：按钮的外观只有文字。

功能按钮的属性标记对话框如下，基本属性页里内容同弹图按钮。功能属性里列出目前所支持的功能。在选择不同的功能后，会有该功能的简单描述提示，在右下方的文本框按照提示输入具体的配置，如图 8-13 所示，主要功能有图形跳转、区域跳转等。

（4）间隔匹配

图形上的间隔匹配是以一组已经配好测点的图元为源进行复制，然后选定目标间隔进行匹配，在复制图元的同时，会在目标间隔中寻找相应的测点自动匹配到新图元上，从而完成自动配点的功能。

一组已经配好测点的图元可以理解成主接线上的一个间隔，那么在主接线中进行间隔匹

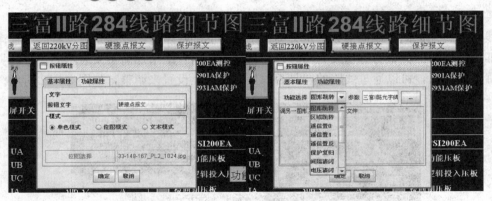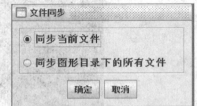

图 8-13 按钮属性标记

配时，会自动创建目标间隔的设备，设备电力属性会复制源间隔对应设备的电力属性，并按照源设备的测点为依据给新设备自动配点。

（5）文件同步

图形编辑完毕后，在右键菜单中选择"文件同步"，弹出界面如图 8-14 所示。可以将当前图形和整个图形资源下的所有文件同步到网络上的其他节点。

图 8-14 文件同步

4. 元件编辑

设备图元的形状定义是在元件编辑中完成的，单击"开始"→"应用模块"→"图形系统"→"元件图形编辑"，运行元件图形编辑，如图 8-15 所示。

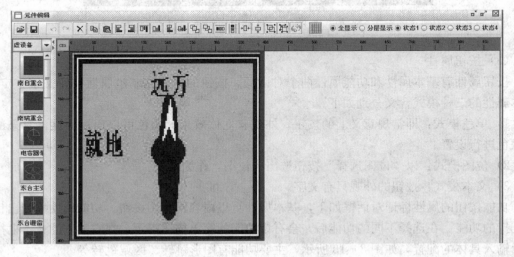

图 8-15 元件编辑界面

单端辅助设备和双端辅助设备是为在主接线图中确有设备但又没有点与之对应，并且不好归属其类别，为了让这样的组件设备能在主接线图中电气着色而设的。对于三绕组变压器（或两绕组变压器）在电气着色时由于要显示三种（或两种）电压等级，因而在图元的画法上与别的图元有所不同。必须要在每个基本图元定义电压等级，如图 8-16 所示。

236

每个图元都有四个状态，每个状态都对应了一个形状。对于断路器和隔离开关，状态 1 显示其合位置，状态 2 显示其分位置。默认显示是状态 2 的状态，也就是说断路器和隔离开关如果没有配点将显示分位置。其他图元的默认显示是状态 1，所以对于其他不用配点的图元应将其图形画在状态 1。如果是双遥信位置的，将断路器或隔离开关的动合触点（合位置）的遥信点的类型设为断路器或隔离开关作为主遥信；将动断触点（分位置）的遥信点的类型设为通用遥信作为辅助遥信。主遥信和辅助遥信与四种状态的对应关系，即双位置状态表见表 8-2，常见的重合闸把手就是这样实现的。

图 8-16　电压标记

表 8-2　　　　　　　　　　双 位 置 状 态 表

名称 状态	主遥信	辅助遥信
状态 1	1	0
状态 2	0	1
状态 3	0	0
状态 4	1	1

每个电气设备都是有端子的，端子是为在图形编辑中生成拓扑连接关系而设置的。当两个设备的两个端子靠得很近时，或者通过电力连接线连接时，系统就认为这两个设备存在电气连接关系。

元件编辑完毕后，在右键菜单中选择"文件同步"，可以将当前元件和整个图形资源下的所有文件同步到网络上的其他节点。

三、CSC2000（V2）数据库组态

1. 保护模板管理

如图 8-17 所示，在右侧表格中就可以看到该装置四遥选项。这相当于 CSC2000 的装置模板列表，但在这里是分开的。物理量名为手动输入，特征字是双击后下拉选择，地址 1，2，3，4 是对过去规约控点名的拆分［如：遥信 DIG010203 拆分后为地址一对应 01（组号），地址二对应 02（字偏移），地址三对应 03（位偏移），地址四补 0；遥测 ANA4005 拆分后地址一对应 40，地址二对应 05，地址三、四补 0；遥控同理］，修改完毕后要保存，否则视为无效，同时要进行发布，以同步其他计算机数据库。

各地址含义：

（1）遥测：地址 1——CSC2000 报文的遥测数据类型；地址 2——测点在报文中所属路数；地址 3、4——备用。

（2）遥信：地址 1——CSC2000 遥信报文的起始组号；地址 2——测点在报文中的"字"偏移；地址 3——测点在报文中的"位"偏移；地址 4——备用。

（3）遥控：地址 1——遥控对象号；地址 2——控"合"功能码（D2）；地址 3——控"分"功能码（D1）；地址 4——备用。（备注：在遥控调挡的时候，"地址 2"、"地址 3"要修改成相同的控"合"功能码（D2），操作箱复归同理）

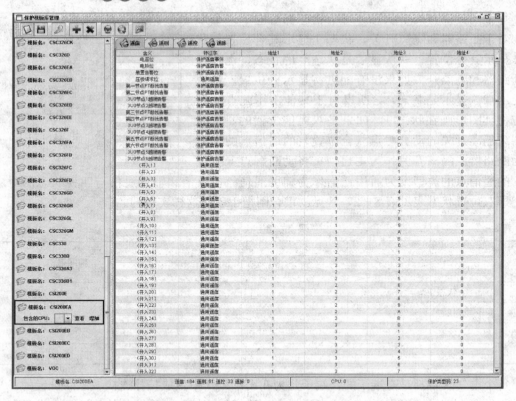

图 8-17　保护模块库管理

2. 实时库组态

实时库的编辑过程如下。

（1）如图 8-18 所示，安装成功第一次启动组态工具后，可以看到在"变电站"树节点下有"×××变"和"全局变量"树节点，选择右击命名"变电站"，完成变电站的建立。

（2）在变电站下的间隔中执行添加间隔操作，该功能的实现也是通过右键菜单来完成的。在相应变电站的间隔树节点点击右键菜单，在相应界面输入间隔信息，确定后就可以完成一个间隔的添加。

该操作也可以进行间隔复制，在添加间隔弹出界面选择"应用已有模板"，则下面的子站和间隔会变为有效，选择相应的变电站和间隔及所属电压等级后确定，如图 8-19 所示。

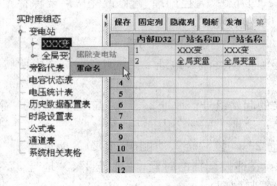

图 8-18　实时库组态

图 8-19　间隔复制

（3）添加完间隔后，在相应间隔树节点点击右键选择间隔匹配。在间隔匹配界面左侧"间隔所属保护"主节点上右击添加保护装置，这时候就会弹出选择保护信息界面，在该界面输入装置地址，选择装置类型后单击"确定"，进入间隔匹配。如图 8 - 20 所示。

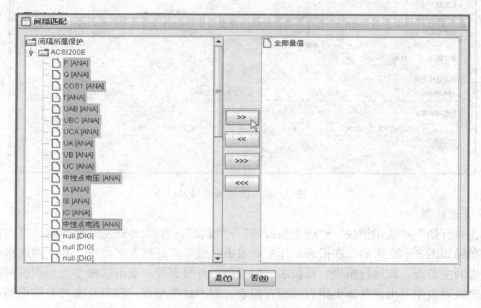

图 8 - 20　间隔匹配

（4）添加完成，最终图中右侧树中显示的点就是需要的四遥量节点。确定退出后，这些点的信息就会被按类别加入到组态工具相应间隔四遥量子节点下。实时库四遥信息如图 8 - 21 所示。

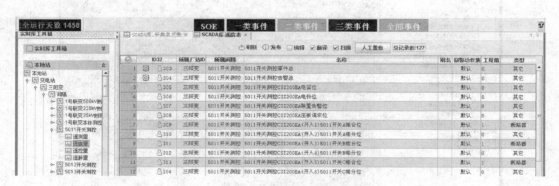

图 8 - 21　实时库四遥信息

（5）四遥量的信息可以通过"属性对话框"弹出菜单来完成一些具体的设置，如图 8 - 22 所示。根据工程实际，编辑属性里的名称、报警动作集、类型等（备注：监控 V3.21 以后的版本直接在相应间隔中直接修改相应的属性，而无相应的遥信、遥测等的属性设置对话框，修改完数据后需"刷新""发布"相应修改实时刷新）。

（6）完成实时库的编辑后，单击"保存"，并单击"发布"以同步其他计算机。

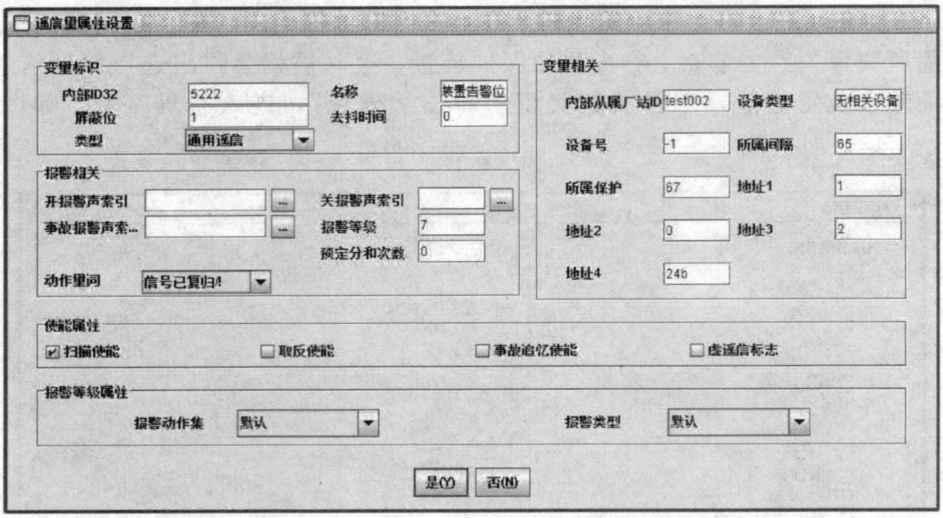

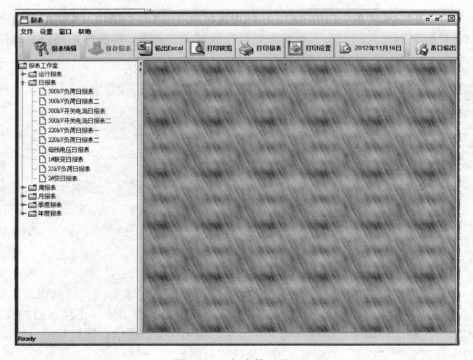

图 8-22　四遥属性设置

3. 报表制作

单击"开始"→"应用模块"→"历史及报警"→"报表"，将弹出报表管理界面。报表程序启动后，布局如图 8-23 所示。在报表工作室列表中，根节点是报表工作室，其下的次级节点为各类报表的主节点，如运行报表、日报表、周报表、月报表等。双击这些节点，则展开该次级列表。次级列表中列出当前该类报表的所有报表。双击这些报表，在浏览态时会依据所设定日期，生成相应的报表；在编辑态时，则会打开相应的报表模版，可对之进行编辑。

图 8-23　报表管理界面

在报表编辑中，工作可以分为两类，一是在报表中定义、修改各个单元格的内容，二是定义报表的显示颜色、范围、单元格颜色、格式等表现形式。单击所需编辑的报表模板，显示如图8-24报表模板编辑界面。本书重点介绍如何在日报表中定义、修改各个单元格内容。

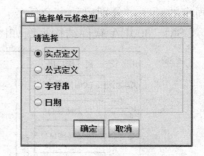

图8-24 报表模板编辑界面

在报表模板中，单元格共有四种类型：字符串、日期、实点、公式类型。在模板中，实点用"****"表示，自动填充的实点用"**"表示。自动填充的实点依赖定义的实点。不可以单独对"**"号表示的自动填充实点编辑，需要结合其依赖的"****"表示的独立实点进行。公式由"♯"号打头，如"♯SUM（A2：A35）"等。在未定义的空白单元格处用鼠标左键双击，弹出"选择单元格类型"对话框，如图8-25所示。

图8-25 选择单元格类型对话框

上述单元格定义是对空白的单元格进行定义。如果对已经定义的字符串、实点、公式等类型的单元格双击，则不会弹出选择单元格类型窗口，而是直接弹出它们各自的定义窗口，常用的是实点定义，如图8-26所示。

在实点定义四遥节点下，我们可以选择具体的遥信量、遥测量或者遥脉量；可以设置实点相关的统计类型，如遥测点的当前值、最大值、最小值时刻，遥脉点的绝对电度等。同时，也可以设置实点的取点方式，包括起始时间、步长时间、取点个数等，取点个数大于1

时，还可以设置实点的排列方向。

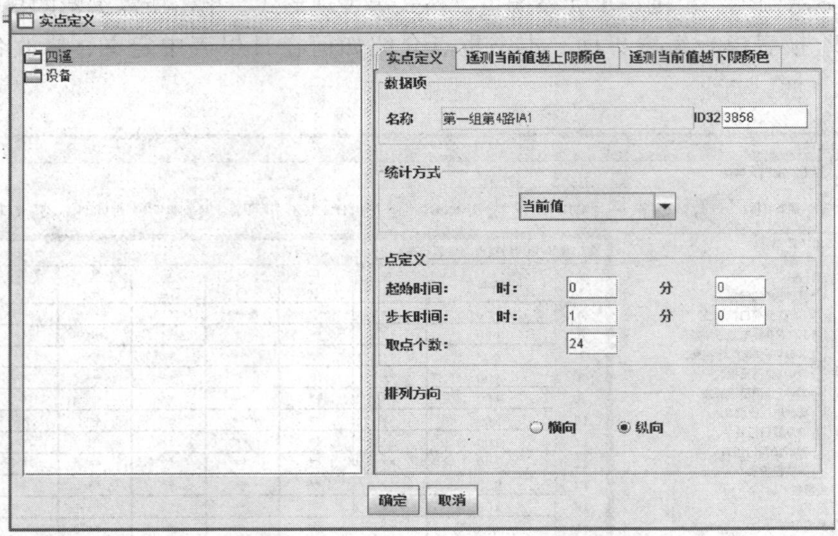

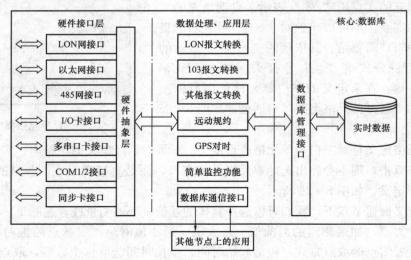

图 8-26　实点定义窗口

8.1.4　CSM-300E 系列远动装置

一、概述

CSM-300E 系列装置主要用于协议转换和远动通信，这里主要介绍其远动软件，硬件不进行介绍。

CSM-300EA 远动软件是运行于 CSM-300E 系列装置上的一个重要的应用软件。它是运行于嵌入式操作系统 QNX 的多任务应用软件包。软件的多个进程之间需要协同工作，按照固定的顺序，分别启动多个任务，以实现多路远动通道通信的功能。

CSM-300EA 软件结构框图如图 8-27 所示，实时数据库是软件体系的核心，为各种

图 8-27　CSM-300EA 软件结构框图

应用提供数据服务，数据库内数据采用"数据符号名"标识。数据处理过程是把网络硬件层的数据转化为规格化的统一的格式，并通过接口写到实时数据库中；同时接收实时数据库命令，按具体网络报文格式打包后下发到相应硬件接口。系统的应用主要实现各种远动规约、简单监控等功能，它从数据库里获取数据，进行相应处理，并在必要时往数据库接口传递信息。

二、程序文件结构

CSM-300EA 远动软件的程序文件结构：/300e/bin 存放所有可执行文件，/300e/config 存放所有配置文件，/300e/lib 存放所有应用库文件，/300e/src 存放各种应用的源文件。为实现远动功能，以下程序是必不可少的。

（1）实时数据库管理进程 dbms；

（2）通信接口硬件驱动程序 sermon、serpc、sermoxa、sertcp 等；

（3）内部规约处理程序 lon、lonctrl、lonbuf、lonread、netread 等；

（4）LonWorks 网络接口程序 lonman；

（5）以太网接口程序 netman；

（6）对时遥控切换程序 selector；

（7）虚拟遥信及开入开出端口管理进程 iomon；

（8）具体远动规约程序，从 qcdt、qu4f、q101nsm、q104nsm、q1801、qrp570、qdisa、qdnp、q476、qcdc 等选择；

（9）其他应用程序，如 GPS、切换程序 alter_main（或 alter_chnl）和五防服务程序等，按需求选用；

（10）液晶模块管理程序 lcdman310、lcdman320、lcdman320n 等，按需求选用。

三、程序配置文件

CSM-300E 系列装置在出厂时已经装好基本系统，并装好了以太网卡，具备了联网能力。因此，在安装软件时，可以选择网络安装或磁盘安装，一般推荐网络安装方式，即通过 FTP 方式下载程序和相关文件。常用的 FTP 工具有 FlashFXP 等，可以自由选用。Ultra-Edit 既可以进行文本编辑，也可以通过 FTP 存取文件，推荐用于修改和下载启动文件、配置文件等。

像 DOS 中的 AUTOEXEC. BAT 一样，在 QNX 下也有一个自动批处理文件（启动文件）sysinit. node（node＝1，2，3，…，指节点号）。为了在机器重启的情况下能自动运行 CSM-300E 应用程序，必须把程序命令放到 sysinit. node 中。配置文件主要对网络、通道、规约、远动转发定值文件等进行定义。

配置文件清单如下：

通道配置文件：ser.cfg；

以太网配置文件：netman.sys；

通道配置文件：comnx.sys (x=0,1,2,3…)；

调试遥信闭锁配置文件：lockx.sys(x=0,1,2,3…)；

遥信闭锁遥控配置文件：yxlockykx.sys(x=0,1,2,3…)；

规约配置文件：channelx.sys (x=0,1,2,3…)；

实时数据库定值文件：dbms.cfg；

远动转发定值文件:zfyc/yx/ym/yk/yt/hb/soex.dat (x=0,1,2,3…)。

在进行远动点表的增添或者修改时,基本上不需要改动一些系统文件、配置文件、进程文件等。只需要对远动转发定值文件和实时数据库定值文件做更改就可以。鉴于篇幅,这里只介绍几个远动点表直接相关文件:ser.cfg、dbms.cfg、zfycx.dat、zfyxx.dat、zfykx.dat、zfsoex.dat、zfhbx.dat(x=0,1,2,3…),这几个文件位于\300e\config目录下。

(1)ser.cfg 通道配置文件

通道号	硬件接口	工作模式	端口号	参数	
5	IPC	DUPLEX	d618	5	;KH GPS
1	IPC	DUPLEX	2f8	3	;省调科东 101
2	TCP	SERVER	964	10.*.*.1	;华东网调 OPEN2000 系统
2	TCP	SERVER	964	10.*.*.2	;华东网调 OPEN2000 系统
3	TCP	SERVER	964	10.*.*.3	;华东网调 ABB 系统
4	TCP	SERVER	964	10.*.*.4	;华东网调 ABB 系统
7	TCP	SERVER	964	10.*.*.5	;省调科东主站系统
7	TCP	SERVER	964	10.*.*.6	;省调科东主站系统
7	TCP	SERVER	964	10.*.*.7	;省调科东主站系统
7	TCP	SERVER	964	10.*.*.8	;省调科东主站系统
8	TCP	SERVER	964	10.*.*.9	;省调科东主站备用系统
8	TCP	SERVER	964	10.*.*.10	;省调科东主站备用系统;

zfycx.dat、zfyxx.dat、zfykx.dat、zfsoex.dat、zfhbx.dat(x=0,1,2,3…)中的"x"就是对应于通道号,IPC 表示串行口,SERVER 表示以太网服务端,DUPLEX 表示全双工通信。(备注:串口的端口号和参数对应 etc/config/sysinit.1 中的相应串口参数配置;网络的端口号 964 对应十进制端口为 2404 端口,IP 为远方调度主站的 IP 地址)

(2)dbms.cfg 实时数据库文件

类型	数据符号名	工程系数	
YC:	42ANA5003	2048	;三富 I 路 283 电流
YC:	41ANA5003	2048	;三富 II 路 284 电流
YC:	45ANA5003	2048	;三后线 285 电流
YC:	32ANA5205	40.96	;500kV-I 段母线频率
YC:	32ANA5206	40.96	;500kV-II 段母线频率
YC:	30ANA5102	17.067	;500kV-I 段母线电压
YC:	30ANA5103	17.067	;500kV-II 段母线电压
YC:	2EANA5107	11.824	;水三线有功功率
YC:	2EANA5200	11.824	;水三线无功功率
			;…
YX:	20DIG010100		;5011 断路器测控 CSI200EA(开入 1)5011 断路器 A 相合位
YX:	20DIG010101		;5011 断路器测控 CSI200EA(开入 2)5011 断路器 A 相分位
			;…
YK:	12CTRL04D2D1		;1 号联络变压器 220kV 侧测控 CSI200EA4:27A 断路器
YK:	12CTRL05D2D1		;1 号联络变压器 220kV 侧测控 CSI200EA5:27A1 隔离开关
			;…

所有的遥信、遥测、遥控、遥脉的数据符号名都要在 dbms. cfg 里添加。CSI－200E 系列测控装置上网的遥测值是实际测量的二次值，需要转换成码值。由于存在下述关系：

$$码值＝二次测量值×（2048/二次额定值）$$

所以，工程转换系数＝2048/二次额定值。

网络 CSC2000 报文上送模拟量的值在入库之前乘以工程系数，然后入库。工程系数计算方法如下：该变电站测控装置 CSI200E 二次侧额定值如下：

电压：$100×1.2＝120V$

电流：1A

功率：$100×1×1.732＝173.2W$

频率：50Hz

因此电压工程转换系数＝2048/120＝17.067

电流工程转换系数＝2048/1＝2048

功率工程转换系数＝2048/173.2＝11.824

频率工程转换系数＝2048/50＝40.96

（3）zfycx. dat 遥测量文件

RTU 序号	点号	转发系数	死区值	数据符号名	偏移量	
00	16385	15	3	11ANA5202	0	;1 号主变压器高压侧有功功率
00	16386	15	3	11ANA5203	0	;1 号主变压器高压侧无功功率
00	16387	3000	3	11ANA5003	0	;1 号主变压器高压侧电流
						;…

RTU 序号、点号是合并以后调度所需要的点号（下同）。

上送调度值＝转发系数×（dbms 数据库值）＋偏移量，转发系数＝变比系数。

死区值：遥测量变化至一定限度的时候认为遥测变化，这个限度值就是死区值。该值必须为整数，是一个编码值，对应于满量程为 ±2048 的 CSC2000 规约模拟量。偏移量：有时候只对遥测量做正比乘法是不够的，调度需要对遥测量进行带偏移的线性变换，即可利用此项配置与转发系数配合，实现调度的要求。

工程应用中，上送调度的方式有多种，且比较灵活，工程系数和转发系数需要和调度协商。

（4）zfyxx. dat 遥信量文件

RTU 序号	点号	逻辑	性质	数据符号名	
00	001	1	3	24DIG070000	;事故总信号
00	002	1	0	03DIG13010F	;GPS-1PPH（时脉冲）
00	003	1	0	24DIG010100	;5011 断路器
00	004	1	0	25DIG010100	;5012 断路器
					;…

逻辑：即正逻辑还是负逻辑。当配置为 1 时为正逻辑，当配置为 0 时是负逻辑。有些工程中取到的遥信点的状态是和断路器、隔离开关位置相反的。该遥信点就是负逻辑点。

性质：该遥信点的性质。该点如果是普通遥信点，则配置为 0，若该点是合并母点则配置为 2，若该点为合并 SOE 点，则配置为 3（SOE 时标是 CSM－300E 系列装置的本机时间），事故总信号就是采用合并 SOE 点。如果此点为装置上送的 SOE 点，则需要在 zfsoe ∗.dat 中加以配置。此项属性不能设为 1。

（5）zfykx.dat 遥控量文件

RTU 序号	点号	对应通信 RTU	对应遥信点号	数据符号名	遥控类型	遥控子类	
0	24578	0	0	65CTRL01D2D1	00	0	;371
0	24579	0	0	66CTRL01D2D1	00	0	;372
0	24580	0	0	67CTRL01D2D1	00	0	;373
0	24581	0	0	61CTRL01D2D1	00	0	;375
0	24582	0	0	14CTRL02D2D2	00	0	;1 号主变压器升挡
0	24583	0	0	14CTRL01D2D2	00	0	;1 号主变压器降挡
							;…

对应遥信的 RTU 号、点号：该遥控点对应的遥信点属于哪个 RTU，点号是多少（目前属于保留功能）。

遥控类型：配置该遥控点的主要类型有：0x01 直接遥控。0xfe 装置复归，此项配置对应的数据符号名推荐使用××CTRLREST，××为装置地址。0xfc 电笛复归，此项配置对应的数据符号名推荐使用××CTRLBEEP。0xfd 网络切换，此项配置对应的数据符号名推荐使用××CTRLSWCH。

遥控子类：也称遥控参数。配置装置复归时需要配置遥控参数。即遥控类型为 0xfe 时，遥控参数配置为复归单个装置的地址。若是总复归，则将地址配置为 0xff。

用 1 个遥控点进行主变压器分接头的升、降操作。

在远动中用 1 个遥控点进行主变压器分接头的升、降操作是很多用户和调度主站的使用要求，一般用合闸令进行升操作、用分闸令进行降操作。

体现在各远动通道的 zfykx.dat 配置文件中，示例如下：

RTU 序号	点号	对应 YX 点 RTU 序号	对应YX	控点名	遥控类型	子类	
0	2	0	0	32CTRL02D2D1	f9	01	;升（合令）
0	2	0	0	32CTRL01D2D1	f9	00	;降（分令）

说明："遥控类型"列填为 f9，表示这是需要特殊处理的升、降分接头操作。

主站用第 2 个遥控点的合令进行升分接头操作，对应的内网遥控点标签为 32CTRL02D2D1，"子类"列一定要填成 1。

主站用第 2 个遥控点的分令进行降分接头操作，对应的内网遥控点标签为 32CTRL01D2D1，"子类"列一定要填成 0。

合令、分令各占用 1 行，哪行在前，哪行在后都可以，甚至这 2 行不连续都可以。

（6）zfsoex.dat SOE 量文件

RTU 序号	点号	逻辑	数据符号名	
0	1	1	24SOE070000	; 事故总信号
0	2	1	03SOE14000F	; GPS—1PPH（时脉冲）
0	3	1	24SOE020000	; 5011 断路器
				;…

SOE 量不可出现在 dbms.cfg 中。SOE 量中的数据符号名结构是：地址＋SOE＋组号＋字偏移＋位偏移。遥信量的数据符号名结构是：地址＋SOE＋组号＋字偏移＋位偏移。SOE

量中的数据符号名是由其对应遥信量计算而来的：SOE 组号＝遥信组号＋字偏移，SOE 字偏移清零，SOE 位偏移不变。如 GPS 遥信数据符号名 03DIG13010F，SOE 数据符号名 03SOE14000F；5011 断路器遥信数据符号名 24DIG010104，SOE 数据符号名 24SOE020004。（注：03DIG 开头的都是虚遥信不能自己生成 SOE 需要远动生成虚 SOE）

（7）zfhbx. dat 转发合并文件

RTU 序号	点号	HB 序号	HB 子序号	逻辑	保留	数据符号名	
0	1	0	00		1	0	14DIG070000	;1 号联络变压器本体测控电笛位
0	1	0	01		1	0	20DIG010000	;5011 断路器测控电笛位
0	1	0	02		1	0	20DIG070000	;5011 断路器测控电笛位
0	1	0	03		1	0	31DIG010000	;5012 断路器测控电笛位
							;…

RTU 序号、点号是合并以后调度所需要的点号。为了说明的方便，我们称调度所需要的合并点为母点，而参与合并的遥信成员点称为子点。对该母点的子点来说，其母点号是一样的。HB 序号，只是一个序号，从 0 开始，依次往下排列，但是对同一个母点，其 HB 序号是一样的。合并子序号即是母点中子点的序号，从 0 开始顺序排列，这一序号无优先之别。

四、CSM‐300E 调试维护

CSM‐300E 系列装置在出厂时已经装好基本系统，并装好了以太网卡，具备了联网能力。调试时可借助于 FlashFXP 软件进行文件上传和下载，可借助于 UltraEdit 软件进行文件的编写和修改，可借助 WatchBug 软件进行报文监视等。调试维护需要进行如下内容：

（1）建立远动功能启动需要的软、硬件环境

主要要进行进程启动、硬件驱动、密钥的获取、系统启动文件的安装和修改。

（2）编写配置文件

编写通道配置文件 ser. cfg、comnx. sys、channelx. sys、netman. sys 等。

编写远动点表文件 dbms. cfg、zfyk/yx/yc/soe. dat 等。

GPS 对时、双机切换的实现。

（3）调试过程

查看网络建立、报文等。

与调度进行"四遥"核对。

五、QNX 系统常用命令

列目录——ls；

显示当前工作目录——pwd；

显示和设置系统日期和时间——date；

浏览文本文件——more；

显示进程状态——ps、sin；

获取联机帮助——use；

显示文件的内容——cat；

文件的编辑工具——vedit；

文件的拷贝、移动和删除——cp、mv、rm；

改变当前工作目录——cd；

建立目录——mkdir；

删除目录——rmdir；

设置文件和目录的操作权限——chmod；

杀死全部进程——./kill 或 ./k；

杀死某进程——kill xxx（进程号）；

运行全部进程——./runrtu；

运行某进程——./q101nsm（某进程名）；

查看网络链接——netstat；

重启主机——shutdown（参数：f 快速重启；－b 关闭机器）。

用户登录到 QNX 系统后，大部分时间都是与 QNX 的文件系统打交道。文件系统中的所有目录都具有关于它所含文件和目录的信息，如名字、大小和最近修改日期等。QNX 的列目录命令为 ls，用户通过执行此命令，可以获得当前目录以及其他系统目录在这方面的信息。

例：最简单的命令就是在命令提示符下输入 ls，系统将显示当前目录下的文件。如下所示：

```
# ls<CR>
.       bin        include      src
..      config  lib
#
```

在 QNX 系统中，当用户需要获取某个命令的用法时，可以通过 use 命令获得联机帮助，使用起来比较方便，就不详细介绍其他命令，可参考《QNX 开发手册（1.1 版）》。

例：要查询 use 命令的用法，在命令提示符下输入如下命令：

```
# use use<CR>
use - print a usage message (QNX)
use [-a] file
Options:
-a   Extracts all usage information from the load module in
     its source form, suitable for piping into usemsg.
Where:
File  is an executable load module or shell script that
      Contains a usage message (see printed documentation
      for use and usemsg for details).
#
```

六、常用调试软件

CSM - 300E 系列装置调试时会经常用到 FlashFXP、UltraEdit 和 WatchBug 三个软件。FlashFXP 是一款功能强大的 FTP 软件，主要用于数据的远程上传和下载，支持目录（和子目录）的文件传输，删除等；UltraEdit 是一套功能强大的文本编辑器，可同时编辑多个文件，可以通过自身携带的 ftp 读取、修改远方文件。这两个软件操作比较简单，就不作详细介绍。

　　WatchBug 用于软件报文的监视、置数等。可通过网络读取文件，需要设置 IP、用户名、密码、端口等（备注：WatchBug 采用的端口号为 9000 - 9001 端口，如需要在主站监视子站，调度数据网需要开通相应端口，及 telnet 端口 23，FTP 端口 20 - 21 等）。WatchBug可以用于查看各个通道的报文，如图 8 - 28 所示；也可以用于远动调试核对信息时，对信息量的置数，如图 8 - 29 所示。

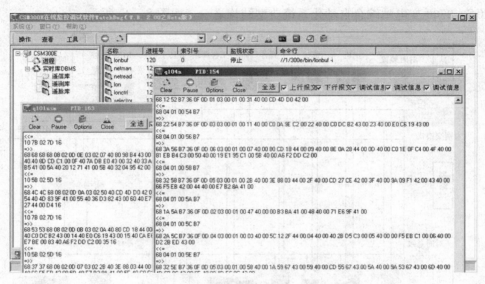

图 8 - 28　WatchBug 软件报文监视界面

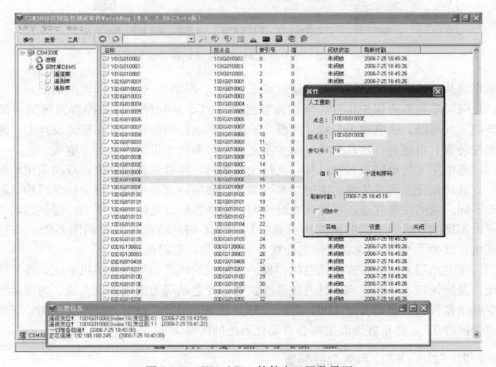

图 8 - 29　WatchBug 软件人工置数界面

8.2 RCS-9700 变电站综合自动化系统

8.2.1 系统结构和基本功能

RCS-9700 变电站综合自动化系统典型结构之一，如图 8-30 所示。

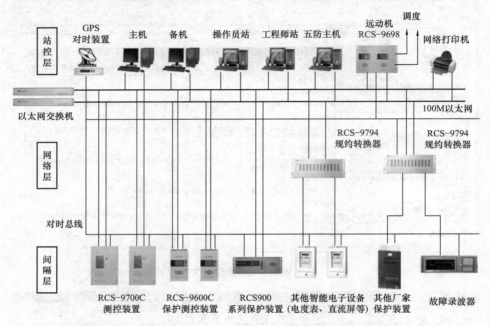

图 8-30 RCS-9700 变电站综合自动化系统典型结构图

该系统从整体上分为三层：站控层（变电站层）、网络层（通信层）、间隔层。

（1）间隔层主要由保护装置、测控装置组成。RCS 系列保护、测控装置解决了装置在恶劣环境下（高温、强电磁场干扰、潮湿）长期可靠运行的问题，并在整体设计上，通过保护、测控装置有机结合，信息交换，减少重复设备，简化了设计，减少了电缆。

（2）通信层支持单网或双网结构，支持全以太网，也提供其他网络；双网采用均衡流量管理，有效地保证了网络传输的实时性和可靠性；通信协议采用电力行业标准规约，可方便地实现不同厂家的设备互连；可选用光纤组网，增强通信抗电磁干扰能力；提供远动通信功能，可以不同的规约向不同的调度所或集控站转发不同的信息报文；利用 GPS，支持硬件对时网络，减少了 GPS 与设备之间的连线，方便可靠，对时准确。

（3）变电站层采用分布式系统结构，提供多种组织形式，可以是单机系统，亦可采用多机系统，灵活性好，可靠性高，且方便系统扩展。变电站层为变电值班人员、调度运行人员提供变电站监视、控制和管理功能，界面友好，易于使用。通过组件技术的使用，实现软件功能"即插即用"，能很好地满足综合自动化系统的需要。

8.2.2 RCS-9700 系列测控装置

RCS-9700C 系列测控装置采用新型的 ARM＋DSP 硬件平台，14 位并行 AD 转换器，

160×240 图形点阵液晶，100M 以太网双网，工业用实时多任务操作系统，实现了大容量、高精度的快速、实时信息处理，装置支持主接线图显示，图形可网络下装，1/2 的 6U 机箱，后插式结构。装置具备完善的间隔层联锁功能，联锁逻辑可网络下装，其中 RCS‐9702C、RCS‐9703C、RCS‐9705C、RCS‐9706C、RCS‐9709C 可提供硬件逻辑闭锁触点输出。RCS‐9700C 系列测控装置型号和功能如表 8‐3 所示。

表 8‐3　　　　　　　　　　　　RCS‐9700C 系列测控装置型号和功能

装置型号	遥信	遥控	遥测	闭锁	同期	典型应用
RCS-9702C	56	16	13TV，8 直流	有	无	母线电压测量、公用信号
RCS-9703C	56	16	4TA，5TV，8 直流	有	一路	主变压器本体测控
RCS-9705C	62	16	4TA，5TV	有	一路	断路器间隔测控
RCS-9706C	62	无	26TV	无	无	母线电压的测量、公用信号
RCS-9708C	56	8	4TA，5TV，8 直流	无	一路	电厂监控与 DCS 模拟接口
RCS-9709C	56	16	7TA，8TV，8 直流	有	两路	母线电压的测量、公用信号

一、键盘操作

在"开机屏幕"状态下，按"取消"进入主菜单，在"主菜单"下，按"取消"回到"开机屏幕"状态。对一般的屏幕，"▲"，"▼"，"◀"，"▶"为光标调整键，将光标调整到适当的位置后，对可修改的数据，按"＋"、"－"键进入编辑界面，可以修改数值，按"确定"键确认修改，并把相应的数据写入 E²PROM。对于选择菜单，当光标移到位后，按"确定"键，将选择所指项目。

二、参数设置

参数设置是测控装置的重要功能，也是应慎重使用的功能。整个装置的正确运行都依赖于参数的正确设置。因此，一方面参数设置必须慎重，运行设备的参数设置应由专门的技术人员负责进行；另一方面，如发现某单元运行不正常，首先应检查的即是该单元的参数是否正确。参数的设置主要有监控参数、遥信参数、同期参数。

1. 监控参数

（1）遥控跳闸、合闸的动作保持时间通常为 120ms 左右。但对于某些操作回路无保持继电器的断路器，可能要求延长，对此增加了遥控保持时间设置功能。

（2）地址是整个监控系统中的地址，是通信的一项重要参数，所有通信管理单元与监控装置之间的通信都是由地址来识别的，整个监控系统中的各装置地址应各不相同。因此在检查通信故障时，首先检查地址的设置，装置地址范围为 0～65 534。IP 地址设置高两位，与装置地址组合成在系统中的完整 IP 地址。在整个系统中，装置地址是唯一的。如装置地址为 20，则该装置的 IP 地址为 198.120.0.20，如果装置地址为 999，则将 999 除以 256，商构成 IP 地址第三位地址，余数为第四位，即：198.120.3.231。

（3）硬件闭锁投入：当此控制字设定为 1 时，第二个遥控板为逻辑闭锁板，其状态由逻辑运算结果控制。

（4）操作控制字：每一个遥控对象对应其中一位，从低到高依次排放。遥控对象的相应位置为 0 表示当装置的"远方/就地"压板处于"就地"时，此遥控对象仍可接受遥控。遥控对象的相应位置为 1 表示当装置的"远方/就地"压板处于"就地"时，此遥控对象拒绝遥控。一般设成 65 535 即 $2^{16}-1$。

(5) 遥控对象的闭锁控制字决定该对象的逻辑闭锁功能是否投入。

(6) 若四位时标设为 1，则装置上送的时间信息为 4 位时标；若设为 0 时，装置上送的时间信息为 7 位时标。

(7) 操作上送控制字为 1 时，装置的操作报告包括远控、手控、闭锁报告上送，为 0 时，不上送。

(8) IRIG - B 为 1 时，装置采用 IRIG-B 码对时。

2. 遥信参数

装置初始化的默认值为 20ms。

3. 同期参数

(1) 低压闭锁定值：当参与检同期判别的两个电压中任一个电压小于该定值时，不允许合闸。参与检同期判别的两个电压的输入可能是 57.7V 或 100V，该定值取线电压还是取相电压是根据参与检同期判别的两个电压的输入中的较小值决定的。如线路电压取 U_a 以 100V 输入，而与之比较的系统电压 U_a 都是以 57.7V 输入的，则该定值应该按照相电压整定。由于目前的系统电压都是以相电压 57.7V 输入的，所以该定值取线电压的情况只能是线路电压取 U_{ab}（或 U_{bc}、U_{ca}）以 100V 输入时。

(2) 差压闭锁定值：当参与检同期判别的两个电压的差值大于该定值时，不允许合闸。该定值取线电压还是取相电压判别方式同（1）。

(3) 频差闭锁值：当参与检同期判别的两个电压的频率差值大于该定值时，不允许合闸。

(4) 频差加速度闭锁：当参与检同期判别的两个电压的频率差值的加速度大于该定值时，不允许合闸。

(5) T_{dq} 是指断路器接收到合闸脉冲到合上断路器的时间。

(6) 允许合闸角：当参与检同期判别的两个电压的相位角度差值大于该定值时，不允许合闸。

(7) 同期复归时间：判别同期条件的最长时间，在此时间内同期条件不满足按控制失败处理。

(8) 线路电压类型中"0~5"分别代表所选的线路电压为 U_a、U_b、U_c、U_{ab}、U_{bc}、U_{ca}。

(9) 线路补偿角：检同期的时候，将母线电压的相角加上该角度后再与线路电压的相角比较，判断同期条件是否满足。

(10) 不检方式，检无压和检同期方式中"0"代表退出，"1"代表投入。当不检方式置"1"时，不论检无压和检同期方式是否置"1"，都按不检方式处理。

8.2.3　RCS - 9700 计算机监控系统

一、启动/退出系统

单击操作系统"开始"→"程序"→"RCS - 9700 变电站综合自动化系统 5.0"→"RCS - 9700 系统管理平台"，RCS - 9700 系统启动，预设桌面将覆盖整个屏幕，并在屏幕下方弹出控制台，如图 8 - 31 所示。控制台上的按钮按功能分为三组。

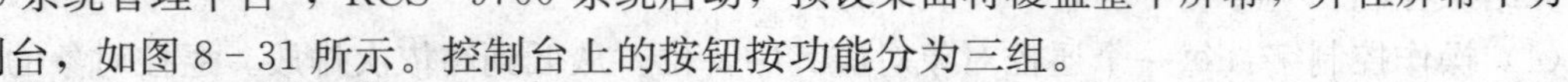

图 8 - 31　控制台

1. 开始菜单

单击控制台上"开始"按钮，以控制台的方位为边界弹出系统菜单。系统的操作功能汇集在此，如图8-32所示。

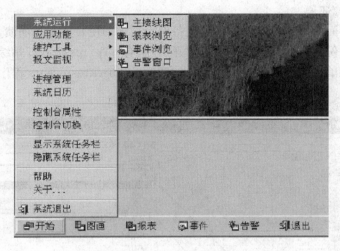

图8-32 开始菜单

2. 快捷按钮

这里以图标  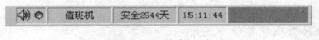 方式提供了常见操作，单击图标，弹出相应的操作界面。

3. 状态显示

信息栏以文本或图像方式显示系统信息，如图8-33所示。

图8-33 状态显示

单击控制台上"开始"→"系统退出"，或快捷按钮"退出"，可退出系统运行界面。

二、人员维护及权限管理

在RCS-9700监控系统的控制台"开始"菜单中的"维护工具"程序组中，选择"权限管理"菜单项就可以运行该工具，界面如图8-34所示。

鼠标右击左侧树型列表中某个条目，在弹出的菜单中选择相应选项，在对话框中进行相应操作，可完成用户组、用户的增删；用户所属组别、密码的更改。

选择某个用户组，选择"组内用户统一设置权限"选项，则可以对该组内的所有用户统一进行权限设置，而不能单独对组内的某个用户进行权限设置。取消"组内用户统一设置权限"选项，

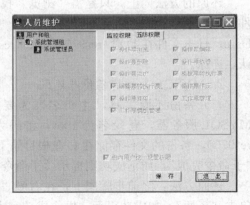

图8-34 人员维护

则可以单独对组内的某个用户进行权限设置。权限分为监控权限和五防权限，可以分别设置。

按"保存"按钮保存数据，按"退出"按钮退出"人员维护"。

三、数据备份/还原

任何数据或画面的修改都需要进行数据备份，这样即使日后系统崩溃，数据也能得到恢复。利用数据库备份（还原）工具，单击"开始/所有程序/rcs9700 厂站综合自动化系统/数据库备份还原"菜单；或者双击 D 盘/RCS-9700/bin/backrestevents 程序，出现一个窗口，如图 8-35 所示。

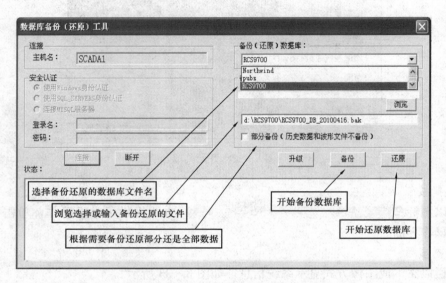

图 8-35　数据库备份（还原）工具

1. SQL SERVER 数据库备份与还原

主机名选对，选中"使用 Windows 身份认证"，连接，"备份（还原）数据库"，选择"rcs9700"，注意备份后的目录，可通过"浏览"更改存储路径，选择"部分备份"，备份后的文件名为 rcs9700.bak。

还原的方法同上，只是需"浏览"找到需要还原的数据库如"rcs9700.bak"，而且此文件最好放在 C 盘根目录下，然后单击"还原"，数据文件在 D 盘/rcs9700/Date/rcs9700-Date；日志文件在 D 盘/rcs9700/Date/rcs9700-log；（注：逻辑名不管，改物理名即可）确认，还原。

2. MYSQL 数据库备份与还原

打开备份还原工具，"主机名"为要进行备份的主机名称，"安全认证"选择连接MYSQL 服务器，登录名为 root，密码为 111111，连接，右边选择需要备份的数据库如rcs9700，备份的文件存储在 C 盘根目录下面，后缀名为"bak"；单击"备份"，如成功提示"子命令完成"，如不成功则提示"子命令失败"。

还原方法：之前步骤同上，在右侧"浏览"框里找到要还原数据的文件如 rcs9700.bak，单击"还原"，如成功提示"操作成功完成"，失败提示"子命令执行失败"。

四、数据库编辑、画面编辑、报表制作

由于间隔扩建考虑的问题和修改间隔名称考虑的问题一样，仅仅是"增加"、"复制"替代"修改"而已，下面主要以修改一个间隔名称进行说明：以"升塘 2P77 线"修改为"升塘 2P99 线"为例。

1. 数据库编辑

（1）在 RCS-9700 监控系统的控制台"开始"菜单中的"维护工具"程序组中，选择"数据库编辑"菜单项，进入数据库编辑，修改对应间隔的测控及保护装置名称，如图 8-36 所示；修改对应间隔名称及间隔内的一次设备元件名称，如图 8-37 所示。修改之前有条件的话最好到对应间隔的保护及测控上核对一下各装置的地址，防止修改错间隔。

图 8-36 装置名称修改

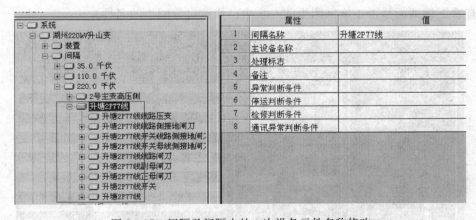

图 8-37 间隔及间隔内的一次设备元件名称修改

（2）询问间隔名称修改后的调度编号，修改对应装置中遥控下的调度编号，如图 8-38 所示。

（3）检查该站是否采集本次修改名称间隔的测控的"装置闭锁或报警"及"装置遥控信号"两个信号，如果有的话，需要找出对应信号接到哪个测控的哪个开入上（一般是测控装置之间互相采集或统一接到公共测控上），修改数据库中对应开入的名称，修改间隔分画面中或公共信号画面中对应光字牌的名称。

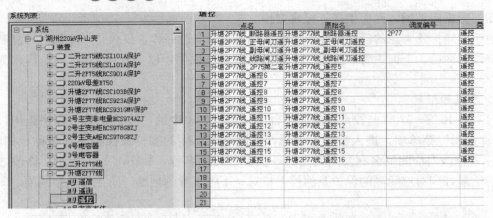

图 8-38　装置中遥控下的调度编号修改

2. 画面编辑

（1）在 RCS-9700 监控系统的控制台"开始"菜单中的"维护工具"程序组中，选择"画面编辑"菜单项，进入画面编辑，修改间隔分图中有关"升塘 2P77 线"光字牌及文本都修改为"升塘 2P99 线"，如图 8-39 所示，双击画面，修改画面属性中"标题"由"升塘 2P77 线分图"修改为"升塘 2P99 线分图"，如图 8-40 所示，保存后同时修改画面名称为"升塘 2P99 线分图"，如图 8-41 所示。

（2）画面编辑下，打开主接线图，找到对应的间隔，修改间隔名称文本标签、设备数据源（测点数据源），分别如图 8-42 和图 8-43 所示。间隔分画面需做上述同样操作，不再重复说明，但要注意调间隔分画面不论采用的是"敏感点"还是"间隔"来实现的，此时都得注意查看下调画面是否正确（因为前一步中已修改过分画面的名称）。

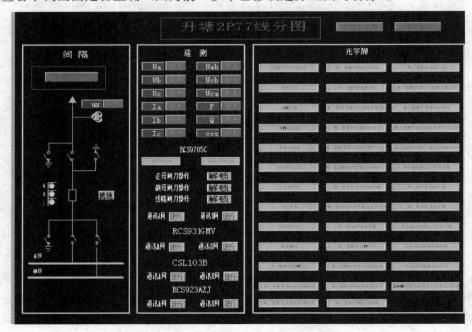

图 8-39　间隔分图光字牌及文本修改

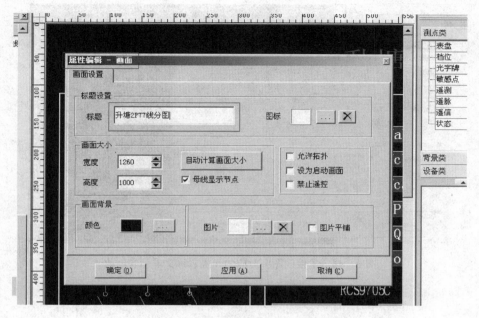

图 8-40 间隔分图标题名称修改

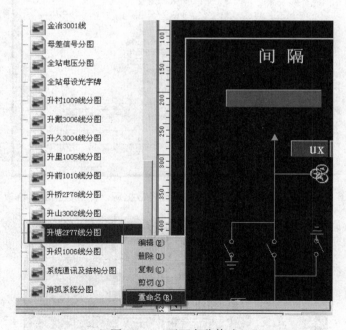

图 8-41 画面名称修改

（3）画面编辑下，打开"画面索引"，查看是否有调用该间隔分画面的"敏感点"，有的话对应修改其文本标签，注意查看下调画面是否正确（因为前一步中已修改过分画面的名称）。

（4）画面编辑下，打开"全站网络结构图"及"通信状态图"，修改对应间隔中的名称及数据源，如图 8-44 所示。

图 8-42　主接线图中对应的间隔名称文本标签修改

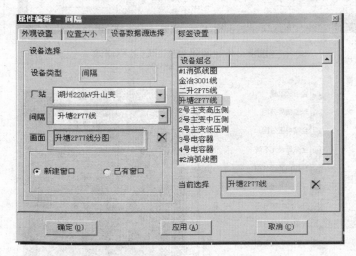

图 8-43　主接线图中对应的间隔设备数据源（测点数据源）修改

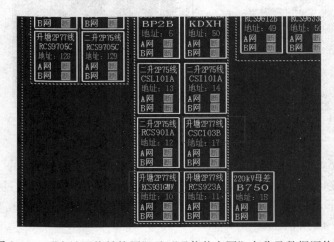

图 8-44　"全站网络结构图"及"通信状态图"名称及数据源修改

3. 报表编辑

在 RCS-9700 监控系统的控制台"开始"菜单中的"维护工具"程序组中，选择"报表制作"菜单项，进入报表编辑，修改报表中相应的间隔名称（包括日、月、年、特殊报表），要特别注意编辑报表后一次保存可能不成功，修改保存后得再查看一下报表，如图 8-45 所示。

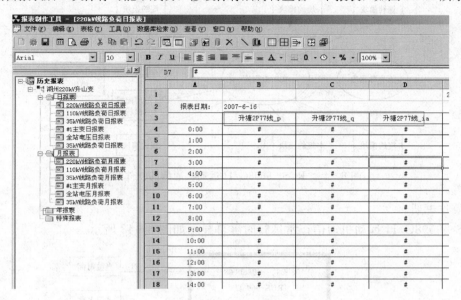

图 8-45　报表修改

8.2.4　RCS-9698 G/H 远动机

一、概述

RCS-9698G/H 远动机的运行独立于后台监控系统，双方互不影响。RCS-9698G 为单机配置，RCS-9698H 为双机配置。双机之间除了外部的通信连接外，没有任何的电气联系。

1. 硬件模块

RCS-9698G/H 远动机的硬件结构如图 8-46 所示，其中对称部分是 RCS-9698G 远动

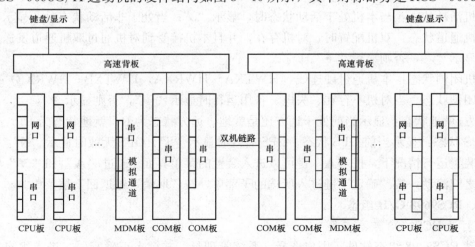

图 8-46　RCS-9698G/H 远动机的硬件结构

机的硬件结构。

2. 软件模块

RCS-9698G/H 远动通信机的软件结构如图 8-47 所示。

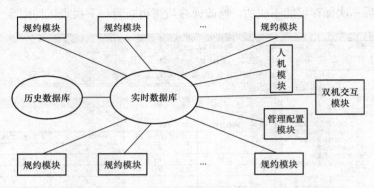

图 8-47　RCS-9698G/H 远动机通信的软件结构

3. 操作说明

RCS-9698G/H 远动机通信正常运行时屏幕显示如图 8-48 所示。

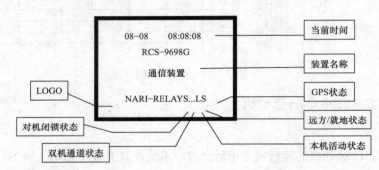

图 8-48　正常运行显示画面

说明：

本机活动状态：当本机处于活动状态时，显示"."；当处于非活动状态时，显示"＋"。

双机通道状态：双机配置时，对机存在，并且本机接受到对机通过双机通道发送的心跳信号，显示"."，否则显示"＋"。

对机闭锁状态：本机通过硬连线（HWTXA-HWRXA，HWTXB-HWRXB）获得的对机的闭锁状态。当对机不存在、失电、备用运行时显示"＋"，否则显示"."。

远方/就地状态：显示当前处于远方还是就地。远方状态为 R；就地状态为 L。

GPS 状态：显示当前 GPS 状态。GPS 有效时显示"S"，GPS 无效时显示"N"。

在装置运行情况下，按"▲"键可以进入装置的菜单界面。通过"▲"和"▼"键在各子菜单之间滚动，按"确定"键进入所选的子菜单，按"取消"键返回上层菜单。

二、RCS9698 G/H 组态

1. 打开 RCS9798 组态工具

启动 RCS9798 组态软件，用户选择：系统管理员，并键入正确密码，进入组态工具界面，如图 8-49 所示。

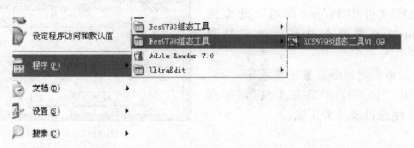

图 8-49 启动 RCS9798 组态软件

2. 上装组态及备份

在"RCS9798 组态工具 VXX"安装根目录下（一般安装在 D 盘根目录下），此根目录下有经常用到安装目录下的 bin、ini、project 三个文件夹，还有 help、logfile、temp 等文件夹。以淮阴变为例，正常会在 Project 下建立一个和厂站一样名字的文件夹，如"淮阴变9698H"。

从远动机上装组态前需确认组态软件的版本，"RCS9798 组态工具 VXX"，其中 VXX 就代表版本，例如：V1.0 就是 1.0 的组态工具，对于 1.0 以前的组态工具，需要更换根目录下 ini 的内容，从根目录中的 project 下的 ini 中拷贝全部内容，替换根目录下的 ini 中的全部内容，对于 1.0 以上的组态工具直接进行上装步骤。打开组态工具，单击"通讯"→"参数设置"，如图 8-50 所示。

在弹出的对话框中输入要上装组态的远动机的 IP 地址，其连接参数设置如图 8-51 所示。

图 8-50 "通讯"参数设置

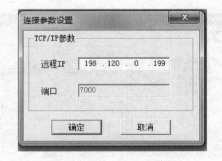

图 8-51 连接参数设置

然后单击确定，接着依次单击"通讯"→"建立连接"、"通讯"→"上装组态"。上装组态完成后，注意保存组态，如"D：\ RCS9798 组态工具 V1.13 \ Project \ 淮阴变9698H"，如图 8-52 所示，V1.0 以前的需要备份拷贝走的有：根目录下的 ini 以及淮阴

变 9698H 文件中 Project。V1.0 以上的只要
淮阴变 9698H 文件中 Project 即可（此文件
下已包含 ini 故不需要在从其他地方复制
ini）。

3. 添加新增扩建间隔装置、信号等

（1）打开"RCS9798 组态工具"，如图
8-53 所示，注意目录是否正确。

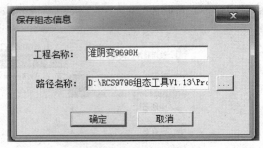

图 8-52　保存组态

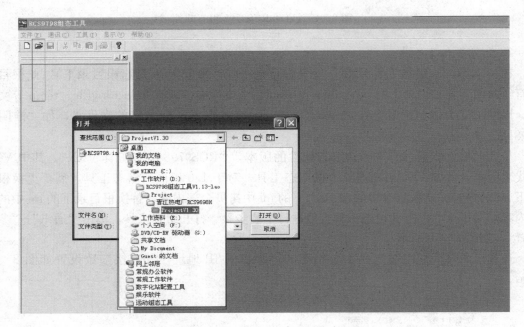

图 8-53　打开已建工程组态

打开对应工程组态如图 8-54 所示。

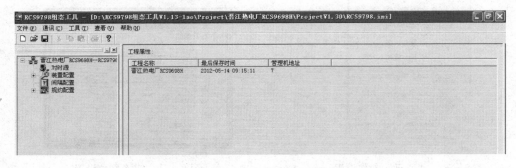

图 8-54　对应工程组态

（2）展开左侧的"装置配置"（如标注 1），展开"装置总表"（如标注 2），在标注 4、标注
3 处右击可以增加及删除装置，修改新增装置地址和描述，选择装置型号等，如图 8-55
所示。

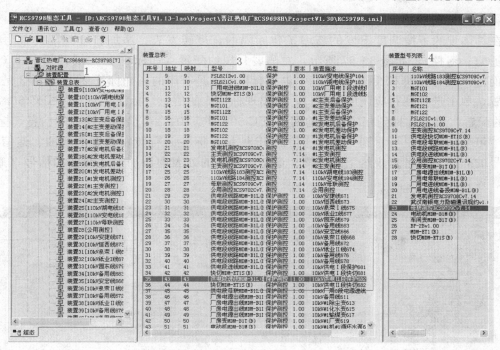

图 8-55 增加及删除装置、修改新增装置地址和描述、选择装置型号

（3）左侧选择该新增装置（如标注1），中间选择遥测、遥信或遥控等（如标注2），修改新增装置具体的遥测、遥信或遥控的描述（如标注3），如图8-56所示。

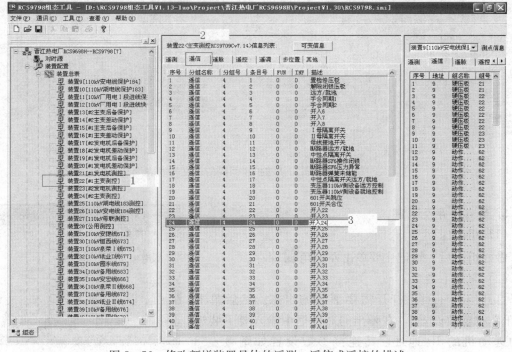

图 8-56 修改新增装置具体的遥测、遥信或遥控的描述

4. 添加新增扩建间隔的调度转发表

在具体规约下按调度下发的新增扩建间隔的调度转发表，添加新增间隔的信号（遥测、遥信、遥控），如图 8-57 所示，左侧展开规约配置（如标注 1），展开板卡 1（对于远动而言，只有一块 CPU 板，组态中也只有板卡 1 是有用的，如标注 2），标注 3 是串口的配置，单击选择到相应调度的串口，可出现标注 5 的信息，标注 4 是网络 IEC 60870-5-104 的配置，单击选择到相应调度的网络 IEC 60870-5-104，可出现标注 5 的信息，标注 5 中的"可变信息"里可看到与调度通信的 IP 地址；标注 5 有转发调度的遥测、遥信、遥控信号的列表，在各自规约下的遥测、遥信、遥控的列表中添加上送调度的信号（遥测、遥信、遥控）。

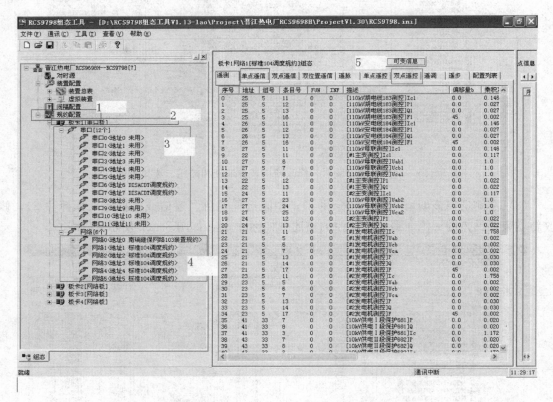

图 8-57　添加新增扩建间隔的调度转发表

5. 组态保存及下装

（1）组态保存

做好组态后，切记住要单击左上角 ![保存] 保存。

（2）组态下装

打开组态工具，打开需要下装的组态。然后单击"通讯"→"参数设置"，在弹出的对话框中输入要下装组态的远动机的 IP 地址，其连接参数设置如图 8-58 所示。

图 8-58　连接参数设置

264

然后单击"确定",接着依次单击"通讯"→"建立连接"、"通讯"→"下装组态",如图 8-59 所示。

下装组态完成后单击"通讯"→"重启动",重启动后等远动机运行灯亮了以后大概需要五六分钟才能恢复与主站的通信,所以不要着急与主站确认通信状况,稍微等几分钟,与调度核对数据正确后,再修改另外一台远动机。(注意:远动机组态切不可两台同时修改,一定要保证在核对数据正确前至少有一台未被改动,如有一台故障,修复后再工作)。

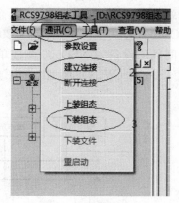

图 8-59 下装组态

8.3 NS2000 变电站综合自动化系统

8.3.1 系统结构和基本功能

南瑞科技 NS2000 变电站计算机监控系统采用多主机分布式结构配置,其典型配置如图 8-60 所示,其中网络可以是单网配置,也是可以双网配置。变电站分为站控层和间隔层。对 500kV、220kV 每一个小室设置一个通信单元,110kV 及以下电压等级设置一个通信单元,负责收集该间隔保护设备以及直流屏等其他智能设备的数据,再转发给后台和远动机。通信单元负责两种网络之间报文的转换和对自身间隔层装置的查询。间隔层通信采用现场总线(或以太网)方式,通信单元和站控层之间采用以太网通信。专门设置远动机,负责调度信息的收集和转发。

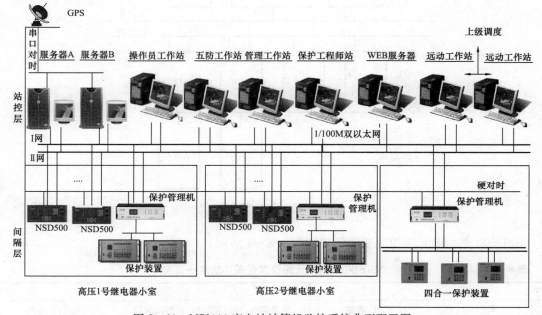

图 8-60 NS2000 变电站计算机监控系统典型配置图

站控层一般包括主机（冗余配置）、操作员站（冗余配置）、工程师站、NSC200（NSC300）公共接口单元、NSC200（NSC300）调度总控单元（冗余配置）。

间隔层设备为 NSD500 测控单元。

NS2000（WIN）典型结构图如图 8-61 所示。

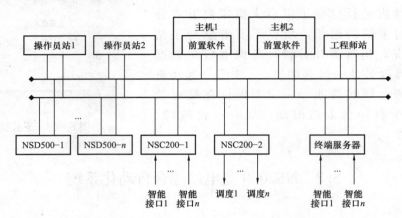

图 8-61　NS2000（WIN）典型结构图

8.3.2　NSD500 测控装置

一、NSD500 测控装置的配置

（1）典型的 NSD500 测控装置硬件配置包括：CPU 模件、2 种底板、2 种机箱（半机箱、整机箱）、电源模件、MMI 人机界面模件、标准 I/O 模件，功能框图如图 8-62 所示。

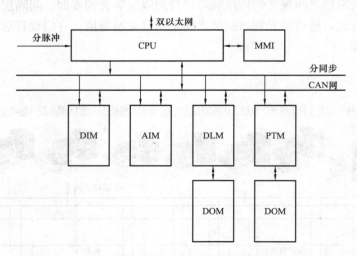

图 8-62　NSD500 测控装置功能框图

NSD500 系列单元测控装置模件功能如表 8-4 所示。

表 8-4　　　　　　　　　　**NSD500 系列单元测控装置模件功能一览表**

序号	型号	名称	主要功能
1	NSD500-CPU	CPU 模件	数据集成，控制闭锁，双路以太网接口，与智能设备通讯

序号	型号	名称	主要功能
2	NSD500-MMI	人机接口模件	提供当地显示及操作界面
3	NSD500-DIM	智能开入采集模件	32点开入信号采集
4	NSD500-AIM	智能直流采集模件	8路直流模拟量信号采集
5	NSD500-DLM	智能交流采集模件	4CT+5PT交流输入（一条线路的交流量采集、同期电压），8个对象控制（包含1断路器同期合、分）
6	NSD500-PIM	智能交流电压采集模件	8PT交流输入（2条母线电压测量）+8个对象控制
7	NSD500-DOM	继电器输出接口模件	继电器输出，须与DLM或PTM配合使用
8	NSD500-PWR	电源模件	提供装置电源
9	NSD500-BBH	半机箱背板	电源、信号线连接
10	NSD500-BBF	整机箱背板	电源、信号线连接

注 1～2、8、9（或10）项是装置必配置的，3～7则根据I/O需要配置。

（2）NSD测控装置的软件配置应用zutai.exe程序来生成可以被装置所接受的数据结构，并将数据结构转换为文件，输入到装置中。使用时分别按公共信息配置、模块配置、节点配置与出口配置进行，最后下装。

二、公共信息配置

组态软件打开后显示的是公共信息配置界面，在此界面上需要设置的地方有逻辑地址、名称和网络参数。逻辑地址就是后台四段地址的第一段，一般在1～99之间。输入此范围的逻辑地址，IP地址会随之自动改变（注：新版本IP地址不会自动改变，需要人为设置）。名称是用来描述这个测控装置的，没有实际意义，一般根据现场情况来填，以方便在装置上看到这个装置是哪个测控。需要注意的是，IED通信口配置和IED配置信息结构一般不需要设置，因为在现场一般不使用NSD500测控的串口。网络掩码默认是255.255.255.0，网卡地址设置为192.9.200.X。NSD500组态如图8-63所示。

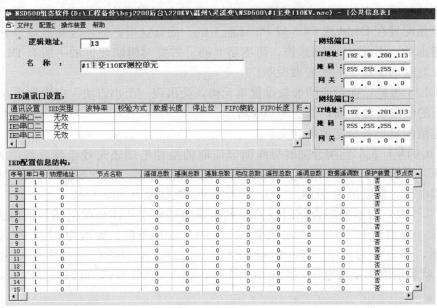

图8-63 NSD500组态

三、模块配置表

单击菜单栏的配置，在下拉菜单里选择模块配置，即可进入模块配置界面。按照装置实际配置模块数量配置，如图 8 - 64 所示。若无法正常显示模块类型，更新软件目录下的 default.ztd 文件。

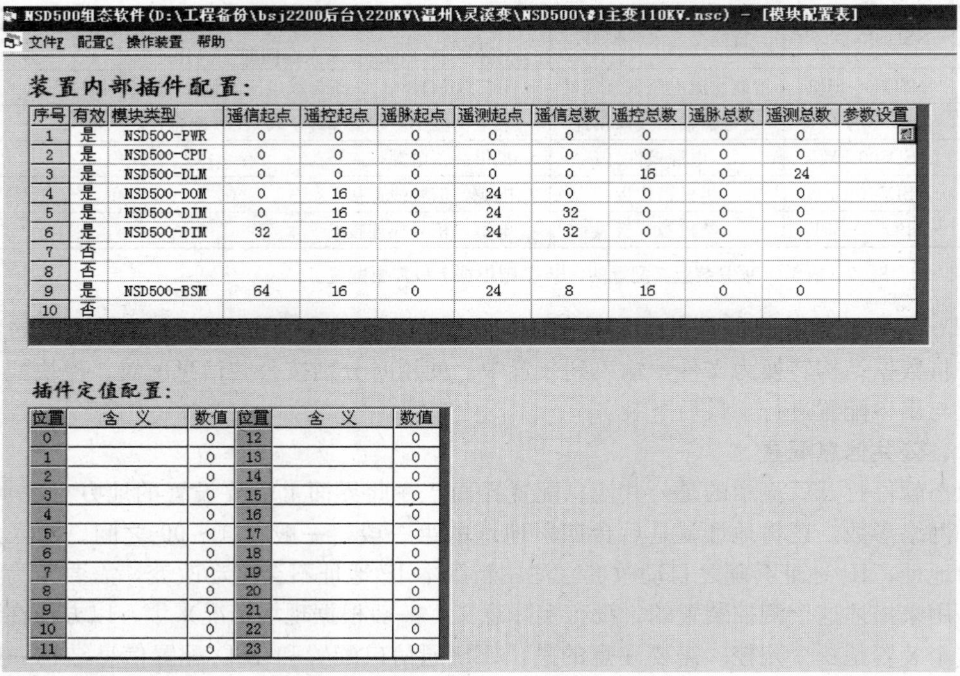

图 8 - 64　装置模块数量配置

第一列的标题是有效，这个是不需要选的，程序会根据模块类型来判断。需要注意的是遥控在这里是配置在 DLM 或 DL3 或 PTM 版上的。而且这里把遥控合和遥控分分别作为一路遥控来考虑的，因此有 16 路遥控，而不是 8 路。需要对模块配置的一般有 DLM 和 DIM 板，这里仅对这两个板子的配置做说明。

单击 DLM 板最后面对应的参数设置单元格，会出现一个小方块，单击这个小方块会打开 DLM 板的参数设置界面，如图 8 - 65 所示。

插件定值配置里各个定值的含义：

Ue1（0.01V）表示同期合闸时母线侧电压取的是相电压还是线电压。数值为 5774 时表示相电压，数值为 10 000 时表示线电压。0.01V 表示单位。比如数值为 5774 时，就表示母线侧取相电压，额定值为 $5774 \times 0.01 = 57.74V$。默认取 A 相，一般不更改。

Ue2（0.01V）表示同期合闸时线路侧电压取的是相电压还是线电压。数值为 5774 时表示相电压，数值为 10 000 时表示线电压。0.01V 表示单位。数值为 5774 时，就表示取的是相电压，额定值为 $5774 \times 0.01 = 57.74V$，可以取 A，B，C 三相中任一相。数值为 10000 时，就表示取的是线电压，额定值为 $10\ 000 \times 0.01 = 100V$，可以取 AB，BC，CA 中任一个。

Ue3（0.01V），Ue4（0.01V）备用，不用设置。

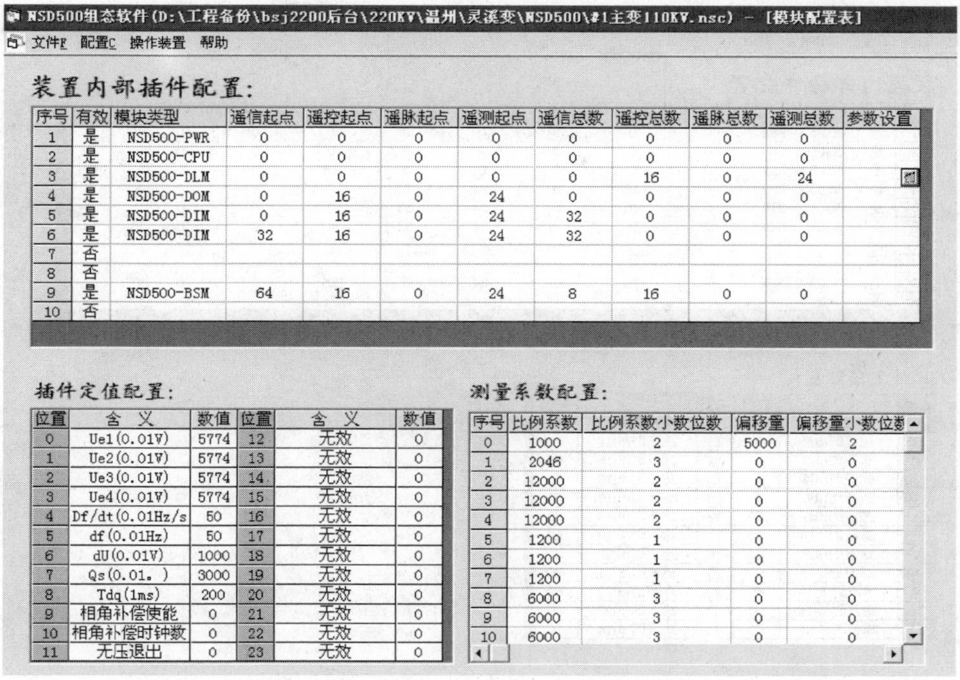

图 8-65 DLM 板的参数设置界面

Df/dt(0.01Hz/S) 表示同期合闸的频率加速度闭锁值。默认值是 $50×0.01=0.5$Hz/s，当母线侧和线路侧电压频率差值的变化率超过这个值时闭锁同期合闸。

df（0.01Hz）表示同期合闸的频差闭锁值。默认值是 $50×0.01=0.5$Hz。当母线侧和线路侧电压频率差超过这个值时闭锁同期合闸。

dU（0.01V）表示同期合闸的压差锁值。默认值是 $1000×0.01=10$V。当母线侧和线路侧电压差超过这个值时闭锁同期合闸。

Qs（0.01°）表示同期合闸的角差闭锁值。默认值是 $3000×0.01=30$。当母线侧和线路侧电压角差超过这个值时闭锁同期合闸。

Tdq（1ms）表示合闸脉冲的宽度，默认值是 $200×1=200$ms。

相角补偿使能表示是否启用相角补偿功能，数值为 1 表示有效。

相角补偿时钟数表示相角补偿的角度。以 0～11 表示 0°～330°，对应于时钟上 0～12 点，每一点对应 30°。

无压退出表示是否退出第一路遥控的无压合功能。同期合闸的几个定值根据现场需要设置即可。

单击 DIM 板最后面的对应的参数设置的单元格，会出现一个小方块，单击这个小方块会打开 DIM 板的参数设置界面，如图 8-66 所示。

滤波时间表示对应的遥信需要正电维持多少时间装置才认为有效。这个值一般在现场遇到一些遥信只能维持很短的时间而装置无法采集到的时候才使用。装置默认时间为 60ms。若出现一些信号过短、装置无法采集的时候，可以适当缩短滤波时间（单位默认为 ms）。出现这种情况比较多的是 220kV 或者更高电压等级的断路器非全相信号。需要注意的是，一

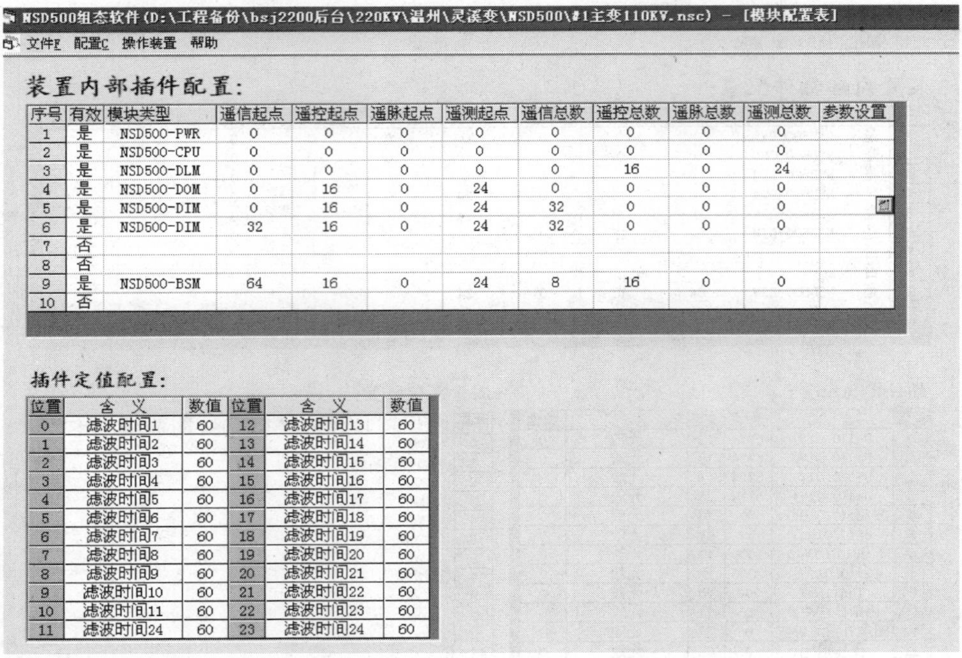

NSD500组态软件 (D:\工程备份\bsj2200后台\220KV\温州\灵溪变\NSD500\#1主变110KV.nsc) — [模块配置表]

文件F 配置C 操作装置 帮助

装置内部插件配置:

序号	有效	模块类型	遥信起点	遥控起点	遥脉起点	遥测起点	遥信总数	遥控总数	遥脉总数	遥测总数	参数设置
1	是	NSD500-PWR	0	0	0	0	0	0	0	0	
2	是	NSD500-CPU	0	0	0	0	0	0	0	0	
3	是	NSD500-DLM	0	0	0	0	0	16	0	24	
4	是	NSD500-DOM	0	16	0	24	0	0	0	0	
5	是	NSD500-DIM	0	16	0	24	32	0	0	0	▣
6	是	NSD500-DIM	32	16	0	24	32	0	0	0	
7	否										
8	否										
9	是	NSD500-BSM	64	16	0	24	0	16	0	0	
10	否										

插件定值配置:

位置	含义	数值	位置	含义	数值
0	滤波时间1	60	12	滤波时间13	60
1	滤波时间2	60	13	滤波时间14	60
2	滤波时间3	60	14	滤波时间15	60
3	滤波时间4	60	15	滤波时间16	60
4	滤波时间5	60	16	滤波时间17	60
5	滤波时间6	60	17	滤波时间18	60
6	滤波时间7	60	18	滤波时间19	60
7	滤波时间8	60	19	滤波时间20	60
8	滤波时间9	60	20	滤波时间21	60
9	滤波时间10	60	21	滤波时间22	60
10	滤波时间11	60	22	滤波时间23	60
11	滤波时间24	60	23	滤波时间24	60

图8-66 DIM板的参数设置界面

块 DIM 板有 32 路遥信，但是只有前 24 路可以调整滤波时间，第 24 路遥信的滤波时间（即滤波时间 24）可控制最后 9 路遥信的防抖时间。

四、节点配置与出口配置

这两个功能一般在现场需要对遥控进行逻辑闭锁时才用到。由于这两个功能一般是配合使用的，因此放在一起阐述。

首先将需要用的遥信点定义在虚拟节点表中，如图 8-67 所示。

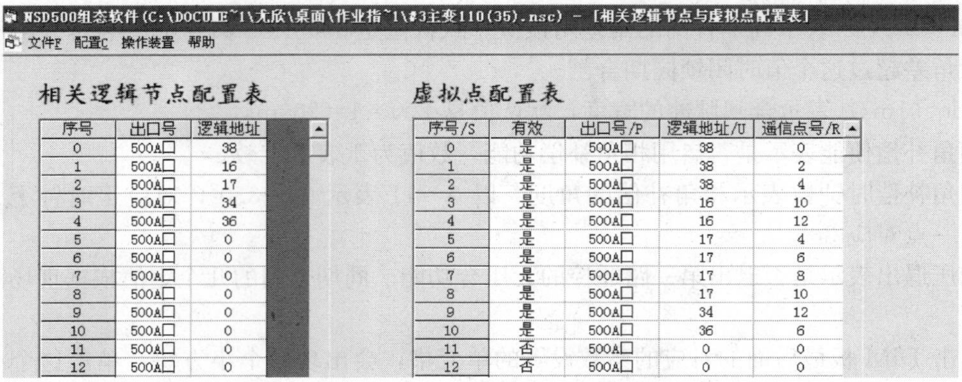

NSD500组态软件 (C:\DOCUME~1\无欣\桌面\作业指~1\#3主变110(35).nsc) — [相关逻辑节点与虚拟点配置表]

文件F 配置C 操作装置 帮助

相关逻辑节点配置表

序号	出口号	逻辑地址
0	500A□	38
1	500A□	16
2	500A□	17
3	500A□	34
4	500A□	36
5	500A□	0
6	500A□	0
7	500A□	0
8	500A□	0
9	500A□	0
10	500A□	0
11	500A□	0
12	500A□	0

虚拟点配置表

序号/S	有效	出口号/P	逻辑地址/U	遥信点号/R
0	是	500A□	38	0
1	是	500A□	38	2
2	是	500A□	38	4
3	是	500A□	16	10
4	是	500A□	16	12
5	是	500A□	17	4
6	是	500A□	17	6
7	是	500A□	17	8
8	是	500A□	17	10
9	是	500A□	34	12
10	是	500A□	36	6
11	否	500A□	0	0
12	否	500A□	0	0

图8-67 虚拟节点

将逻辑地址 38、16、17、34、36 的装置定义在左边，再将需要的遥信点定义在右边 38 的 0 点、2 点、4 点等。对应设备的遥控及闭锁配置先看图 8-68。对应第 3 个遥控对象可以设置键序用配置图的左下的虚拟键盘完成，返回时间、返回点闭锁逻辑在右侧配置，记住绘制完逻辑图后一定要单击"编辑"按钮，产生逻辑表达式，否则无法保存逻辑。

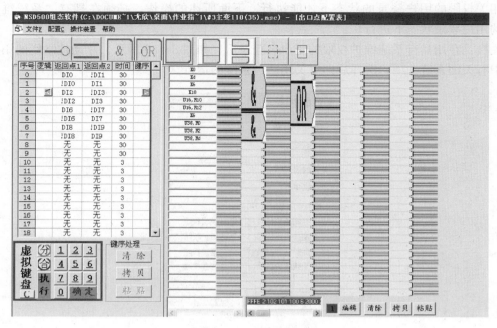

图 8－68 闭锁逻辑

五、装置下装

在配置完后可以通过"装置操作"菜单里的写入数据来完成对装置的下装，重启并生效。

8.3.3　NS2000 计算机监控系统

一、开机

（1）打开计算机电源，系统自动启动到操作系统，输入正确的用户名和密码，若设置了自动启动请跳过此步。

（2）双击桌面上的程序图标，启动应用界面，若设置了自动启动请跳过此步。

二、登录/关机/重启

登录/注销：将鼠标移动至屏幕最下方，系统会自动弹出浮动控制台，如图 8－69 所示。

图 8－69 浮动控制台

单击 按钮，此时如果没有登录用户，会出现如图 8－70 所示的登录窗口；如已经登录，会弹出是否注销的提示窗。在登录窗口中选择事先设置好的用户名（不同用户设置有不同的权限），输入密码，登录时间并选择所要使用的权限。

注意：本系统的所有操作（包括遥控遥调，开操作票，修改后台数据库或画面）必须在具有相关权限的用户登录的状态下才能执行。下面所述的操作，必须在具有"系统维护权限"的用户登录状态下进行！

关机：在用具有系统维护权限的用户名登录后，如图 8 - 69 所示，浮动控制栏的第一个按钮中有关闭系统选项，选择后即可关闭后台系统的运行。

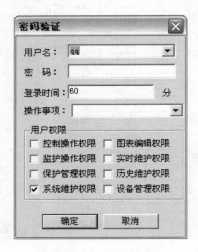

图 8 - 70 登录窗口

三、增加/修改用户

第一步：进入系统组态。如图 8 - 69 所示，选择浮动控制台的第一个按钮，在弹出菜单中选择系统组态。

在登录用户不同时，系统组态窗口中的内容也有相应的不同，这与其权限有关，图 8 - 71 是超级管理员权限登录时的系统组态界面。

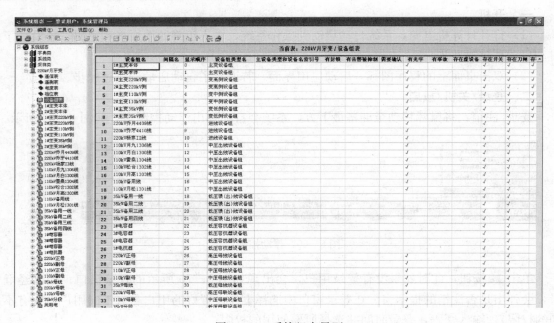

图 8 - 71 系统组态界面

第二步：在右侧的树形结构中选择系统类，用户名表，双击打开后出现图8-72所示的用户名表。

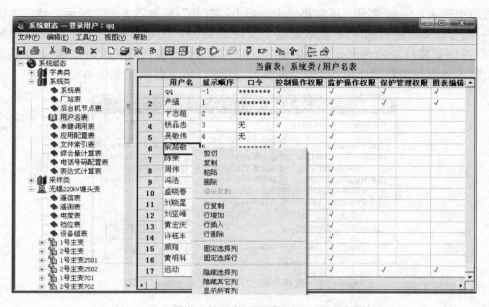

图8-72 用户名表

在右侧的表里显示了目前数据库中所存在的用户名。如同普遍使用的表格软件，在其表内右击弹出菜单，选择"行增加"或"行插入"，即可增加一行记录。输入用户名，口令，双击点选所需的权限即是为该用户确认了权限。

第三步：点击左上角的磁盘图标进行保存。

四、系统备份/恢复

1．备份数据库

注意事项：备份后台数据库可以在任意一台SCADA机上（注意：工程师站、操作员工作站等未安装数据库软件的是不能备份的）。

本后台采用商用SQL数据库的系统，库备份文件为∗.bcp文件。使用NS2000工程目录下BIN文件夹内的sqldbmanger.exe程序，选择数据库备份维护，选择其中第一项：备份实时表库和文件库。如图8-73所示。

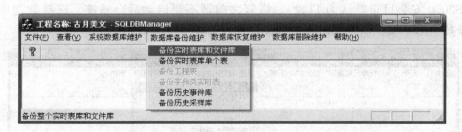

图8-73 备份实时表库和文件库

单击备份"实时表库和文件库"，如图8-74所示，这时系统提示选择需要备份文件的文件名及保存路径。选择后提示备份是否包含波形数据，此时可根据需要选择（此处的波形数据不是历史数据，而是曾经生成的趋势曲线或召唤过的波形）其他几个选项是用于备份单个表或历史库表，一般情况下不需要使用。单击"打开"后如图 8-75 所示，然后单击"关闭"，一般等待 20s 左右的时间会完成整个文件的备份，这时备份的文件自动默认保存到 NS2000 系统安装目录的 config 文件夹里（一般 NS2000 安装目录默认为 D 盘），把备份文件拷出，建议每次备份数据库把 NS2000 安装目录中的 bin 文件夹压缩后备份。

图 8-74　选择备份文件的文件名及保存路径

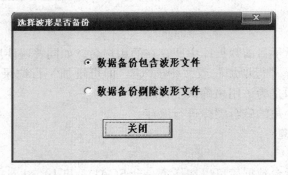

图 8-75　选择波形备份方式

2. 恢复数据库

恢复数据库使用的也是 sqldbmanger.exe 程序，方法和备份数据库相似。其具体方法如下：首先把待恢复的备份文件（x.dcp 文件）拷贝到 NS2000 安装目录的 config 文件夹里（一般 NS2000 安装目录默认为 D 盘），恢复之前请不要启动后台系统。选择数据库恢复维护，选择其中第一项：恢复实时表库和文件库，如图 8-76 所示。

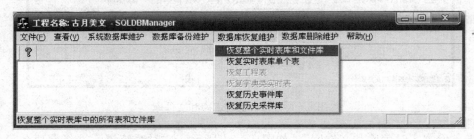

图 8-76　恢复实时表库和文件库

　　这时系统提示选择需要恢复备份文件的文件名及保存路径，如图 8-77 所示，此时选择刚刚拷入 config 文件夹里 x.dcp 文件，单击"打开"，此后系统自动解压缩并回复备份至数据库中。最后会显示提示信息，如图 8-78 所示。此时，必须选择保留工程数据中的字典常量数据，否则库中的部分数据会恢复为默认值！影响系统运行！

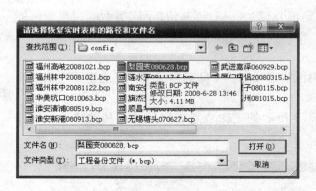
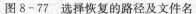
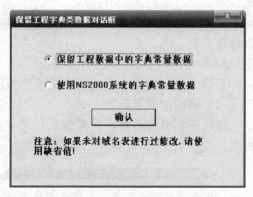

图 8-77　选择恢复的路径及文件名　　　　图 8-78　保留工程数据中的字典常量数据对话框

五、数据库中各个主要表的功能及修改

1. 数据库中各个主要表的功能

逻辑节点表：主要用来定义装置名称，类型，IP 地址，四段地址，遥信、遥测和遥控数目。

　　在逻辑节点名称中填写实际装置名称，如：1 号主变压器 2501 测控 NSD500V（见图 7-12 逻辑节点表），IP 地址根据实际情况设置。NSD500 装置作为直接连接以太网的装置，每台都具有不同的 IP 地址。装置地址填间隔号.0.0.1。遥信、遥测、遥控个数按照实际情况填写（一般遥信填 64，遥测填 25，遥控填 8）。设备子类型名填写 NSD500。对于 NSD500V，还需要增加一个 NSD500V 自诊断节点，用于装载装置自诊断遥信（约 15 个），装置地址填间隔号.0.0.0；其余与实际装置节点定义相同。对于以太网通信的 NSR 系列保护测控一体化装置，IP 地址同 NSD500 设置，唯一不同是不存在自诊断节点。

　　设备组表：设定设备组及其中所含有的设备类型。设备组是数据库中用来分类数据是属于哪个间隔，并进行分类显示和编辑。每个设备组含有设备表、遥信表、遥测表等。分类的依据就是遥信遥测所对应的一次设备的数据属于哪个设备组。

　　保护设备表：在逻辑节点类中在"是保护节点"域打勾的逻辑节点会自动归类于保护设备表中。此表主要内容有与后台通信的保护设备的名称、使用的规约类型及其被保护的设备。

　　一次设备表：包括所有的断路器隔离开关等设备及设备类型，用于数据库四遥测点生成，画面图元的链接。所有的四遥信息都必须对应于一次设备表中的设备。

　　计算类：主要用到的是系统类里的综合量计算表和字典类里计算公式表，前者是定义需计算的量，如有功总加，计算公式表是定义计算公式的。

　　四遥参数类：

　　（1）保护规约类型表及保护事件表、保护定值表：设定对应每个保护规约的具体设置，及其信号点表。

（2）遥信表：全站所有虚实遥信名称，对应设备，测控装置，遥信点号，报警声音颜色，是否加入光字牌，嵌入式五防锁号，所使用的遥控点号。

（3）遥测表：全站所有虚实遥测名称，对应设备，测控装置，遥测点号，满码值，变比，单位。对应公式如下：

一次工程值＝（原码值×调整系数×额定值）/（8×2048）＋基值（不同类型测控装置可能会略有差别）。

2. 数据库的修改

下面主要以修改一个间隔线路名称为例说明（增加一个间隔方法类似，这里不再赘述）。

（1）修改逻辑节点定义表

修改逻辑节点名称，只需修改如图 8-79 所示的逻辑节点名称即可，其他选项不需要修改。

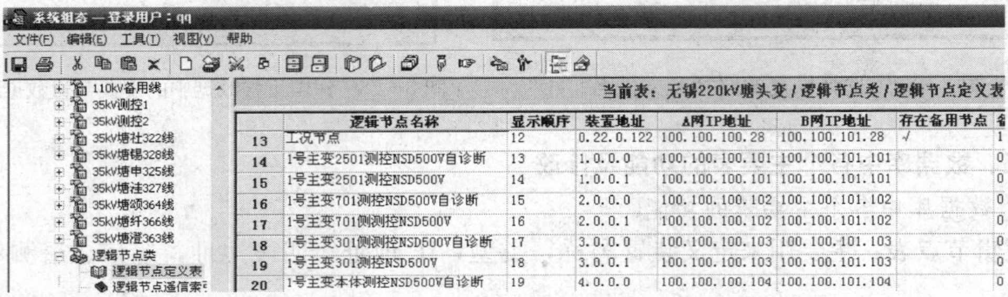

图 8-79　逻辑节点表

（2）修改设备组表

展开设备组表如图 8-80 所示，在此表中可修改设备组名。

图 8-80　设备组表

（3）修改四遥名称

首先以图 8-81 所示，分别修改 220kV 塘石 2597 间隔断路器、隔离开关、线路名称，然后单击本间隔"遥信表"，进入图 8-82。

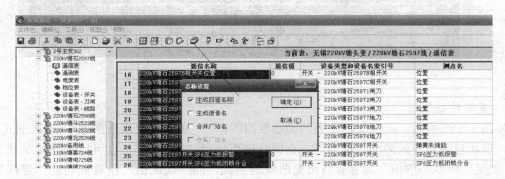

图 8-81　220kV 塘石 2597 间隔断路器表

在遥信表中选中第一列"遥信名称"，然后单击名称设置按钮 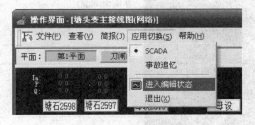 进入名称设置界面，选择生成四遥名称，单击"确定"，所有遥信名称便自动更新过来，然后用同样方法进入本间隔遥测表改遥测名称。

图 8-82　220kV 塘石 2597 间隔遥信表

六、画面编辑

本部分以扩建、修改为目的简单介绍图形的编辑功能。

1. 打开编辑工具

首先要在控制台上以维护员登录，进入操作界面，在"应用切换"中选择"进入编辑状态"如图 8-83 所示，进入图形编辑状态画面如图 8-84 所示，画面上端工具栏中有"新建"、"保存"等功能按钮，其意义与 windows 机器上的意义完全一致，这里不详细说明。

图 8-83　应用切换进入编辑状态

2. 前景画面的联结

对于画面中的设备都是从图 8-84 左侧的中间部分选择的"图元设备"，比如你要画断路器，就单击 ▯，闸刀就单击 ⌐，画光字牌单击 ▦，热敏点单击 ＊ 等。

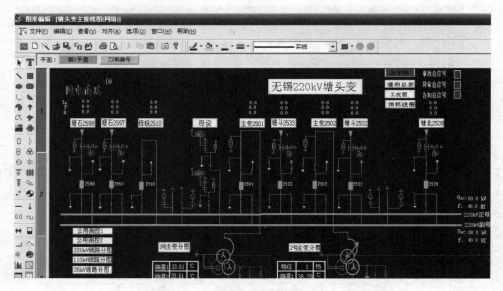

图 8-84　图形编辑

3. 遥测数据编辑

如图 8-85 所示，单击工具条中的动态数据图标，单击"联接数据库"，进入图 8-86 界面，依次选择对应的遥测名称即可，在属性里可选择"遥测值"，也可以选择"带状态的值"，但是"带状态的值"具有查看历史曲线的功能，而"遥测值"没有此功能，建议属性选择"带状态的值"。

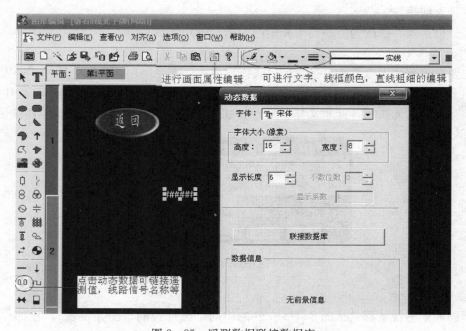

图 8-85　遥测数据联接数据库

图 8-86 遥测数据编辑

4. 报表修改增加

单击浮动控制栏如图 8-69 所示的第二个按钮"系统应用",在弹出菜单中选择"报表管理"。打开报表画面,如图 8-87 所示。

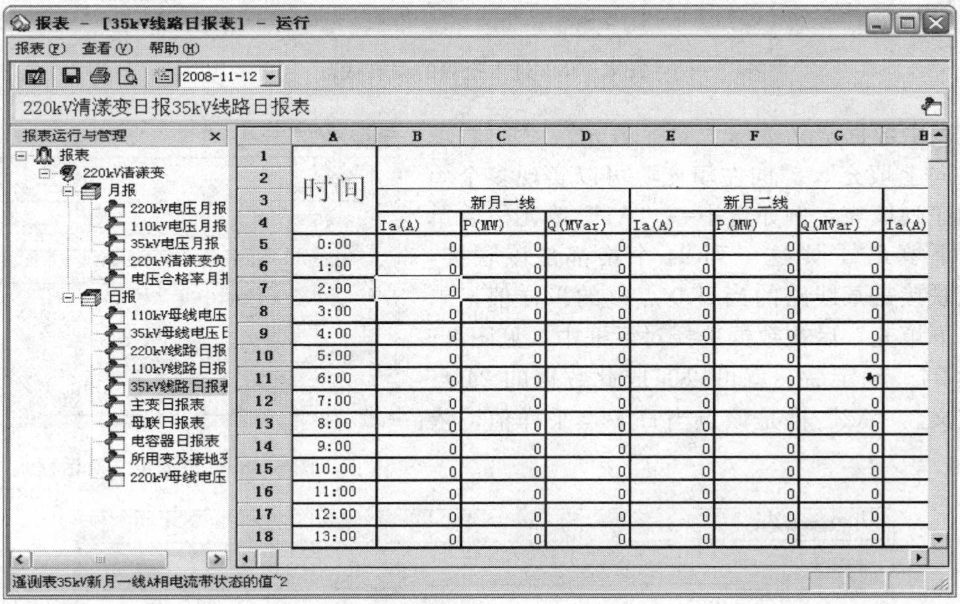

图 8-87 报表管理

单击报表画面中与要修改线路名称相关的报表,打开报表。

在报表的左上角的 ▦ ,进入报表的编辑状态,如图 8-88 所示。

修改报表中的线路名称如同在办公软件 EXCEL 中一样:选择具有线路名称的这一格,在上方的编辑栏修改。

选中需定义数据的单元格,右击将弹出数据定义对话框,如图 8-89 所示,在数据框中根据要求定义相应选项并选择"数据库联接"按钮,联接需要联接的遥测点或遥信点。单击"确定",完成报表一个测点的定义。

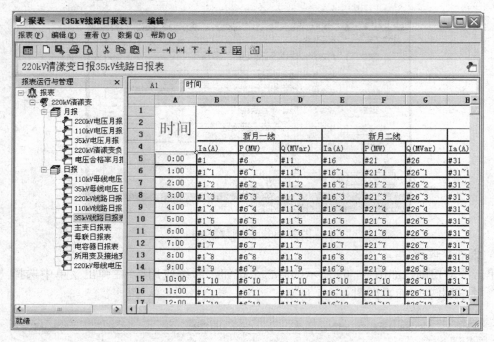

图 8-88　进入报表的编辑状态

报表中数据定义选择"向下填充"、"向右填充"、"向上填充"、"向左填充"可以实现多个单元格的序列填充，例如选中一"A1"单元格后单击"向下填充"，则这一列 24 个格都是该联接，如果该联接是某线路的当日 0 点整的采样值，单击"向下填充"后在数据选择对话框中（见图 8-90）填 24。确定后，就可以完成此数据的 24 点报表定义。"A2"格是该点当日 1 点采样值，依次往下。

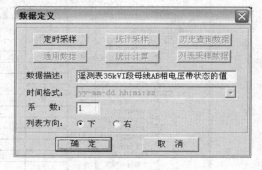

图 8-89　数据定义对话框

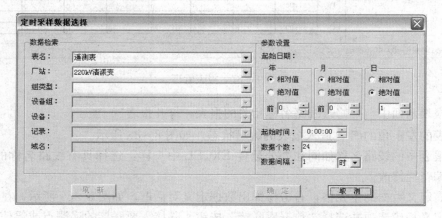

图 8-90　数据选择对话框

制作报表时还可以通过图 8－90 中的"统计采样值"、"统计计算值"、"实时值"按钮来完成对数据的统计计算值，实时数据统计等统计。

8.3.4 NSC300 系列通信控制器

一、NSC300 通信控制器配置

（1）NSC300 通信控制器硬件配置由电源模件（P60C）、网络扩展模件（NET2）、主控模件（CPU4E）、串口扩展模件（S5A、S5B、S5C）等组成，如图 8－91 所示。

图 8－91　NSC300 通信控制器背视图

（2）NSC300 通信控制器的软件配置需安装调试工具 nsctools31a 或者 nsctools31b，分别适用于 88 节点和 192 节点，具体适用哪个版本视具体站而言（可以询问调试人员）。安装软件至 C 盘下，启动 nsctools 软件，在密码处直接回车进入。初次登录，当弹出密码窗口单击 Enter 键进入后，单击软件右上角"系统命令"后，将目前使用的用户密码清除掉即可，"使用权限"、"操作权限"、"组态权限"、"维护权限"必须勾选上。

二、总控参数申请

使用总控 31a 或 31b 去连接总控，单击左上角的"通信设置"按钮后设置需连接总控的 IP，连接上后先单击"申请版本"按钮，确定总控版本，如果是 88 节点，则关掉目前所用软件用 31a 程序去申请参数，如果是 192 节点则关掉目前所用版本采用 31b 去申请参数。如图 8－92 所示，单击"组态申请"，在 IP 地址上填写需申请总控的 IP 地址，参数目录里填写参数上载后存放目录。单击"浏览"寻找或者直接填写。

申请完后将申请的参数备份后再进行修改。备份 D 盘下的 192.9.200.17 目录即可。

三、增加一个节点（一个测控单元）

单击左侧的"组态设置"按钮，进入总控参数设置界面，单击右上角的"打开"按钮，打开参数所放目录，单击"确定"后如图 8－93 所示。

单击左侧目录树中"单元参数"→"节点设置"在最后一条记录上右击，点击追加记录新

变电站综合自动化系统实用技术

增一条记录（见图 8-94），将扩建间隔的 IP 地址，间隔号等填写后单击"保存"。

图 8-92　总控组态申请

图 8-93　总控参数设置（本机设置）

282

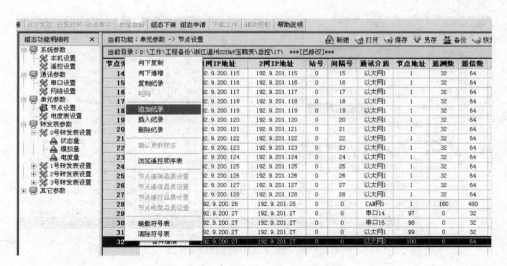

图 8-94 总控参数设置（增加测控节点）

四、增加一个保护节点（一个保护装置）

与测控单元增加类似，单击左侧目录树中"单元参数"→"节点设置"在最后一条记录上右击，点击追加记录新增一条记录，将新增保护所接串口，保护地址填入相应位置，IP 处填写本 NSC200 的 IP，类型处选中保护单元，然后单击"保存"。

五、增加调度转发表

1. 串口通道的信息查询及增加

单击左侧目录树中"通讯参数"→"串口设置"可以看到相应串口配置的规约，转发表号等参数，如图 8-95 所示，串口 1 为调度类华东 IEC 60870-5-101 规约，检查外部接线是到市调的，则市调的转发表为 0 号转发表，则到 0 号转发表下，按调度下发的转发表，将新增的遥信、遥测添加进"0 号转发表设置"的"状态量"及"模拟量"中，方法同增加节点的方法，使用追加记录，如图 8-96 和图 8-97 所示。

通讯口	规约类型	规约名称	转发表	波特率	校验方式	传输方式
串口1	调度类	华东IEC101规约	0号转发表	1200	偶校验	RS422/RS232方式
串口2	所有类	未定义	0号转发表	600	无校验	RS422/RS232方式
串口3	调度类	部颁CDT规约	0号转发表	600	无校验	RS422/RS232方式
串口4	所有类	未定义	0号转发表	600	无校验	RS422/RS232方式
串口5	所有类	未定义	0号转发表	1200	偶校验	RS422/RS232方式
串口6	所有类	未定义	0号转发表	600	无校验	RS422/RS232方式
串口7	调度类	华东IEC101规约	0号转发表	1200	偶校验	RS422/RS232方式
串口8	所有类	未定义	0号转发表	600	无校验	RS422/RS232方式
串口9	调度类	部颁CDT规约	0号转发表	600	无校验	RS422/RS232方式
串口10	所有类	未定义	0号转发表	600	无校验	RS422/RS232方式
串口11	所有类	未定义	0号转发表	1200	偶校验	RS422/RS232方式
串口12	所有类	未定义	0号转发表	600	无校验	RS422/RS232方式
串口13	所有类	未定义	0号转发表	1200	偶校验	RS422/RS232方式
串口14	调度类	国际IEC标准非平衡式101规约	2号转发表	9600	偶校验	RS422/RS232方式
串口15	所有类	未定义	0号转发表	600	无校验	RS422/RS232方式
串口16	调度类	国际IEC标准非平衡式101规约	2号转发表	9600	偶校验	RS422/RS232方式

图 8-95 串口设置

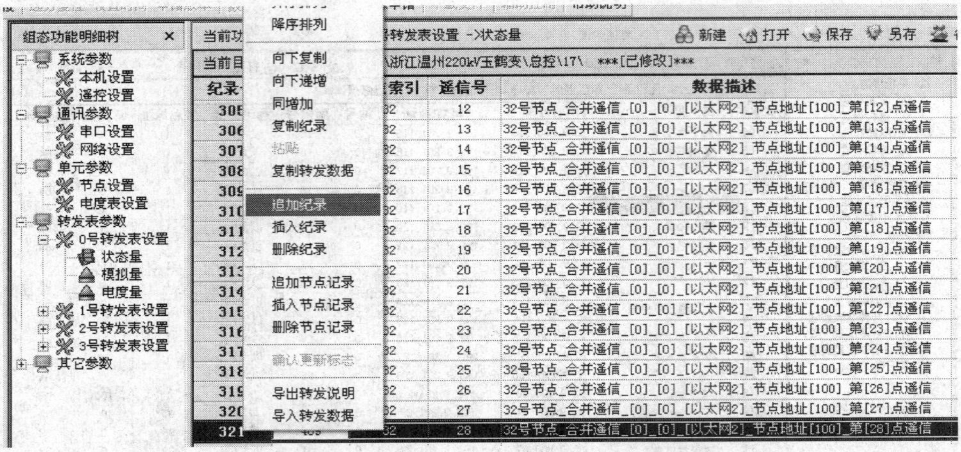

图 8-96 转发表中遥信量的增加

图 8-97 转发表中模拟量的增加

2. 网络 IEC 60870-5-104 通道的信息查询及增加

调度 IEC 60870-5-104 规约配置可在"通讯参数"→"网络设置"中看到，如图 8-98 所示。单击右侧 IEC 104_1 组态设置，可看到与调度通信的 IP 地址、转发表号等设置。如图 8-99 所示，转发表号为 01，到 1 号转发表中，将扩建间隔信息，按调度下发的转发表添加进去即可，添加方法与串口通道转发表的修改方法一样。如果串口通道与 IEC 60870-5-104 通道采用同一张转发表，则只需修改一次。

六、总控参数下装

扩建间隔，新增点，修改点完成后单击"保存"按钮。将修改后的参数配置下载到总控中去，在 nsctools 工具中单击"组态下装"。弹出的窗口中填写需下装的总控的 IP 地址，及修改后参数所保存的目录（见图 8-100）。然后单击"启动传输"，待传送完毕后单击"退出"按钮。重启下装后的总控单元。待此总控单元重启完毕后，将此总控单元切换为主机，与调度核对数据正确后，修改另外一台总控单元。（危险点注意：远动装置配置切不可 2 台同时修改，一定要保证在核对数据正确前至少有一台未被改动，如有一台故障，修复后再工作）

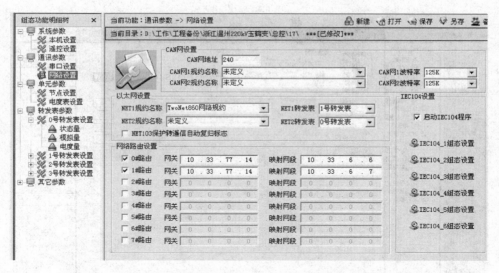

图 8 - 98 网络 IEC 60870 - 5 - 104 的路由参数设置

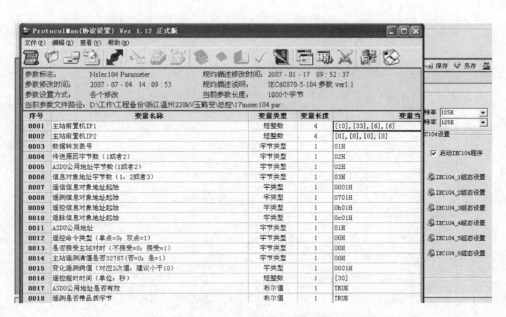

图 8 - 99 网络 IEC 60870 - 5 - 104 的转发表设置主站地址设置

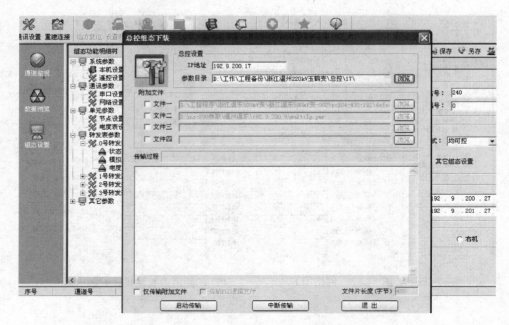

图 8-100　总控参数下装

参 考 文 献

［1］ 丁书文. 变电站综合自动化原理及应用（第二版）. 北京：中国电力出版社，2010.

［2］ 朱松林，等. 变电站计算机监控系统相关技术. 北京：中国电力出版社，2009.

［3］ 国家电网公司人力资源部. 电网调度自动化厂站端调试检修. 北京：中国电力出版社，2010.

［4］ 张惠刚. 变电站综合自动化原理与系统. 北京：中国电力出版社，2004.

［5］ 刘振亚. 智能电网技术. 北京：中国电力出版社，2010.

［6］ 福建省电力有限公司. 县级供电企业继电保护人员培训教材. 北京：中国电力出版社，2011.

［7］ 福建省电力有限公司. 供电企业生产技能人员标准化作业培训教材（二次）. 北京：中国电力出版社，2013.

［8］ 王达. Cisco/H3C 交换机配置与管理完全手册（第二版）. 北京：水利水电出版社，2012.

［9］ 杭州华三通信技术有限公司. H3C 以太网交换机典型配置指导. 北京：清华大学出版社，2012.

［10］ 张世勇. 交换机与路由器配置实验教程. 北京：机械工业出版社，2012.

［11］ 王达. 路由器配置与管理完全手册. 武汉：华中科技大学出版社，2011.

［12］ 鞠平，代飞，等. 电力系统广域测量技术. 北京：机械工业出版社，2008.

［13］ 黄巍，黄春红，等. 继电保护信息与远动系统的集成. 电力设备自动化，2009，29（6）.

［14］ 黄春红. 主站终端化的分布保护信息应用系统. 电力设备自动化，2008，28（3）.